北大社·"十三五"普通高等教育本科规划教材

高等院校机械类创新型应用人才培养规划教材

机械设计课程设计
（第 2 版）

主　编　王　慧　吕　宏

副主编　任长清

主　审　马　岩

北京大学出版社

PEKING UNIVERSITY PRESS

内 容 简 介

本书是根据高等工科院校"机械设计和机械设计基础课程教学基本要求"和教育部组织实施的"高等教育面向 21 世纪教学内容和课程体系改革计划"的要求，并吸纳多年机械设计教学研究和教学改革实践经验而编写的。

本书分为 3 篇，共 17 章。第一篇为机械设计课程设计指导书，以常见的基本类型的减速器为例，着重介绍一般机械传动装置的设计内容、设计步骤和设计方法；第二篇为机械设计常用标准、规范和其他设计资料；第三篇为机械设计课程设计题目及参考图例，既给出了多种减速器的参考图例，又有多种传动零件、轴系零部件的结构工作图例。

本书可作为高等工科院校机械类和近机类各专业学生的机械设计课程设计、机械设计基础课程设计及设计大作业用书，也可作为其他院校有关专业学生及相关工程技术人员的参考用书。

图书在版编目(CIP)数据

机械设计课程设计/王慧，吕宏主编. —2 版. —北京：北京大学出版社，2016.12
高等院校机械类创新型应用人才培养规划教材
ISBN 978 - 7 - 301 - 27844 - 4

Ⅰ．①机…　Ⅱ．①王…②吕…　Ⅲ．①机械设计—课程设计—高等学校—教材
Ⅳ．①TH122 - 41

中国版本图书馆 CIP 数据核字(2016)第 307614 号

书　　　　名	机械设计课程设计（第 2 版）
	JIXIE SHEJI KECHENG SHEJI
著作责任者	王　慧　吕　宏　主编
策 划 编 辑	童君鑫
责 任 编 辑	李娉婷
标 准 书 号	ISBN 978 - 7 - 301 - 27844 - 4
出 版 发 行	北京大学出版社
地　　　　址	北京市海淀区成府路 205 号　　100871
网　　　　址	http://www.pup.cn　新浪微博：@北京大学出版社
电 子 信 箱	pup_ 6@ 163.com
电　　　　话	邮购部 010- 62752015　发行部 010-62750672　编辑部 010-62750667
印 刷 者	北京虎彩文化传播有限公司
经 销 者	新华书店
	787 毫米 × 1092 毫米　16 开本　16.5 印张　381 千字
	2011 年 5 月第 1 版
	2016 年 12 月第 2 版　2022 年 1 月第 3 次印刷
定　　　　价	42.00 元

第2版前言

本书是在高等工科院校"机械设计和机械设计基础课程教学基本要求"和教育部"高等教育面向 21 世纪教学内容和课程体系改革计划"的指导下，是在吸取兄弟院校的宝贵教改经验并结合编者多年来的教学体会编写而成的。

本书第 2 版是在第 1 版的基础上根据机械设计课程设计要求和各院校的使用经验修订的。本书第 2 版的体系和章节与第 1 版基本相同，在内容上增补了最新的国家和行业标准，对第 1 版的文字和插图等作了部分修改和补充。编者本着重基本理论、基本概念，突出工程应用的原则，组织编写工作。

本书由东北林业大学王慧、吕宏担任主编，任长清担任副主编。本书修订工作具体分工如下：王慧（第 1、2、3、6、16、17 章）、吕宏（第 4、5、7 章）、任长清（第 8、9、10、11、12、13、14、15 章）。

本书第 2 版由马岩教授主审，他对本书提出了很多宝贵意见，在此深致谢意。

感谢黑龙江省高等教育学会"十三五"高等教育科研课题（项目编号：16G061）和黑龙江省教育科学"十二五"规划重点课题（项目编号：GJB1215005）对本书的支持。

欢迎广大读者对书中不妥之处给予批评指正。

编　者
2016 年 9 月

第 1 版前言

本书是在高等工科院校"机械设计和机械设计基础课程教学基本要求"和教育部"高等教育面向 21 世纪教学内容和课程体系改革计划"的指导下,在吸取了兄弟院校的宝贵教改经验并结合编者多年来的教学体会编写而成的。

本书集教学指导、设计资料、参考图册于一体,一改原来教学指导书、设计手册和课程设计图册分散的状况,既能满足机械设计和机械设计基础课程设计的需要,又能兼顾机械类和近机类专业的教学特点和要求。本书与《机械设计》或《机械设计基础》配套使用,本着简洁实用、重点突出的原则,尽量避免与教材内容重复。在设计资料的选用上尽量采用国家最新标准。同时,提供了多样化的设计选题,突出了工程实践。

本书以机械传动装置设计为重点,较为详尽地介绍了整个设计过程的步骤,对学生从接受设计任务到最后完成答辩的全过程进行了具体说明,具有较强的指导性和实用性,并附有减速器装配工作图和零件工作图的参考图例,为设计人员提供参考。

参加本书编写的有东北林业大学王慧(第 1、2、6、16、17 章)、吕宏(第 4、5 章)、任长清(第 8、9、10、11、12、13、14、15 章)、刘大力(第 3、7 章)。本书由王慧、吕宏担任主编,任长清担任副主编。担任本书主审的哈尔滨工业大学 王连明 教授对本书进行了认真、细致的审阅,提出了很多宝贵意见,在此表示衷心的感谢!另外,还要感谢东北林业大学的李波和李宁所给予的帮助。

由于编者水平有限,书中难免存在疏漏和欠妥之处,恳请广大读者批评指正。

编 者

2011 年 2 月

目　　录

第一篇 机械设计课程设计指导书

第1章 概 述

机械设计课程设计是针对机械设计课程的要求而设立的一门设计实践性课程，是继机械原理与机械设计等课程后，理论与实践紧密结合，培养工科学生机械工程设计能力的课程，也是工科院校机械类及相关专业的学生第一次较为全面的机械设计训练。

1.1 机械设计课程设计的目的

机械设计课程设计的目的如下。

（1）通过设计实践，树立正确的设计思想，增强创新意识，培养综合运用机械设计及其他先修课程的理论和生产实际知识去解决机械工程实际问题的能力。

（2）学习和掌握机械设计的一般方法和程序。

（3）进行机械设计基本技能的训练，包括设计计算、绘图、查阅设计资料和手册、运用标准和规范等。

1.2 机械设计课程设计的内容

机械设计课程设计一般选择本课程学过的部分通用零件所组成的机械传动装置或简单的机械作为设计对象，图 1.1 所示为带式运输机的机械传动装置——减速器。

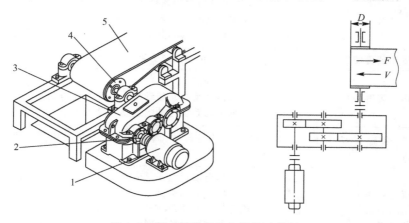

图 1.1 带式运输机的机械传动装置

1—电动机；2—联轴器；3—二级展开式圆柱齿轮减速器；4—卷筒；5—运输带

设计内容主要包括以下几个方面。

（1）传动装置的总体设计。

（2）传动件的设计计算。

（3）轴系部件的设计计算。

（4）减速器装配图及零件工作图的设计。

（5）编写设计计算说明书。

课程设计要求完成以下工作。

（1）减速器装配草图 1 张（A0～A1 图纸）。

（2）减速器装配工作图 1 张（A0 图纸）。

（3）零件工作图两张（通常为传动件、轴，A2～A3 图纸）。

（4）设计计算说明书 1 份。

1.3　机械设计课程设计的方法和步骤

机械设计课程设计通常从分析或确定传动方案开始，然后进行必要的计算和结构设计，最后以图纸表达设计结果，以设计计算说明书阐明设计的依据。由于影响设计的因素很多，机械零件的尺寸也不可能完全由计算来确定，因此课程设计还需借助画图、初选参数或初估尺寸等手段，采用边画图、边计算、边修改的方法逐步完成，即采用计算与画图的交叉进行来逐步完成设计。

机械设计课程设计是一次较全面、较系统的机械设计训练，应遵循机械设计过程的一般规律，通常按表 1－1 所示的步骤进行。

表 1－1　机械设计课程设计的步骤

阶段	工作内容		具体工作任务
I	设计准备		1. 阅读和研究设计任务书，明确设计内容和要求；分析设计题目，了解原始数据和工作条件 2. 通过参观（模型、实物、生产现场）、看电视录像、拆装减速器及参阅设计资料等途径了解设计对象 3. 阅读教材有关内容，拟订设计计划 4. 备足设计工具和资料，如绘图工具、设计手册等
II	传动装置的方案设计		分析和拟定传动系统方案（运动简图）
	传动装置的总体设计		1. 选择电动机 2. 计算传动系统总传动比和分配各级传动比 3. 计算传动系统各轴的运动和动力参数
III	减速器传动零件的设计		设计计算齿轮传动、蜗杆传动、带传动和链传动的主要参数和结构尺寸
IV	减速器装配草图的设计和绘制	减速器装配草图的设计和绘制准备	1. 按已选电动机查出其安装尺寸 2. 选择联轴器的类型 3. 确定齿轮的润滑方式 4. 确定滚动轴承的润滑和密封方式及轴承端盖的结构 5. 分析并选定减速器机体的结构方案和结构尺寸

（续）

阶段	工作内容		具体工作任务
IV	减速器装配草图的设计和绘制	减速器装配草图的绘制	1. 轴的结构设计，包括确定轴的尺寸、轴承型号、传动件位置等 2. 轴、键连接及滚动轴承的工作能力计算 3. 传动零件的结构设计和轴承的组合设计 4. 减速器机体和附件的设计
		减速器装配草图的检查	审查和修改装配草图
V	减速器装配工作图的绘制		1. 绘制减速器装配工作图 2. 标注尺寸和配合 3. 编写减速器特性、技术要求、标题栏和明细表等
VI	减速器零件工作图的绘制		1. 绘制齿轮（或蜗轮）零件工作图 2. 绘制轴零件工作图
VII	设计计算说明书的编写		编写设计计算说明书
VIII	课程设计总结和答辩		进行课程设计总结和答辩

1.4　机械设计课程设计中应注意的问题

机械设计课程设计是学生第一次较全面的设计活动，为了较好地完成设计任务，在课程设计中应注意以下几个问题。

（1）汲取传统经验，发挥主观能动性，勇于创新。机械设计课程设计题目多选自工程实际中的常见问题，设计中有很多前人的设计经验可供借鉴。正确地利用已有资料，既可避免许多重复工作，加快设计过程，同时也是创新的基础和提高设计质量的重要保证。但又要防止盲目地、不加分析地全盘抄袭现有的设计资料。应从具体的设计任务出发，充分利用已有的技术资料，认真分析现有设计方案的特点，从中汲取合理的部分，同时又要勇于创新，在设计实践中逐渐培养和提高设计能力。

（2）正确使用标准和规范。在设计工作中，要严格遵守国家的有关标准和规范等。设计工作中优先选用标准化、系列化、通用化产品，可减轻设计工作量、缩短设计周期、降低设计和制造成本、增加互换性，以提高设计质量。

设计中采用的标准件（如螺栓）的尺寸参数必须符合标准；采用的非标准件的尺寸参数，若有标准，则应执行标准（如齿轮的模数）；若无标准，则应尽量圆整为标准数列或优先数列。但对于一些有严格几何关系的尺寸（如齿轮传动的啮合尺寸参数），则必须保证其正确的几何关系，而不能随意圆整。例如，$m_n = 3mm$、$z = 25$、$\beta = 12°$ 的斜齿圆柱齿轮，其分度圆直径 $d = 76.676mm$，不能圆整为 $d = 76mm$。

（3）正确处理理论计算与结构设计和工艺要求等方面的关系。任何零件的尺寸，都不可能完全由理论计算确定，而应综合考虑强度、刚度、结构和工艺的要求。因此不能把设计简单地理解为理论计算，将这些计算结果看成是不可更改的，但是，也不能仅从结构和工艺要求出发，毫无根据地随意确定零件的尺寸，而应根据机械零部件的具体情况，以理论计算为依据，综合考虑结构、工艺和经济性等方面的要求，确定机械零部件的尺寸。

（4）正确处理计算和绘图的关系。在设计中，有些零件可以通过计算确定零件的基本尺寸，再经绘图设计决定具体结构；而有些零件则需要先画图，取得计算所需的条件，才能进行必要的计算。例如，轴的设计，首先初估轴的直径，再由草图设计确定支点、载荷的作用位置，才能算出支反力，绘出弯矩图，然后进行轴的强度校核计算；而由计算结果又可能需要修改草图。因此，计算和绘图互为依据，交叉进行。这种边计算、边绘图、边修改就是所说的"三边"原则，是设计的正常过程。

（5）教学相长，认真工作，掌握进度，按期完成设计任务。机械设计课程设计是在教师指导下由学生独立完成的，因此，在设计过程中，学生要有勤于思考、深入钻研的学习精神和严肃认真、精益求精、知错必改、一丝不苟的工作态度。注意掌握设计进度，保质保量地按期完成设计任务。

第 2 章 传动装置的总体设计

传动装置的总体设计，主要包括拟定传动方案、选定电动机、确定总传动比并合理分配各级传动比、计算传动装置各轴的运动和动力参数，为设计计算各级传动零件和装配图的设计准备条件。

2.1 拟定传动方案

机器通常由原动机、传动装置、工作机和控制系统 4 部分组成。传动装置是用来传递运动、动力和变换运动形式，以实现工作机预定工作要求的装置，是机器的重要组成部分。传动装置设计是否合理，对整部机器的工作性能、成本及整体尺寸都有很大影响。所以，合理地设计传动装置是机械设计工作的一个重要组成部分。

传动方案通常用机构简图来表示，它反映机器的传动路线及各零部件的组成和连接关系。在机械设计课程设计中，学生可以根据设计任务书，拟定传动方案。如果设计任务书中已给出传动方案，学生则应了解和分析所给方案的特点。

合理的传动方案首先应满足工作机的性能（如传递功率、转速和运动方式）要求，另外，还要与工作条件（如工作时间、工作环境和工作场地）相适应，同时还要满足工作可靠、结构简单、尺寸紧凑、传动效率高、使用维护方便、工艺性和经济性好等要求。很显然，要同时满足上述各方面要求往往是比较困难的。因此，应根据具体的设计任务，通过分析比较多种传动方案，选择出能保证重点要求的最佳传动方案。

图 2.1 所示为带式运输机的 3 种传动方案。图 2.1(a)采用一级带传动和一级闭式齿轮传动，该方案外廓尺寸较大，有减振和过载保护作用，但不适合繁重的工作要求和恶劣的工作环境；图 2.1(b)采用二级圆柱齿轮减速器，该方案结构尺寸小，传动效率高，适合于在较差的工作环境下长期工作；图 2.1(c)采用一级蜗杆传动，该方案结构紧凑，但传动效率低，长期工作不经济。以上 3 种方案虽然都能满足带式运输机的功能要求，但性能指标、结构尺寸、经济性等方面均有较大差异，要根据具体的工作要求选择合理的传动方案。

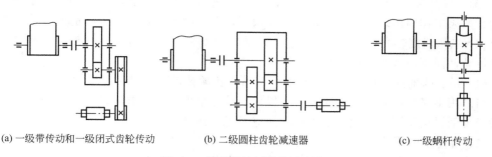

(a) 一级带传动和一级闭式齿轮传动   (b) 二级圆柱齿轮减速器   (c) 一级蜗杆传动

图 2.1　带式运输机的传动方案

分析和选择传动机构的类型及其组合是拟定传动方案的一个重要环节。选择传动方案时，应综合考虑各方面要求并结合各种机构的特点和适用范围加以分析。为便于选择机构类型，常用传动机构的主要性能和适用范围见表 2-1。

表 2-1　常用传动机构的性能和适用范围

性能 ＼ 传动机构	平带传动	V 带传动	圆柱摩擦轮传动	链传动	齿轮传动	蜗杆传动
常用功率/kW	≤20	≤100	≤20	≤100	≤50 000	≤50
单级传动比推荐用值	2~4 ≤5	2~4 ≤7	2~4 ≤5	2~5 ≤6	2~5[①] ≤5~8[①]	10~40 ≤80
许用的线速度/(m/s)	≤25	<30	≤25	≤40	≤18/36/100[②]	
传动效率	中	中	较低	中	高	较低
外廓尺寸	大	较大	大	较大	小	小
传递运动	有滑差	有滑差	有滑差	有波动	传动比恒定	传动比恒定
工作平稳性	好	好	好	差	较好	好
过载保护能力	有	有	有	无	无	无
使用寿命	较短	较短	较短	中	长	中
缓冲吸振能力	好	好	好	较差	差	差
制造安装精度要求	低	低	中	中	高	高
润滑要求	无	无	少	中	较高	高
自锁能力	无	无	无	无	无	可有

　　注：① 锥齿轮荐用小值。
　　　　② 三值为 6 级精度直齿/非直齿/5 级精度直齿荐用值。

选择传动机构类型的一般原则如下。

（1）大功率传动，应优先选用传动效率高的传动机构，如齿轮传动，以降低能耗。小功率传动，宜选用结构简单、价格便宜、标准化程度高的传动机构，如带传动，以降低制造成本。

（2）载荷变化较大、频繁换向的工作机，应选用具有缓冲吸振能力的传动机构，如带传动。如果工作中出现过载的工作机，应选用具有过载保护作用的传动机构，如带传动。

（3）工作温度较高、潮湿、多粉尘、易燃、易爆的场合，宜选用链传动、闭式齿轮或蜗杆传动，而不能采用摩擦传动。

（4）要求两轴保持准确的传动比时，应选用齿轮传动、蜗杆传动或同步带传动。

当采用多级传动时，合理安排和布置传动顺序是拟定传动方案的一个重要环节，除考虑各级传动机构所适应的速度范围外，还应考虑下述几点。

（1）带传动的承载能力较低，当传递相同转矩时，结构尺寸较其他传动形式大，但可以吸收振动，缓和冲击，传动平稳，噪声小，因此宜布置在高速级。

（2）链传动运动不均匀，有冲击和动载荷，噪声较大，不适用于高速级，应布置在低速级。

（3）斜齿圆柱齿轮传动的平稳性较直齿圆柱齿轮传动好，且冲击和噪声小，所以常用在高速级或要求传动平稳的场合。

（4）开式齿轮传动的齿轮完全外露，不能防尘，润滑条件不好，因而磨损严重、寿命短，但对外廓的紧凑性要求低于闭式传动，所以应布置在低速级。

（5）锥齿轮传动只用于需要改变轴布置方向的场合。由于锥齿轮加工较为困难，特别是大直径、大模数的锥齿轮加工更为困难，因此应将其布置在高速级，并限制其传动比，以减小其直径和模数。但需注意，当锥齿轮的速度过高时，其精度也需相应提高，因此会增加制造成本。

（6）蜗杆传动的单级传动比大，结构紧凑，传动平稳，噪声小，但传动效率低。将蜗杆传动布置在中小功率传动系统的高速级，可以获得较小的结构尺寸和较高的齿面滑动速度，并有利于形成液体动压润滑油膜，提高承载能力和传动效率。

常用减速器的主要类型和特点见表 2 - 2。

表 2 - 2　常用减速器的主要类型和特点

类型	简图及特点
一级圆柱齿轮减速器	 传动比一般小于 6，可用直齿、斜齿或人字齿。传递功率可达数万千瓦，效率较高，工艺简单，精度易于保证，一般工厂均能制造，应用广泛。轴线可以水平布置、上下布置或垂直布置
二级圆柱齿轮减速器	 传动比一般为 8～40，用直齿、斜齿或人字齿。结构简单，应用广泛。展开式由于齿轮相对于轴承为不对称布置，因而沿齿向载荷分布不均，要求轴有较大刚度。分流式齿轮则相对于轴承对称布置，常用于较大功率、变载荷场合。同轴式减速器长度方向尺寸较小，但轴向尺寸较大，中间轴较长，刚度较差。两级大齿轮直径接近，有利于浸油润滑。轴线可以水平布置、上下布置或垂直布置

（续）

类型	简图及特点
一级圆锥齿轮减速器	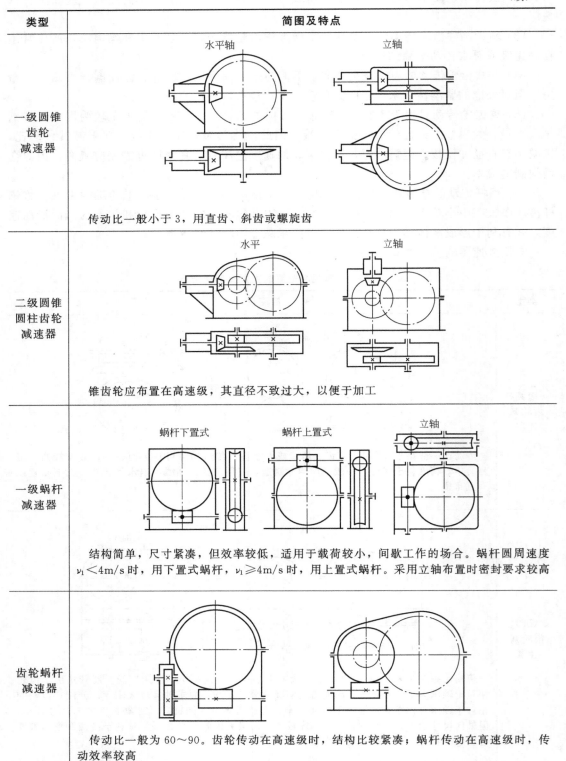

一级圆锥齿轮减速器

传动比一般小于 3，用直齿、斜齿或螺旋齿

二级圆锥圆柱齿轮减速器

锥齿轮应布置在高速级，其直径不致过大，以便于加工

一级蜗杆减速器

结构简单，尺寸紧凑，但效率较低，适用于载荷较小，间歇工作的场合。蜗杆圆周速度 $v_1 < 4\text{m/s}$ 时，用下置式蜗杆，$v_1 \geqslant 4\text{m/s}$ 时，用上置式蜗杆。采用立轴布置时密封要求较高

齿轮蜗杆减速器

传动比一般为 60～90。齿轮传动在高速级时，结构比较紧凑；蜗杆传动在高速级时，传动效率较高

（续）

类型	简图及特点
行星齿轮 减速器	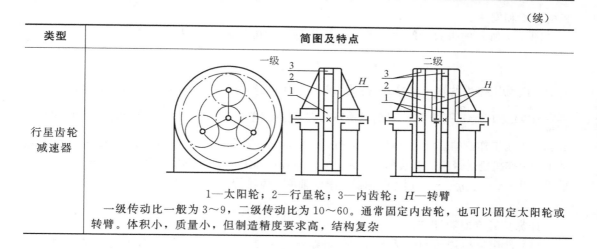 1—太阳轮；2—行星轮；3—内齿轮；H—转臂 　一级传动比一般为 3～9，二级传动比为 10～60。通常固定内齿轮，也可以固定太阳轮或 转臂。体积小，质量小，但制造精度要求高，结构复杂

2.2　电动机的选择

　　电动机已经标准化、系列化，设计时只需根据工作载荷、工作机的特性和工作环境等条件，来选择电动机的类型、结构形式、容量（功率）和转速，并在产品目录中查出其型号及有关尺寸。

　　1. 电动机类型的选择

　　电动机有交流电动机和直流电动机之分，工程上大都采用三相交流电源，因此一般都采用交流电动机。交流电动机又分为异步电动机和同步电动机两类，异步电动机又分为笼型电动机和绕线转子电动机两种，其中以普通笼型异步电动机应用最多。目前应用最广的是 Y 系列自扇冷式笼型三相异步电动机。它结构简单，工作可靠，起动性能好，价格低廉，维护方便，适用于不易燃、不易爆、无腐蚀性气体、无特殊要求的场合，如机床、风机、运输机、搅拌机、农业机械和食品机械等。

　　2. 电动机功率的确定

　　在连续运转的条件下，电动机发热不超过许可温升的最大功率称为额定功率。负荷达到额定功率时的电动机转速称为满载转速。电动机的铭牌上都标有额定功率和满载转速。Y 系列电动机的技术数据和结构尺寸可查阅本书第二篇的第 14 章，也可查阅有关机械设计手册或电动机产品目录。

　　电动机功率的大小应根据工作机所需功率的大小和中间传动装置的效率及机器的工作条件等因素来确定。如所选电动机功率小于工作要求，则不能保证工作机正常工作，使电动机长期在过载下工作而过早损坏；如所选电动机功率过大，则电动机由于不能满载运行，功率因素和效率较低，使能量不能充分利用而造成浪费。因此，在设计中一定要选择合适的电动机功率。

　　机械设计课程设计一般选择长期连续运转、载荷不变或很少变化的机械为设计对象。确定电动机功率的原则是电动机的额定功率 P_{ed} 等于或略大于工作机所需电动机的输出功率 P_d，即 $P_{ed} \geqslant P_d$，这样，电动机在工作时就不会过热，因此，一般情况下可以不校验电动机的转矩和发热。

　　图 1.1 所示的带式运输机，其工作机所需电动机的输出功率：

$$P_\mathrm{d}=\frac{P_\mathrm{w}}{\eta} \tag{2-1}$$

式中：P_w 为工作机的输出功率（单位为 kW），它由工作机的工作阻力和运动参数确定，$P_\mathrm{w}=\frac{Fv}{1000}$（kW）或 $P_\mathrm{w}=\frac{Tn_\mathrm{w}}{9550}$（kW）；$F$ 为输送带的有效拉力（单位为 N）；v 为输送带的线速度（单位为 m/s）；T 为工作机的阻力矩（单位为 N·m）；n_w 为工作机滚筒的转速（单位为 r/min）；η 为从电动机到工作机输送带间的总效率，它为组成传动装置和工作机的各部分运动副或传动副效率的乘积。设 η_1、η_2、η_3、η_4 分别为联轴器、滚动轴承、齿轮传动和卷筒传动的效率，则

$$\eta=\eta_1^2 \cdot \eta_2^4 \cdot \eta_3^2 \cdot \eta_4 \tag{2-2}$$

　　计算总效率时要注意以下几点。

　　(1) 常用机械传动和轴承等效率的概略值见表 2-3。表中所给的数值为一范围时，一般可取中间值。

表 2-3　常用机械传动和轴承等效率的概略值

	种　　类	效率 η		种　　类	效率 η
圆柱齿轮传动	经过跑合的 6 级精度和 7 级精度齿轮传动（油润滑）	0.98～0.99	带传动	平带无张紧轮的传动	0.98
	8 级精度的一般齿轮传动（油润滑）	0.97		平带有张紧轮的传动	0.97
	9 级精度的齿轮传动（油润滑）	0.96		平带交叉传动	0.90
	加工齿的开式齿轮传动（脂润滑）	0.94～0.96		V 带传动	0.96
	铸造齿的开式齿轮传动	0.90～0.93	链传动	片式锁轴链	0.95
圆锥齿轮传动	经过跑合的 6 级和 7 级精度的齿轮传动（油润滑）	0.97～0.98		滚子链	0.96
				齿形链	0.97
	8 级精度的一般齿轮传动（油润滑）	0.94～0.97	滑动轴承	润滑不良	0.94（一对）
	加工齿的开式齿轮传动（油润滑）	0.92～0.95		润滑正常	0.97（一对）
				润滑很好（压力润滑）	0.98（一对）
	铸造齿的开式齿轮传动	0.88～0.92		液体摩擦润滑	0.99（一对）
蜗杆传动	自锁蜗杆（油润滑）	0.40～0.45	滚动轴承	球轴承	0.99（一对）
	单头蜗杆（油润滑）	0.70～0.75			
	双头蜗杆（油润滑）	0.75～0.82		滚子轴承	0.98（一对）
	三头和四头蜗杆（油润滑）	0.80～0.92			
联轴器	弹性联轴器	0.99～0.995	丝杠传动	滑动丝杠	0.30～0.60
	十字滑块联轴器	0.97～0.99		滚动丝杠	0.85～0.95
	齿轮联轴器	0.99		卷筒	0.94～0.97
	万向联轴器（$\alpha>3°$）	0.95～0.97		飞溅润滑和密封摩擦	0.95～0.99
	万向联轴器（$\alpha\leqslant3°$）	0.97～0.98			

（2）轴承效率指的是一对轴承的效率。

（3）同类型的几对运动副或传动副都要考虑其效率，不要遗漏。

（4）蜗杆传动效率与蜗杆头数及材料有关，设计时应先选蜗杆头数，然后估计其效率，待设计出蜗杆传动的参数后再确定效率，并校核电动机所需功率。此外蜗杆传动的效率中已包括蜗杆轴上一对轴承的效率，因此在总效率的计算中，蜗杆轴上轴承效率不再计入。

3．电动机转速的确定

具有相同额定功率的同类型电动机有几种不同的同步转速。一般有 3000r/min、1500r/min、1000r/min、750r/min 这 4 种常用的同步转速。电动机的同步转速越高，磁级对数越少、外廓尺寸越小、质量越轻、价格越低。但当工作机转速要求一定时，电动机的转速越高，传动装置的总传动比越大，会使传动装置的外廓尺寸增加，提高制造成本。而电动机的同步转速越低，其优缺点则刚好相反。设计时应综合考虑各方面因素，分析比较，再选取适当的电动机转速。

为使传动装置设计合理，一般可根据工作机主动轴转速和各级传动副的合理传动比范围，推算出电动机转速的可选范围，即

$$n_d = i n_w = (i_1 \cdot i_2 \cdot i_3 \cdots i_n) n_w \qquad (2-3)$$

式中：n_w 为工作机主动轴的转速（单位为 r/min），对于带式运输机，$n_w = \dfrac{60 \times 1000 v}{\pi D}$，$D$ 为卷筒直径（单位为 mm），v 为输送带的线速度（单位为 m/s）；i 为传动装置总传动比的合理范围；i_1，i_2，i_3，…，i_n 为各级传动副传动比的合理范围，见表 2-1。

在机械设计课程设计中，一般多选同步转速为 1500r/min 或 1000r/min 的电动机。

选定了电动机的类型、结构和同步转速，计算出所需电动机的输出功率后，即可在本书第二篇的第 14 章中查出其型号、性能参数和主要尺寸。此时应将电动机的型号、额定功率、满载转速、电动机中心高、轴伸尺寸和外形尺寸等记下备用。

2.3 确定传动装置总传动比和分配传动比

电动机选定以后，由电动机的满载转速 n_m 和工作机的转速 n_w，可确定传动装置的总传动比，即

$$i = \frac{n_m}{n_w} \qquad (2-4)$$

在多级传动的传动装置中，其总传动比为各级传动比的连乘积，即

$$i = i_1 i_2 i_3 \cdots i_n \qquad (2-5)$$

计算出总传动比后，即可分配各级传动的传动比。传动比分配得合理与否，将直接影响传动装置的外廓尺寸、质量大小、润滑条件及整个机器的工作能力等。所以，合理分配传动比是设计中的一个重要问题。

为合理地分配各级传动比，应注意以下几点。

（1）各级传动比都应在推荐的合理范围以内，并使各传动件的尺寸协调、结构合理。例如，由带传动和齿轮减速器组成的传动中，一般应使带传动的传动比小于齿轮传动的传动比。若带传动的传动比过大，将使大带轮的外圆半径大于齿轮减速器的中心高，造成尺

寸不协调或安装不方便，如图 2.2 所示。

（2）应使各传动件彼此不发生干涉碰撞。例如，在两级圆柱齿轮减速器中，若高速级传动比过大，会使高速级的大齿轮轮缘与低速级输出轴相碰，如图 2.3 所示。

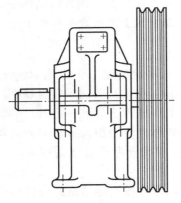
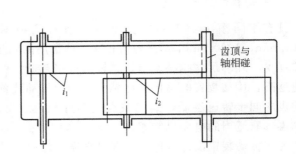

图 2.2　大带轮半径过大　　　　　　图 2.3　高速级大齿轮轮缘与输出轴相碰

（3）应使各级传动件具有较小的结构尺寸和最小中心距，为使减速器的外廓尺寸较小，对二级齿轮传动，应选择高速级的传动比大于低速级的传动比。如图 2.4 所示，当二级圆柱齿轮减速器的总中心距和总传动比相同时，传动比分配方案不同，减速器的外廓尺寸也不相同。

（4）对于两级或多级齿轮减速器，应尽可能使各级大齿轮的浸油深度合理（低速级大齿轮浸油稍深，高速级大齿轮能浸到油），要求两大齿轮的直径相近。一般在展开式二级圆柱齿轮减速器中，低速级中心距大于高速级，因此，为使两大齿轮的直径相近，应保证高速级传动比大于低速级传动比，如图 2.5 所示。

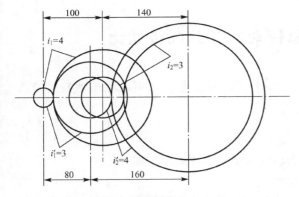
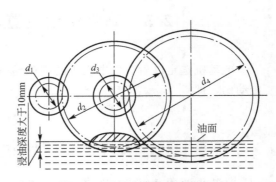

图 2.4　两种传动比分配方案的比较　　　　图 2.5　两级大齿轮的直径相近

一些减速器传动比分配的参考值如下。

① 展开式二级圆柱齿轮减速器，可取 $i_1 = (1.3 \sim 1.5) i_2$，$i_1 = \sqrt{(1.3 \sim 1.5) i}$，式中 i_1、i_2 分别为高速级和低速级的传动比，i 为总传动比，i_1、i_2 均应在推荐的数值范围内。

② 同轴式二级圆柱齿轮减速器，可取 $i_1 = i_2 = \sqrt{i}$。

③ 圆锥-圆柱齿轮减速器，为了便于大锥齿轮加工，高速级锥齿轮传动比 $i_1 = 0.25 i$，

且使 $i_1 \leqslant 3$。

④ 蜗杆-圆柱齿轮减速器，为了提高传动效率，低速级圆柱齿轮传动比 $i_2 = (0.03 \sim 0.06)i$。

⑤ 齿轮-蜗杆减速器，为使结构紧凑，齿轮传动的传动比 i_1 取值 $2 \sim 2.5$ 或更小。

⑥ 二级蜗杆减速器，为使两级传动件浸油深度大致相等，可取 $i_1 = i_2 = \sqrt{i}$。

应该强调指出，这样分配的各级传动比只是初步选定的数值，实际传动比需由选定的传动件参数计算得到。因此，传动件的参数确定以后，应验算工作机的实际转速。对带式运输机，一般允许工作机实际转速与设定转速之间的相对误差在 $\pm(3 \sim 5)\%$。

2.4　传动装置的运动和动力参数计算

在选定电动机的型号、分配传动比之后，应计算传动装置中各轴的转速、功率和转矩，为传动件和轴的设计计算提供依据。在计算时应注意以下几点。

（1）按工作机所需电动机的输出功率 P_d 来计算。

（2）因为有轴承功率损耗，同一根轴的输出功率（或转矩）与输入功率（或转矩）数值不同，通常仅计算轴的输入功率和转矩。但在对传动零件进行设计时，应该用输出功率。

（3）因为有传动零件功率损耗，一根轴的输出功率（或转矩）与下一根轴的输入功率（或转矩）的数值也不相同，计算时必须加以区别。

（4）同一轴上功率 P（单位为 kW）、转速 n（单位为 r/min）和转矩 T（单位为 N·mm）的关系式为

$$T = 9.55 \times 10^6 \frac{P}{n} \tag{2-6}$$

相邻两轴的功率关系为

$$P_{\mathrm{II}} = P_{\mathrm{I}} \cdot \eta_{\mathrm{I\,II}} \tag{2-7}$$

式中：$\eta_{\mathrm{I\,II}}$ 为 I、II 轴间的传动效率。

相邻两轴的转速关系为

$$n_{\mathrm{II}} = \frac{n_{\mathrm{I}}}{i_{\mathrm{I\,II}}} \tag{2-8}$$

式中：$i_{\mathrm{I\,II}}$ 为 I、II 轴间的传动比。

相邻两轴的转矩关系为

$$T_{\mathrm{II}} = T_{\mathrm{I}} \cdot i_{\mathrm{I\,II}} \cdot \eta_{\mathrm{I\,II}} \tag{2-9}$$

按照上述要求，计算传动装置中各轴的运动和动力参数后，可汇总列于表中（参见以下例题的格式），以备查用。

例 2.1　图 1.1 所示为带式运输机传动方案，已知运输带的有效拉力 $F = 1900\text{N}$，运输带的线速度 $v = 1.6\text{m/s}$，卷筒直径 $D = 350\text{mm}$，载荷平稳，常温下连续运转，电源为三相交流电，电压为 380V。求：①试选择电动机；②计算传动装置的总传动比并分配各级传动比；③计算传动装置各轴的运动和动力参数。

解

1. 电动机的选择

1）电动机类型的选择

Y 系列三相异步电动机。

2）电动机功率的选择

（1）工作机所需功率 P_w。

$$P_w = \frac{Fv}{1000} = \frac{1900 \times 1.6}{1000} = 3.04(\text{kW})$$

（2）电动机输出功率 P_d。考虑传动装置的功率损耗，所需电动机的输出功率为

$$P_d = P_w/\eta$$

式中：η 为从电动机到工作机输送带之间的总效率，即

$$\eta = \eta_1^2 \cdot \eta_2^4 \cdot \eta_3^2 \cdot \eta_4$$

式中：η_1、η_2、η_3、η_4 分别为传动系统中联轴器、滚动轴承、齿轮传动和卷筒传动的效率，查表 2-3，取 $\eta_1 = 0.99$，$\eta_2 = 0.98$，$\eta_3 = 0.97$，$\eta_4 = 0.96$，则

$$\eta = 0.99^2 \times 0.98^4 \times 0.97^2 \times 0.96 \approx 0.817$$

所需电动机的输出功率为

$$P_d = P_w/\eta = 3.04/0.817 \approx 3.72(\text{kW})$$

（3）电动机的额定功率 P_{ed}。选定电动机的额定功率 $P_{ed} = 4\text{kW}$。

3）电动机转速的选择

计算工作机的转速 n_w，$n_w = \frac{60 \times 1000 \times v}{\pi D} = \frac{60 \times 1000 \times 1.6}{3.14 \times 350} \approx 87.4(\text{r/min})$，按表 2-2 推荐的传动比合理范围，二级圆柱齿轮减速器传动比的范围是 $i = 8 \sim 40$。

则电动机转速的可选范围为

$$n_d = in_w = (8 \sim 40) \times 87.4 = 699.2 \sim 3496(\text{r/min})$$

可见同步转速为 750r/min、1000r/min、1500r/min、3000r/min 的电动机都符合要求，这里查表 14-1，初选同步转速为 1000r/min、1500r/min 的两种电动机进行比较，见表 2-4。

表 2-4　电动机方案比较

方案	电动机型号	额定功率/kW	电动机转速/(r/min)		电动机质量/kg	传动装置总传动比
			同步	满载		
1	Y132M1-6	4	1000	960	73	10.98
2	Y112M-4	4	1500	1440	43	16.48

由表 2-4 中数据可知，方案 1 的总传动比小，传动装置结构尺寸小，因此可采用方案 1，选定电动机型号为 Y132M1-6。

4）电动机的外形、安装尺寸

电动机的外形、安装尺寸见表 2-5。

表 2-5　电动机的外形、安装尺寸　　　　　　　　　　（mm）

型号	H	A	B	C	D	E	F×GD	G
Y132M1-6	132	216	178	89	38	80	10×8	33
K	b	b_1	b_2	h	AA	BB	HA	L_1
12	280	210	135	315	60	238	18	515

表 2-5 中符号的意义如图 2.6 所示。

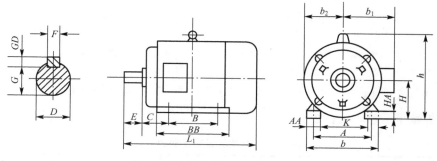

图 2.6　电动机的外形、安装尺寸

2. 计算传动装置总传动比和分配各级传动比

1）传动装置总传动比

$$i = n_m/n_w = 960/87.4 \approx 10.98$$

2）分配各级传动比

$$i = i_1 \times i_2$$

考虑润滑条件，为使两级大齿轮直径相近，取高速级齿轮传动比 $i_1 = \sqrt{1.4i}$，故

$$i_1 = \sqrt{1.4i} = \sqrt{1.4 \times 10.98} \approx 3.92$$

低速级的圆柱齿轮的传动比

$$i_2 = i/i_1 = 10.98/3.92 \approx 2.8$$

由表 2-1 及表 2-2 可知，传动比合理。

3. 计算传动装置的运动和动力参数

1）各轴的转速

电动机轴为轴 I，减速器高速级轴为轴 II，中速级轴为轴 III，低速级轴为轴 IV，卷筒轴为轴 V，则

$$n_I = n_{II} = n_m = 960 \text{r/min}$$

$$n_{III} = \frac{n_{II}}{i_1} = 960/3.92 \approx 244.9 (\text{r/min})$$

$$n_{IV} = n_V = \frac{n_{III}}{i_2} = \frac{244.9}{2.8} \approx 87.5 (\text{r/min})$$

2）各轴的输入功率

$$P_1 = P_d = 3.72 \text{kW}$$

$$P_{II} = P_I \cdot \eta_1 = 3.72 \times 0.99 \approx 3.68 (\text{kW})$$

$$P_{III} = P_{II} \cdot \eta_2 \cdot \eta_3 = 3.68 \times 0.98 \times 0.97 \approx 3.5 (\text{kW})$$

$$P_{IV} = P_{III} \cdot \eta_2 \cdot \eta_3 = 3.5 \times 0.98 \times 0.97 \approx 3.33 (\text{kW})$$

$$P_V = P_{IV} \cdot \eta_2 \cdot \eta_1 = 3.33 \times 0.98 \times 0.99 \approx 3.23 (\text{kW})$$

3）各轴的输入转矩

$$T_I = 9550 \times \frac{P_I}{n_I} = 9550 \times 3.72/960 \approx 37.01 (\text{N} \cdot \text{m})$$

$$T_{\mathrm{II}} = 9550 \times \frac{P_{\mathrm{II}}}{n_{\mathrm{II}}} = 9550 \times 3.68/960 \approx 36.61(\mathrm{N \cdot m})$$

$$T_{\mathrm{III}} = 9550 \times \frac{P_{\mathrm{III}}}{n_{\mathrm{III}}} = 9550 \times 3.5/244.9 \approx 136.48(\mathrm{N \cdot m})$$

$$T_{\mathrm{IV}} = 9550 \times \frac{P_{\mathrm{IV}}}{n_{\mathrm{IV}}} = 9550 \times 3.33/87.5 \approx 363.86(\mathrm{N \cdot m})$$

$$T_{\mathrm{V}} = 9550 \times \frac{P_{\mathrm{V}}}{n_{\mathrm{V}}} = 9550 \times 3.23/87.5 \approx 352.93(\mathrm{N \cdot m})$$

将计算结果汇总，见表 2-6。

表 2-6　各轴的运动及动力参数

项　　目	电动机轴 I	高速级轴 II	中速级轴 III	低速级轴 IV	卷筒轴 V
转速/(r/min)	960	960	244.9	87.5	87.5
功率/kW	3.72	3.68	3.5	3.33	3.23
转矩/(N·m)	37.01	36.61	136.48	363.86	352.93
传动比	1		3.92	2.8	1
效率 η	0.99		0.95	0.95	0.97

思　考　题

1. 传动装置总体设计包括哪些内容？

2. 各种机械传动形式的特点是什么？其适用范围怎样？为什么一般带传动布置在高速级？

3. 蜗杆传动适宜于什么样的场合使用？在多级传动中为什么常将其布置在高速级？

4. 如何确定工作机所需电动机功率？它与所选电动机的额定功率是否相同？它们之间要满足什么条件？设计传动装置时采用哪一功率？

5. 传动装置的总效率如何确定？计算总效率时要注意哪些问题？

6. 电动机的转速如何确定？选用高速电动机与低速电动机各有什么优缺点？电动机的满载转速与同步转速是否相同？设计中采用哪一转速？

7. 合理分配各级传动比有什么意义？分配传动比时要考虑哪些原则？

8. 分配的传动比和传动零件实际传动比是否一定相同？工作机的实际转速与设计要求的误差范围不符时如何处理？

9. 传动装置中各相邻轴间的功率、转速、转矩关系如何确定？同一轴的输入功率与输出功率是否相同？设计传动零件或轴时采用哪一功率？

第 3 章　传动零件的设计计算

传动零件是传动装置的核心部分，它直接决定传动装置的性能和结构尺寸。在装配图设计之前，首先要设计各级传动件，然后再设计相应的支承零件和箱体等。若传动装置中除减速器外还有其他传动零件，为使设计减速器的原始数据比较准确，通常先设计减速器箱体外的传动零件。

传动零件的设计包括确定传动零件的材料、热处理方法、参数和结构尺寸。各类传动零件的设计方法可按有关教材或设计手册进行，本章仅就设计计算的要求和应注意的问题做简要提示。

3.1　减速器外传动零件的设计

减速器外常用的传动形式有普通 V 带传动、链传动和开式齿轮传动。

1. 普通 V 带传动

普通 V 带传动的设计内容主要包括确定带的型号、根数和长度，带轮材料、直径、宽度和结构，传动件的中心距，带传动工作时的初拉力、对轴的作用力及带传动的张紧装置等。在设计过程中应注意以下问题。

（1）带轮尺寸与传动装置外廓尺寸及安装尺寸的关系。例如，装在电动机轴上的小带轮外圆半径应小于电动机的中心高，带轮轴孔的直径、长度应与电动机轴的直径、长度相对应，大带轮的外圆半径不能过大，否则会与机器底座相干涉等。

（2）带轮的结构形式主要取决于带轮直径的大小，而带轮轮毂的宽度与带轮轮缘的宽度不一定相同。大带轮轴孔的直径和长度应与减速器输入轴的轴伸尺寸相适应，常取轮毂的宽度 $L=(1.5\sim2)d$，d 为轴孔直径。安装在电动机上的带轮轮毂的宽度，应按电动机输出轴的长度确定，而轮缘的宽度则取决于传动带的型号和根数。

（3）带轮的直径确定后，应验算实际传动比和大带轮的转速，并以此修正减速器的传动比和输入转矩。

2. 链传动

链传动的设计内容主要包括确定链条的节距、排数和链节数，链轮的材料和结构，传动中心距，链传动工作时对轴的作用力及链传动的张紧装置和润滑等。设计时应注意以下问题。

（1）应使链轮直径尺寸、轴孔直径、轮毂尺寸等与减速器及工作机相适应。

（2）大、小链轮的齿数最好选择奇数或不能整除链节数的数，一般限定 $z_{\min}=17$，$z_{\max}=120$。

（3）为避免使用过渡链节，链节数最好取为偶数，当采用单排链传动而计算出的链节距过大时，可改选双排链或多排链。

（4）链轮的齿数确定后，应验算实际传动比，并修正减速器的传动比。

3. 开式齿轮传动

开式齿轮传动的设计内容主要包括选择材料和热处理方式；确定齿轮传动的齿数、模数、中心距、齿宽、螺旋角和变位系数等参数；确定齿轮的结构和尺寸及齿轮传动时的作用力等。设计时应注意以下问题。

（1）开式齿轮传动一般布置在低速级，为使支承结构简单，常采用直齿轮。由于开式齿轮一般不发生点蚀，只需按弯曲强度计算，考虑到齿面磨损对强度的影响，应将计算所得的模数增大 10%～20%。

（2）开式齿轮悬臂布置时，轴的支承刚度较小，易发生轮齿偏载，齿宽系数应取小些。

（3）由于润滑和密封差，因此应选用减摩性和耐磨性好的配对材料。

（4）尺寸参数确定后，应检查齿轮的外廓尺寸与相关零部件是否会发生干涉现象，根据具体情况进行修改，并重新进行参数计算。

3.2　减速器内传动零件的设计

减速器内传动件包括圆柱齿轮、锥齿轮和蜗轮、蜗杆等。它们的设计在减速器外传动零件的设计之后，按修正的参数进行。

1. 圆柱齿轮传动

圆柱齿轮传动的设计内容主要包括选择材料和热处理方式；确定齿轮的齿数、模数、中心距、齿宽、螺旋角和变位系数等参数；设计齿轮的结构和尺寸；计算齿轮传动时的作用力等。

（1）齿轮材料的强度特性与毛坯尺寸及制造方法有关，因此，选择齿轮材料时要考虑齿轮毛坯的制造方法。当齿轮的顶圆直径 $d_a \leqslant 500\text{mm}$ 时，一般采用锻造毛坯；当 $d_a >$ 500mm 时，因受锻造设备的限制，而采用铸造毛坯；小齿轮若制成齿轮轴，则选材还应兼顾轴的要求；同一减速器内各级大、小齿轮材料最好对应相同，以减少材料牌号和简化工艺要求。

（2）在数据处理上，模数应取标准值；分度圆、节圆、齿顶圆和齿根圆直径等，须精确到小数点后三位（单位为 mm）；斜齿轮螺旋角应在合理的范围（8°～25°）之内，且精确到秒(″)；齿宽要取整数。为便于箱体的制造和测量，中心距应尽量圆整为尾数为 0 或 5 的整数；对于直齿圆柱齿轮传动，可以通过调整模数和齿数，或采用角度变位的方法来实现；对于斜齿圆柱齿轮传动，通常通过调整螺旋角来实现配凑中心距的要求。

例如，设计闭式软齿面斜齿圆柱齿轮传动的计算过程如下。

①选材料；②初估直径 d_1；③选 z_1、z_2，初选 β；④求模数 m_n：$m_n = \dfrac{d_1 \cos\beta}{z_1}$，并取标准值；⑤求中心距 a：判定是否在控制范围，并圆整为个位为 0、5 的整数或偶数，$a = \dfrac{m_n (z_1 + z_2)}{2\cos\beta}$；⑥反算 β：精确到秒，并判断是否在 8°～25°，$\beta = \arccos \dfrac{m_n (z_1 + z_2)}{2a}$；

⑦计算 d_1、d_2：精确到小数点后两位，$d_1=\dfrac{m_n z_1}{\cos\beta}$，$d_2=2a-d_1$；⑧求齿宽 b_1、b_2：取整数 $b_2=b=\psi_d \cdot d_1$；$b_1=b_2+(5\sim10)\mathrm{mm}$；⑨……

（3）设计齿轮结构时，轮毂直径和宽度，轮辐的厚度和孔径，轮缘宽度和内径等与正确啮合条件无关的参数，应按给定的公式计算后合理圆整。

（4）齿轮强度计算中的齿宽是工作齿宽。考虑到装配时两齿轮可能产生的轴向位置误差，常取大齿轮齿宽 $b_2=b$，而小齿轮齿宽 $b_1=b+(5\sim10)\mathrm{mm}$，以便于装配。

2. 锥齿轮传动

锥齿轮传动的设计内容主要包括选择锥齿轮材料和热处理方式；确定锥齿轮的齿数、模数、锥距、齿宽、分度圆直径、齿顶圆直径、齿根圆直径、分度圆锥角等几何尺寸，以及锥齿轮的结构尺寸和计算锥齿轮传动时的作用力等。

（1）几何计算中，直齿锥齿轮的锥距 R、分度圆直径 d（大端）等几何尺寸，应按大端模数和齿数精确计算，保留至小数点后三位，不能圆整。

（2）两轴交角为 90° 时，分度圆锥角 δ_1 和 δ_2 可以由齿数比 $u=z_2/z_1$ 计算，其中小锥齿轮齿数 z_1 取值为 $17\sim25$。δ 值的计算应精确到秒（"）。

（3）齿宽按齿宽系数 $\varphi_R=b/R$（一般 φ_R 取值为 $0.25\sim0.35$）计算并圆整，由于齿宽方向的模数不同，为了两齿轮能正确啮合，大、小锥齿轮的宽度必须相等。

3. 蜗杆传动

蜗杆传动的设计内容主要包括选择蜗杆、蜗轮的材料和热处理方式；确定蜗杆的头数和模数；确定蜗轮的齿数和模数、分度圆直径、齿顶圆直径、齿根圆直径、导程角等几何尺寸，以及蜗杆、蜗轮的结构尺寸和传动时的作用力等。

（1）由于蜗杆传动工作时，齿面间的相对滑动速度较大，因此蜗杆副材料要求有较好的减摩性、耐磨性，而不同的蜗杆副材料适用的滑动速度 v_s 不同。选择材料时，可用公式 $v_s=5.2\times10^{-4}n_1\sqrt[3]{T_2}\,(\mathrm{m/s})$（式中，$n_1$ 为蜗杆转速，单位为 $\mathrm{r/min}$，T_2 为蜗轮转矩，单位为 $\mathrm{N\cdot mm}$）初估相对滑动速度；待蜗杆传动尺寸确定后，要校核实际滑动速度和传动效率，检查材料选择是否恰当，有关计算数据（如转矩等）是否需要修正。

（2）蜗杆模数 m 和分度圆直径 d_1 要取标准值，而且 m 与 d_1 两者之间应符合标准的匹配关系。

（3）为便于加工，蜗杆的螺旋线方向应尽量取为右旋。

（4）蜗杆上置或下置依据蜗杆的圆周速度 v_1 而定，当 v_1 取值为 $4\sim5\mathrm{m/s}$ 或更小时，蜗杆一般下置，否则可将其上置。

（5）如需进行蜗杆轴的强度和刚度验算及传动的热平衡计算，则应在装配草图确定了蜗杆轴支点和箱体轮廓尺寸后进行。

思　考　题

1. 在传动装置设计中，为什么一般要先设计传动零件？为什么传动零件中一般是先设计减速器外的传动零件？

2. 带传动的设计内容是什么？通过哪些参数可以判断带传动的设计结果是否合适？

3. 链传动的设计内容是什么？通过哪些参数可以判断链传动的设计结果是否合适？

4. 开式齿轮传动的设计准则是什么？

5. 齿轮传动的参数和尺寸中，哪些应取标准值？哪些应该圆整？哪些必须精确计算？

6. 如对圆柱齿轮传动的中心距数值取为尾数为 0 或 5 的整数时，应调整哪些参数？如何调整？

7. 齿轮的材料选取和齿轮尺寸两者间有什么关系？如何选择齿轮结构？

第 4 章　减速器装配草图设计

减速器装配图的设计是减速器设计过程中的重要环节，减速器装配图不仅表达了部件的设计构思、工作原理和装配关系，也表达了零件的相互位置、尺寸和结构形状，同时也是减速器组装、调试、使用和维护的技术依据。但由于装配工作图的设计和绘图比较复杂，往往难以一次就设计绘制成结构合理、表达规范的图纸，因此要先进行减速器装配草图的设计。

在设计减速器装配草图时，必须综合考虑零件的使用要求、材料、强度、刚度、加工、装拆、润滑、密封和维护等诸多因素。

由于草图设计涉及的内容很多，既有结构设计，又有校核计算，过程较为复杂，因此一般采用边画图、边计算、边修改的设计原则，使之达到最优的设计结果。

草图设计的内容包括减速器的总体设计、所有零部件的结构设计、主要零部件的强度和刚度校核(轴的设计及校核、轴承的选择和校核、键与联轴器的选择和校核等)。

装配草图的设计步骤如下。

(1) 减速器装配草图设计前的准备。

(2) 装配草图设计的第一阶段，主要确定支点位置及力作用点间的距离。

(3) 轴、键连接的强度校核计算及滚动轴承的寿命计算。

(4) 装配草图设计的第二阶段，主要完成轴系部件的结构设计。

(5) 装配草图设计的第三阶段，主要进行减速器机体及附件的设计。

(6) 减速器装配草图的检查。

4.1　减速器装配草图设计前的准备

在绘制装配草图之前，应通过减速器拆装实验了解减速器中各个零部件的名称、功能、结构和零部件之间的相互关系，知道设计的具体内容。除此之外，具体准备工作还有以下几个方面。

1. 确定各类传动零件的主要尺寸

确定齿轮的分度圆直径、顶圆直径、齿轮宽度及两齿轮中心距等。

2. 按已选电动机查出其安装尺寸

按已选电动机查出其安装尺寸，包括电动机的中心高 H、电动机的轴外伸直径 D 和长度 E 等，如图 4.1 所示，数值见表 14-2。

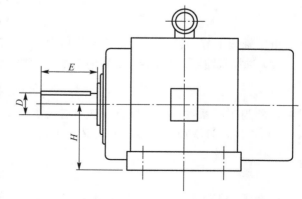

图 4.1　电动机的安装尺寸

3. 选择联轴器的类型

按工作情况、载荷的大小、转速的高低和两轴对中情况选定联轴器的类型。用于高速轴上的联轴器，如连接电机和减速器的联轴器，由于转速高、扭矩小，可选弹性联轴器，如弹性柱销联轴器和弹性套柱销联轴器等。用于低速轴上的联轴器，如连接减速器和工作机的联轴器，由于转速低、扭矩大，可选无弹性元件的挠性联轴器，如十字滑块联轴器等。如果两轴能保证严格对中，可选刚性固定联轴器。如果传递的功率不大，也可选用弹性元件的挠性联轴器。

4. 初估各轴最小直径

因轴的跨距没定，弯矩不知道，所以先按许用扭应力来估算轴的直径。计算公式为

$$d_{\min} \geqslant C \sqrt[3]{\frac{P}{n}} \quad (\text{mm}) \tag{4-1}$$

式中：P 为轴所传递的功率(单位为 kW)；n 为轴的转速(单位为 r/min)；C 为由轴的材料和承载情况确定的系数(见机械设计教材有关表格)。

按扭矩初估而得的直径可作为轴端直径，此直径为整个轴段的最小直径。若此轴段有键槽，考虑键槽的影响，可把直径增加 3%～5%。确定此直径时还应考虑与有关零件的相互关系。例如，此轴段为减速器高速轴外伸端，通过联轴器与电机轴相连，应考虑联轴器的型号所允许的轴径范围和电动机轴伸直径是否都能满足要求，即这个直径必须大于或等于式(4-1)初估的最小直径，可以与电动机轴伸直径相等或不等，但必须在联轴器允许的最大和最小直径范围内，详见例 4.1。

如果为二级齿轮减速器，中速级轴的最小直径处将安装滚动轴承，因此可根据最小估算直径圆整确定，但不应小于高速级轴安装轴承处的直径。

例 4.1 某带式运输机的减速器高速级轴通过联轴器与电动机轴相连接，已选定电动机型号为 Y132M1-6，其传递功率为 4kW，转速 $n = 960$r/min。查电动机手册得电动机轴径为 $D_{电动机} = 38$mm。试确定该减速器高速级轴的最小直径并选择联轴器。

解

(1) 按许用扭应力初估该轴最小直径

$$d_{\min} \geqslant C \sqrt[3]{\frac{P}{n}} = 100 \sqrt[3]{\frac{4}{960}} \approx 16.1 (\text{mm})$$

由于轴段上有一键槽，可将计算值加大 3%，$d_{\min}$ 应为 16.58mm。

(2) 选择联轴器。根据传动装置的工作条件拟选用 LX 型弹性柱销联轴器。计算转矩为

$$T_C = KT = 1.5 \times 39.8 = 59.7 (\text{N} \cdot \text{m})$$

式中：K 为工况系数，查机械设计教材有关表格得工作机为带式运输机时 K 为 1.2～1.5，取 $K = 1.5$。T 为联轴器所传递的名义转矩，有

$$T = 9.55 \times 10^6 \frac{P}{n} = 9.55 \times 10^6 \frac{4}{960} \approx 39.8 (\text{N} \cdot \text{m})$$

根据 T_C 值查表 12-1，最后确定选 LX3 型联轴器(T_n 为 1250N·m > 59.7N·m，$[n]$ 为 4750r/min > 960r/min)。其轴孔直径 d 为 30～48mm，可满足电动机的轴径要求。

（3）最后确定减速器高速外伸轴直径 $d_{min}=30mm$。

5. 初选轴承类型

先选轴承类型，具体型号可先不确定。一般圆柱直齿轮传动可选深沟球轴承（60000类），圆柱斜齿轮传动若轴向力不大也可选深沟球轴承，若轴向力较大，可选角接触轴承（70000类或30000类），优先选角接触球轴承（70000类）。

6. 确定滚动轴承润滑和密封方式

当减速器内浸油传动零件（如齿轮）的圆周速度 $v \geqslant 2m/s$ 时，靠齿轮转动时飞溅的润滑油来润滑轴承，即轴承采用飞溅润滑，此时机座剖分面上应开油沟，在机盖剖分面处要做斜面，使溅到机盖内壁的油流入油沟，从而导入轴承，如图4.2所示。

当浸油传动零件的圆周速度 $v < 2m/s$ 时，由于速度低，飞溅能力较差，轴承可采用脂润滑。此时机体上不开油沟，为防止机体内润滑油进入轴承稀释润滑脂，应在轴承旁加挡油板（图4.3）。

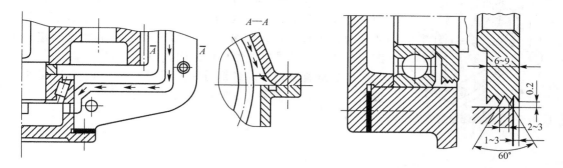

图4.2 输油沟　　　　　　图4.3 凸缘式轴承端盖与挡油板

滚动轴承的密封应根据滚动轴承的润滑方式和机器的工作环境选定。

7. 确定轴承端盖的结构

轴承端盖是用来固定、密封和调整轴承间隙的，并承受很大的轴向力。轴承端盖有透盖和闷盖两种。透盖用于外伸轴，闷盖用于轴不是外伸的情况。端盖还分为凸缘式和嵌入式两种结构形式。

凸缘式端盖（图4.3）结构复杂，但易调整间隙，密封性也好，应用较广。嵌入式端盖结构简单且表面平整，但密封性差，调整间隙不便，需打开机盖，放置调整垫片，只适合于深沟球轴承，如图4.4（a）所示。为保证密封性，常采用O形密封圈，如图4.4（b）所示。若采用角接触类轴承，应在端盖上增设调整螺钉，以便调整间隙，如图4.4（c）所示。一般情况下，为调整间隙及提高密封性，多选凸缘式结构。

8. 减速器机体的结构方案和尺寸要求

减速器机体是减速器的主要组成部分，它的主要作用是支持和固定轴系零件，保证轴系零件的运转、润滑和密封。设计机体结构时应综合考虑传动质量、加工工艺及制造成本等诸多因素，机体可以铸造也可以焊接。铸造机体（铸铁、铸钢）工艺复杂，周期长，质量

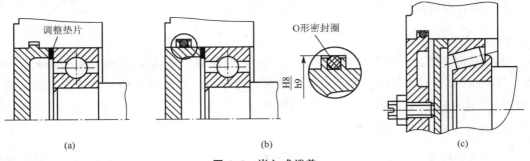

图 4.4　嵌入式端盖

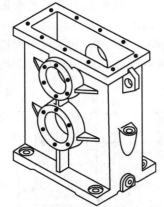

图 4.5　齿轮减速器整体式机体

大，适于批量生产。铸钢比铸铁强度和刚度好。焊接机体周期短，质量小，节省材料，但易变形，适于单件或小批量生产。

　　机体有整体式和剖分式两种结构，整体式质量小，加工量小，但装拆不便，如图 4.5 所示。剖分式质量大，但装拆方便。机体大多采用剖分式结构，剖分面一般通过轴线，把机体分为机座和机盖两部分，机座和机盖之间用螺栓连接，如图 4.6 所示。常见减速器机体结构如图 4.7～图 4.9 所示。

　　铸造减速器机体的各部分结构尺寸见表 4-1。连接螺栓扳手空间 c_1、c_2 值和沉头座直径见表 4-2。

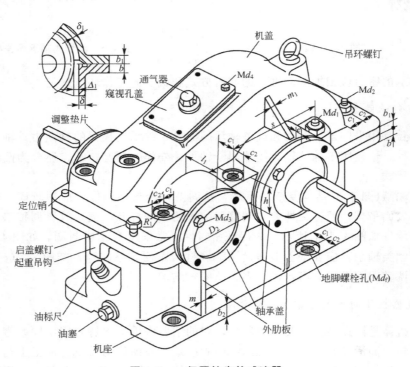

图 4.6　一级圆柱齿轮减速器

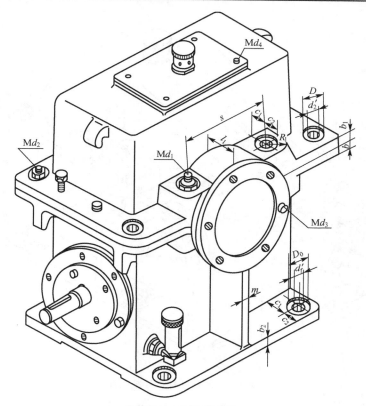

图 4.7　蜗杆减速器

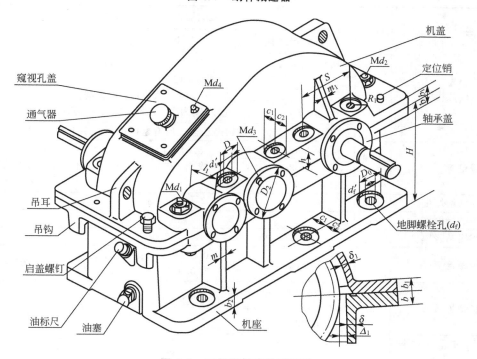

图 4.8　二级圆柱齿轮减速器

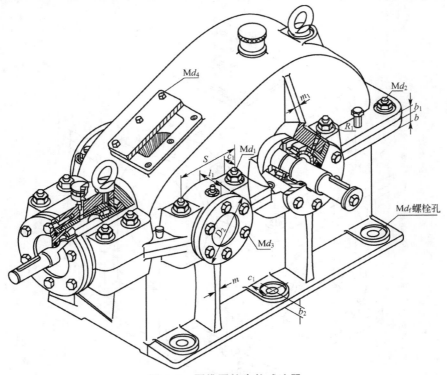

图 4.9　圆锥圆柱齿轮减速器

表 4-1　铸铁减速器机体结构尺寸计算表　　　　　　　　　　　　　　　（mm）

名　　称	符号		减速器形式及尺寸关系		
			齿轮减速器	锥齿轮减速器	蜗杆减速器
机座壁厚	$\delta^{①}$	一级	$0.025a+1\geqslant8$	$0.01(d_1+d_2)+1\geqslant8$ 或 $0.0125(d_{1m}+d_{2m})+1\geqslant8$ d_1、d_2 为小、大锥齿轮的大端直径； d_{1m}、d_{2m} 为小、大锥齿轮的平均直径	$0.04a+3\geqslant8$
		二级	$0.025a+3\geqslant8$		
		三级	$0.025a+5\geqslant8$		
			考虑铸造工艺，所有壁厚都不应小于 8		
机盖壁厚	$\delta_1^{①}$	一级	$0.02a+1\geqslant8$	$0.01(d_{1m}+d_{2m})+1\geqslant8$ 或 $0.085(d_1+d_2)+1\geqslant8$	蜗杆在上：$\approx\delta$ 蜗杆在下： $=0.85\delta\geqslant8$
		二级	$0.02a+3\geqslant8$		
		三级	$0.02a+5\geqslant8$		
机座凸缘厚度	b		1.5δ		
机盖凸缘厚度	b_1		$1.5\delta_1$		
机座底凸缘厚度	b_2		2.5δ		
地脚螺栓直径	d_f		$0.036a+12$	$0.018(d_{1m}+d_{2m})+1\geqslant12$ 或 $0.015(d_1+d_2)+1\geqslant12$	$0.036a+12$
地脚螺栓数目	n		$a\leqslant250$ 时，$n=4$ $250<a\leqslant500$ 时，$n=6$ $a>500$ 时，$n=8$	$n=\dfrac{机座底凸缘周长之半}{200\sim300}\geqslant4$	4
轴承旁连接螺栓 直径	d_1		$0.75d_f$		

（续）

名　称	符号	减速器形式及尺寸关系		
		齿轮减速器	锥齿轮减速器	蜗杆减速器
机盖与机座连接螺栓直径	d_2	$(0.5 \sim 0.6)d_f$		
轴承端盖连接螺栓直径	d_3	$(0.4 \sim 0.5)d_f$		
窥视孔盖连接螺栓直径	d_4	$(0.3 \sim 0.4)d_f$		
定位销直径	d	$(0.7 \sim 0.8)d_2$		
d_f、d_1、d_2 至外机壁距离	c_1	见表 4 – 2		
d_f、d_1、d_2 至凸缘距离	c_2	见表 4 – 2		
凸台高度	h	根据低速级轴承座外径确定，以便于扳手操作为准		
外机壁至轴承座端面距离	$l_1$②	$c_1 + c_2 + (5 \sim 8)$		
内机壁至轴承座端面距离	$l_2$②	$\delta + c_1 + c_2 + (5 \sim 8)$		
大齿轮顶圆（蜗轮外圆）与内机壁距离	Δ_1	$> 1.2\delta$		
齿轮（圆锥齿轮或蜗轮轮毂）端面与内机壁距离	Δ_2	$\geqslant \delta$		
机盖、机座肋厚	m_1、m	$m_1 \approx 0.85\delta_1$　　$m \approx 0.85\delta$		
轴承端盖外径	D_2	轴承座孔直径 $+ (5 \sim 5.5)d_3$；对于嵌入式端盖，$D_2 = 1.25D + 10$，D 为轴承外径		
轴承端盖凸缘厚度	e	$(1 \sim 1.2)d_3$		
轴承旁连接螺栓距离	S	尽量靠近，以 Md_1 和 Md_3 互不干涉为准，一般取 $S \approx D_2$		

注：① 多级传动时，a 取低速级中心距。对于圆锥圆柱齿轮减速器，按圆柱齿轮传动中心距取值。
　　② 式中 $(5 \sim 8)$ 是考虑轴承旁凸台铸造斜度及轴承座端面与凸台斜度间的距离而给出的概略值。

表 4 – 2　连接螺栓扳手空间 c_1、c_2 值和沉头座直径表　　　　　　　　（mm）

螺栓直径	M8	M10	M12	M16	M20	M24	M30
c_{1min}	13	16	18	22	26	34	40
c_{2min}	11	14	16	20	24	28	34
沉头座直径	20	24	26	32	40	48	60

9. 视图布置与图样比例

为了加强真实感，最好采用 1∶1 的比例尺，用 A1 号或 A0 号图纸绘制。为了把零部件的结构表达完整、清楚，应绘制 3 个视图，同时应考虑标题栏、技术特性和技术要求等空间，合理地布置图面，如图 4.10 所示。

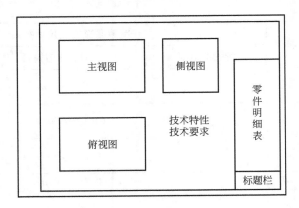

图 4.10　图面布置参考图

4.2　装配草图设计的第一阶段

此阶段的任务是进行轴的结构设计，包括确定轴的尺寸、轴承型号、传动件位置及提供力学模型，为轴、键连接及滚动轴承的工作能力计算做准备。

1. 机体内外壁尺寸的确定

1) 在主视图绘制

(1) 确定两轮中心距，画出两轮分度圆和齿顶圆，齿轮具体结构可不画出，如图 4.11 所示。

(2) 根据大齿轮顶圆与内壁的距离 Δ_1（表 4-1）画出机体内壁线。

(3) 根据机体壁厚 δ_1 画出外壁。

(4) 确定机体底面距离，齿顶圆到机体底面内壁的距离应大于 40mm，一级减速器如图 4.12(a) 所示，二级减速器如图 4.12(b) 所示。

2) 在俯视图绘制

(1) 投影两轮中心距，画出两轮分度圆和齿顶圆，如图 4.11 所示。

(2) 投影画出大齿轮一侧机体内壁线，小齿轮齿顶圆一侧的内壁线先不画。

(3) 画齿轮宽度，为保证接触宽度，通常小齿轮宽度比大齿轮大 5~10mm，齿轮详细结构可不画出。二级减速器可从中间轴开始，中速级轴上两齿轮端面间距离 Δ_4 取值为 8~12mm，如图 4.13 所示。

(4) 绘制齿轮端面两侧机体内壁线，小齿轮端面与机体内壁的距离 $\Delta_2 \geqslant \delta$（表 4-1）。

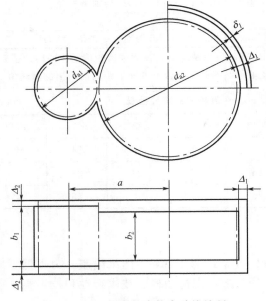

图 4.11　一级圆柱齿轮内壁线绘制

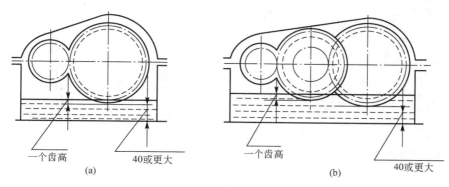

图 4.12　减速器油面及油池深度

（5）画轴承座的外端面线。轴承座孔宽度一般由机壁厚度、轴承旁连接螺栓所需扳手空间尺寸决定，另外为了区分加工面与非加工面，考虑起模斜度，轴承座孔应再向外凸出 $5 \sim 8$mm，因此轴承座宽度尺寸 $l_2 = \delta + c_1 + c_2 + (5 \sim 8)$mm，如图 4.13 和图 4.14 所示，$\delta$ 见表 4-1、c_1 和 c_2 值见表 4-2。

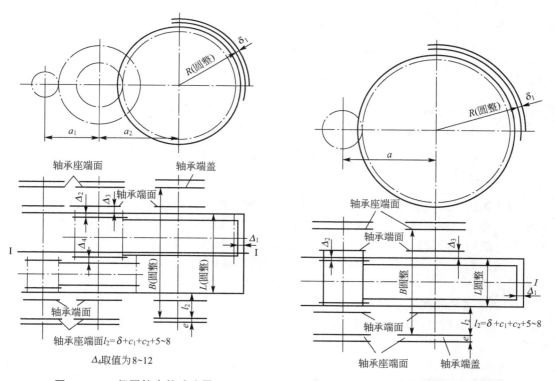

图 4.13　二级圆柱齿轮减速器　　　　**图 4.14　一级圆柱齿轮减速器**

2. 确定轴承端盖凸缘及轴承在轴承座孔中的位置

1）确定轴承端盖凸缘的位置

若采用凸缘式轴承端盖，在轴承座外端面以外画出轴承端盖凸缘厚度 e 的位置。e 的尺寸由轴承端盖连接螺栓直径 d_3 确定，$e \approx 1.2 d_3$，圆整为整数。应注意，为调整垫片的厚度，在凸缘和轴承座外端面之间应留 1～2mm 的距离，如图 4.15 所示。

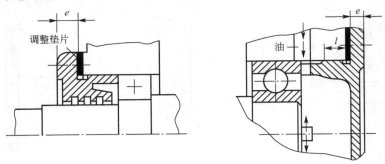

图 4.15　凸缘式轴承端盖

2）确定轴承在轴承座孔中的位置

轴承在轴承座孔中的位置与轴承润滑方式有关。当轴承采用机体内润滑油润滑时，轴承内圈端面距机体内壁的距离 Δ_3 取值为 3～5mm，如图 4.16(a)所示；当轴承采用润滑脂润滑时，因要留出挡油板的位置，Δ_3 取值为 8～12mm，如图 4.16(b)所示。

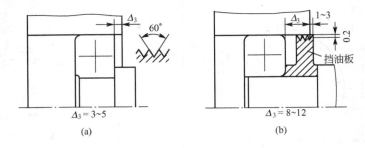

(a)　　　　　　　　　　　　　(b)

图 4.16　轴承在轴承座孔中的位置

3．轴的结构设计

轴结构设计的内容主要是确定轴的各段直径和长度，在设计过程中，既要满足强度的要求，又要考虑轴上零件的正确安装、拆卸及固定，轴承的润滑、密封及间隙调整。减速器的轴一般制成阶梯轴，其径向尺寸逐段变化，这样有利于满足各轴段不同的使用要求。

下面以图 4.17 所示的轴为例，说明轴的结构和具体尺寸的确定方法。图 4.17 以轴线为界，把轴分为（Ⅰ）和（Ⅱ）两种情况进行说明。

1）确定各段轴的直径(图 4.17)

(1) 外伸轴段直径 d_1 按最小直径算出，并考虑传动零件、联轴器和电机尺寸等因素的要求。

(2) 密封处轴径 d_2 应考虑轴上零件的轴向固定，并符合密封件标准轴径要求。一般情况下，定位轴肩的定位面高度应大于或等于 $2c(2r)$（c、r 为轴上零件孔的倒角或圆角）以承受轴向力。

(3) 根据安装方便和轴承内径的要求，确定安装轴承处的直径 d_3，轴径 d_3 比前段直径大 1～5mm，尾数应为 0 或 5。一般情况下，同一轴上的轴承应成对使用，所以安装轴承的两轴段直径应一致。

(4) 安装轴承定位套筒或挡油板处的直径 d_4 可与轴承处相同，也可与轴承处不同。

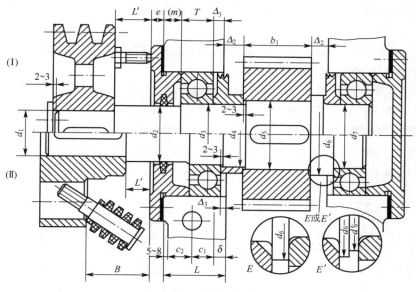

图 4.17　轴的结构设计

（5）安装齿轮处的直径 d_5，应根据受力合理和装拆方便的原则确定，一般比前段直径大 2～5mm。

（6）固定齿轮的轴环直径 d_6，应根据定位要求确定。

为便于滚动轴承的拆装，应留有足够的拆卸高度，因而轴承定位轴肩的高度应符合滚动轴承标准中的安装尺寸规定。也就是说固定轴承的轴肩尺寸应低于滚动轴承内圈，如图 4.18 所示。

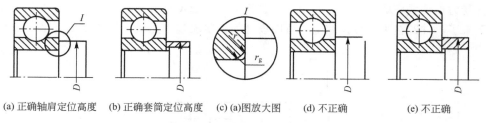

(a) 正确轴肩定位高度　(b) 正确套筒定位高度　(c) (a)图放大图　(d) 不正确　　(e) 不正确

图 4.18　滚动轴承的内圈固定

r、r_g 查滚动轴承手册

2）确定各段轴的长度

（1）d_1 轴段的长度取决于外伸端安装的零件的尺寸，如带轮的轮毂宽度或联轴器的尺寸。

（2）d_2 轴段的长度确定，应考虑轴上零件。若轴端装有联轴器，则应留出足够的装配尺寸。例如，当选用弹性套柱销联轴器时，应留有安装尺寸 B（由联轴器型号确定）。采用不同轴承端盖，外伸长度也不同。当采用凸缘式轴承端盖时，应考虑拆卸端盖螺钉所需要的长度 L'［图 4.17（Ⅱ）］。若轴端装有其他传动件（如带轮），为了使传动件的轮毂不影响螺钉的装拆，应考虑尺寸 L'［图 4.17（Ⅰ）］，一般 L' 取值为 15～20mm 或更大。画出轴承端盖凸缘厚度 e 和轴承端盖尺寸 m，以确定 d_2 轴段的长度。

（3）d_3 轴段的长度确定，应考虑轴承在座孔中的位置 Δ_3，初选轴承并确定轴承宽度，确定挡油板或套筒的尺寸，此时还应考虑轴段齿轮距机体内壁的距离 Δ_2，这样直径 d_3 段的长度即确定下来。

（4）d_5 轴段的长度确定，应考虑齿轮的轮毂宽度，要略小于齿轮的轮毂宽度，即 $\Delta l =$ 2～3mm，以保证定位可靠，如图 4.19 所示。

另外应注意安装键的轴段，应使键槽尽量靠近轴上零件装入一端，以便在装配时，轮毂上的键槽与轴上的键容易对准，如图 4.20 所示。通常，键的长度比轮毂的长度短 5～10mm，并圆整为标准值。当轴沿键长方向有多个键槽时，各键槽应布置在同一轴截面上，如图 4.17 所示。若轴径尺寸相差不大，各键槽断面尺寸可按直径较小的轴段选取，以便用同一把刀具加工。

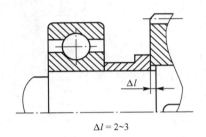

图 4.19　轴上传动件的轴向固定

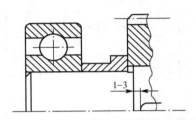

图 4.20　轴上键槽位置

（5）d_6 轴段的长度确定，应考虑齿轮端面与内机壁的距离 Δ_2 及轴环的要求。

（6）d_7 轴段的长度确定，应考虑轴承宽度和挡油环尺寸。

3）确定支点位置

支点位置一般可取轴承宽度中点，角接触轴承的支点位置可由设计手册中的 a 来确定。传动件受力点位置应取轮缘宽度的中点，这样 A、B、C（图 4.21 及图 4.22）各点间的距离就确定下来了，并圆整为整数。综上，草图设计第一阶段基本完成，如图 4.21 和图 4.22 所示。

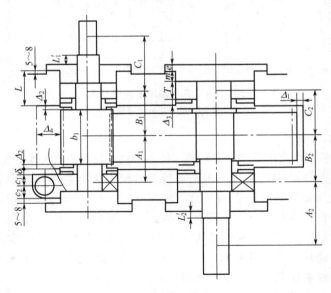

图 4.21　一级圆柱齿轮减速器草图设计第一阶段

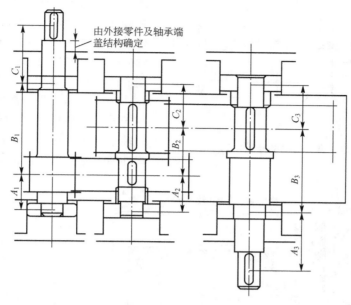

图 4.22　二级圆柱齿轮减速器草图设计第一阶段

4. 圆锥-圆柱齿轮减速器设计要点

圆锥-圆柱齿轮减速器装配图的设计内容及绘图步骤与圆柱齿轮减速器大致相同，但也有不同之处。

首先画出小锥齿轮的轴线（整个减速器机体要以小锥齿轮轴线为对称轴），根据计算所得锥齿轮传动的锥顶距画出大锥齿轮的轴线（即小圆柱齿轮轴线），再根据圆柱齿轮传动的中心距画出大圆柱齿轮的轴线。根据计算的几何尺寸，画出锥齿轮的轮廓。

在确定圆锥-圆柱齿轮减速器机体内壁线的位置时，小锥齿轮轮毂端面与机体内壁间的距离为 Δ_2（Δ_2 值见表 4-1），如图 4.23 所示。在确定大锥齿轮轮毂端面与机体内壁间距离 Δ_2 时，先初估大锥齿轮的轮毂宽度，可取 $h = (1.5 \sim 1.8) e_1$，e_1 由作图确定，需等轴径大小确定后再进行修正。

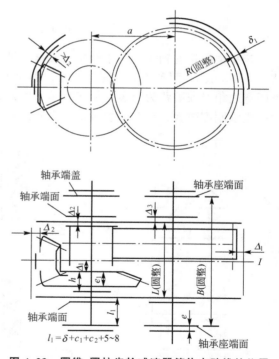

图 4.23　圆锥-圆柱齿轮减速器箱体内壁线的位置

锥齿轮的高速级轴一般采用悬臂结构，如图 4.24 所示。为了使悬臂轴系具有较大的刚度，轴承支点距离不宜过小，一般取轴承跨距 $S_1 = 2S_2$ 或 $S_1 = 2.5d$，d 为轴承处轴的直径。为使轴系轴向尺寸紧凑，设计时应尽量减小悬臂长度。

为保证锥齿轮传动的啮合精度，装配时需要调整大、小锥齿轮的轴向位置，使两轮锥

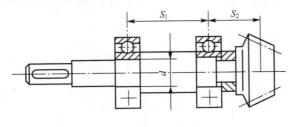

$S_1=2S_2$ 或 $S_1=2.5d$

图 4.24 锥齿轮轴的悬臂结构

顶重合。因此小锥齿轮轴和轴承通常放在套杯内，用套杯凸缘内端面与轴承座外端面之间的一组垫片调整小锥齿轮的轴向位置，如图 4.25（a）所示。套杯右端的凸肩用以固定轴承外圈，套杯厚度 $\delta_2 = 8\sim10\mathrm{mm}$，凸肩高度应使直径 D 不小于轴承手册中的规定值，以免无法拆卸轴承外圈。图 4.25（b）因无法拆下轴承外圈，是常见的不正确结构。

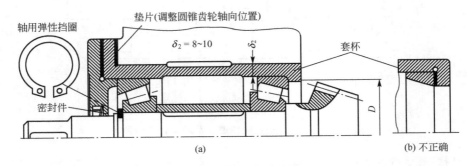

(a)   (b) 不正确

图 4.25 套杯结构设计

若小锥齿轮的轴采用角接触轴承支承，轴承有正装[面对面，图 4.26（a）]和反装[背靠背，图 4.26（b）]两种不同的固定方法。两轴承外圈窄边相对安装称为正装方案，两轴承外圈宽边相对安装称为反装。由于轴承的固定方法不同，轴的支承刚度也不同。反装布置轴的支承刚度较大，正装布置轴的支承刚度较小。

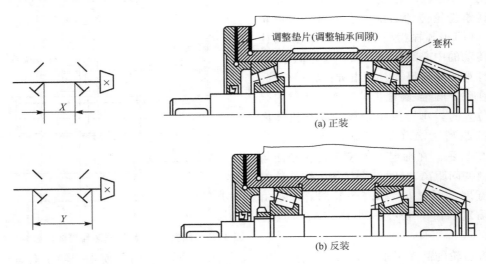

(a) 正装

(b) 反装

图 4.26 轴承的两种布置方案

至此，草图设计第一阶段基本完成，如图 4.27 所示。

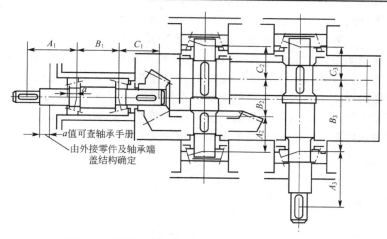

图 4.27　圆锥-圆柱齿轮减速器草图设计第一阶段

5. 蜗杆减速器设计要点

蜗杆减速器装配草图的设计方法和步骤与齿轮减速器基本相同。由于蜗杆与蜗轮的轴线是空间交错的，因此画装配草图时需同时绘制主视图和侧视图，以表达出蜗杆轴和蜗轮轴的结构。

蜗杆减速器有蜗杆上置式和蜗杆下置式两种布置方式，一般由蜗杆的圆周速度确定，当蜗杆圆周速度小于 4m/s 时，通常蜗杆布置在蜗轮的下方（称为蜗杆下置式），这时蜗杆轴承靠油池中的润滑油润滑，比较方便。当蜗杆圆周速度大于或等于 4m/s 时，为减小搅油损失，常将蜗杆置于蜗轮的上方（称为蜗杆上置式），此时蜗杆轴承润滑较为不便。因此，为了方便润滑，一般限制蜗杆减速器电动机转速以保证蜗杆下置。

布置方式确定后，先在主视图、侧视图上画出蜗杆、蜗轮中心线，按计算所得的传动件尺寸数据画出蜗杆和蜗轮的轮廓，再按表 4-1 推荐的 Δ_1 和 δ_1、δ 值，在主视图和侧视图上根据蜗轮外圆尺寸 d_{e_2} 确定机体内壁和外壁位置，如图 4.28 所示。

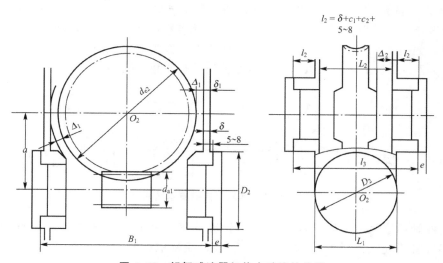

图 4.28　蜗杆减速器机体内壁线的位置

为了提高蜗杆刚度，蜗杆轴应尽量缩短支点距离。因此，蜗杆轴承座常伸到机体内。为了减少加工面，一般在主视图上把蜗杆轴承座外设计成凸台，即伸出 5～10mm，然后定出蜗杆轴承外端面位置，如图 4.28 所示。内伸轴承座的外径一般与轴承座凸缘外径 D_2 相同（D_2 值按表 4－1 确定）。设计时应使轴承座内伸端与蜗轮外圆之间保持适当间隙 Δ_1。为使轴承座尽量内伸，可将轴承座内伸端沿蜗轮外圆制成斜面，并使斜面端部保持一定厚度，一般取其厚度约为 0.4 倍的内伸轴承座壁厚，即可确定轴承座内端面位置，如图 4.28 所示。为提高轴承座刚度，在内伸端的下面还应加支承肋，如图 4.29 所示。

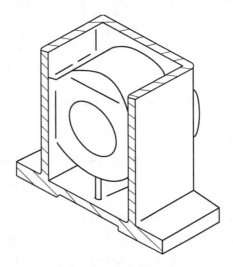

图 4.29　蜗杆轴承座

蜗杆轴上轴承的固定方式，应根据蜗杆轴的长短、轴向力的大小及转速高低来确定。若蜗杆轴较短（支点距离小于 300mm），可用两个支点固定的结构，如图 4.30 所示；若蜗杆轴较长且温升又较大时，轴热膨胀量大，如采用两端固定结构，则轴承将承受较大附加轴向力，使轴承运转不灵活，甚至卡死压坏。这时常用一端固定一端游动的支承结构，如图 4.31 所示。固定端一般选在非外伸端，并常用套杯结构，以便固定轴承。为了便于加工，两个轴承座孔常取同样的直径。游动端也可用套杯结构或选取轴承外径与座孔直径相同的轴承，如图 4.31（a）所示。当采用角接触球轴承作为固定端时，必须在两轴承之间加一套圈，如图 4.31（b）所示，以避免调整轴承间隙时外圈接触。

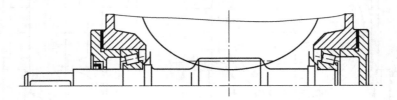

图 4.30　两端固定的支承结构

按蜗杆轴承座尺寸确定箱体宽度及蜗轮轴承座位置时，根据初选的蜗杆轴上轴承，可确定蜗杆轴承座凸缘外径，如图 4.28 所示，通常取蜗杆减速器机体宽度等于蜗杆轴承座凸缘外径，即 $L_1=D_2$，由此可确定蜗杆减速器机体宽度方向的外壁和内壁线位置，再确定蜗轮轴承座宽度 l_2，即可确定蜗轮轴承座外端面位置。由机体内壁间距 L_2 可确定蜗轮轮毂宽度，进而确定蜗轮安装处轴径，即可进行蜗轮结构设计。有时为了缩小蜗轮轴支点距离以提高轴的支承刚度，机体内壁间距 L_2 也可以略小于 D_2。

蜗杆减速器草图设计第一阶段，如图 4.32 所示。

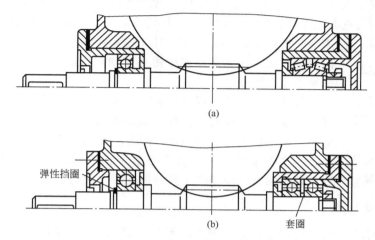

(a)

弹性挡圈

(b)　　　　　　　套圈

图 4.31　一端固定一端游动的支承结构

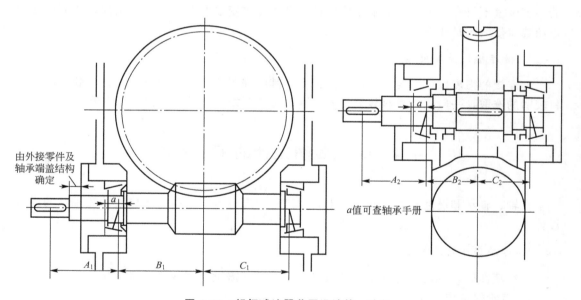

由外接零件及
轴承端盖结构
确定

a 值可查轴承手册

图 4.32　蜗杆减速器草图设计第一阶段

4.3　轴、轴承及键连接的校核计算

轴系部件的结构设计完成后，即可进行轴、键连接的强度计算及轴承工作能力的计算。

1. 轴的强度计算

轴上零件安装后，传动件受力位置、支点的位置即能够确定，可以作轴的弯矩图、扭矩图及当量弯矩图，根据轴的结构尺寸、应力集中和当量弯矩图确定一两个危险截面，用合成弯矩法或安全系数法对轴进行强度校核计算（参考教材）。计算时轴上受力作用点位置和支点跨距由初绘的装配草图确定，传动件受力作用点的位置可取轮缘宽度的中点，径向

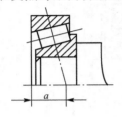

图 4.33　角接触轴承的支点位置

接触的滚动轴承的支反力作用点在滚动轴承中心平面与轴线的交点，而角接触滚动轴承支反力作用点与轴承端面的距离 a（图 4.33）可查机械设计手册。

校核后如果轴的强度不够，则应适当增加轴径，对轴的结构进行修改或改变轴的材料。如果安全系数很大或计算应力远小于许用应力，则不要马上修改轴径，因为轴的直径不仅由轴的强度来确定，还要考虑联轴器对轴的直径要求及轴承寿命、键连接强度等要求。因此，轴的直径应在满足其他条件后才能确定。

2. 轴承寿命校核

在轴的结构尺寸确定后，轴承的型号即可确定。然后对轴承的基本额定寿命进行计算，轴承预期寿命通常是按减速器的寿命或减速器的检修期来确定的。若校核不符合要求，一般不改变内径，可通过改变轴承类型或尺寸系列，从而改变额定动载荷使之满足要求。

3. 键连接的强度校核

键连接的强度校核主要是验算挤压强度。其中许用挤压应力应按轴、键和毂三者中材料较弱的选取，一般轮毂材料较弱。若不满足强度要求，可采用双键、花键等。

4.4　装配草图设计的第二阶段

在轴、轴承和键连接计算的基础上，可进一步进行传动零件的结构设计和轴承的组合设计。

1. 传动零件的结构设计

初绘草图时，传动零件的基本参数已经确定，现需设计零件的具体结构。

1）齿轮的结构设计

齿轮的结构形状与齿轮的几何尺寸、毛坯类型、材料、加工方法等因素有关，有锻造毛坯和铸造毛坯两种。当齿轮直径较小，$x < 2.5m_n$（m_n 为模数）时，x 见图 4.34，可把齿轮和轴做成一体称为齿轮轴，如图 4.35 所示。当齿根圆小于轴径时，必须用滚齿法加工齿轮，如图 4.35(b)所示。当 $x \geqslant 2.5m_n$ 时，齿轮可与轴分开制造，图 4.34 为实心式齿轮结构。对于直径较大的齿轮，可采用腹板式。当毛坯直径大于 500mm 时，可考虑铸造毛坯。具体尺寸可参考教材和设计手册，如图 4.36 和图 4.37 所示。

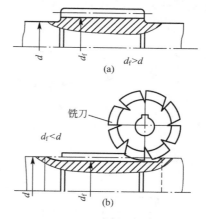

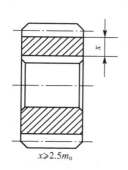

图 4.34　实心式齿轮

图 4.35　齿轮轴及加工方法

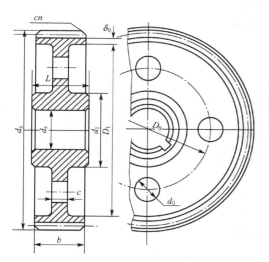

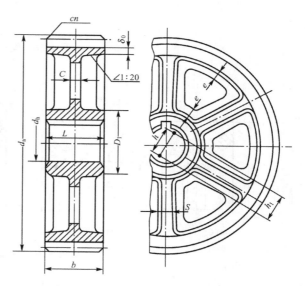

图 4.36　腹板式圆柱齿轮

$d_1 = 1.6d_s$；$\delta_0 = (2.5 \sim 4)m_n$ 但不小于 10mm；

$D_1 = d_a - 2(2.25m_n + \delta_0)$ 圆整；$D_0 = 0.5(d_1 +$

$D_1)$；$d_0 = 0.25(D_1 - d_1)$；$c = 0.3b$；$n =$

$0.5m_n$；当 $b = (1 \sim 1.5)d_s$ 时，取 $L = b$，

否则取 $L = (1.2 \sim 1.5)d_s$

图 4.37　轮辐式圆柱齿轮

$D_1 = 1.6d_h$（铸钢）；$D_1 = 1.8d_h$（铸铁）；$L = (1.2 \sim$

$1.5)d_h$；$h = 0.8d_h$；$h_1 = 0.8h$；$c = 0.2h$；$S = \dfrac{h}{6}$

但不小于 10mm；$n = 0.5m_n$；$\delta_0 = (2.5 \sim 4)m_n$

但不小于 8mm；$e = 0.8\delta_0$

2）蜗杆蜗轮的结构设计

由于蜗杆螺旋部分的直径不大，通常和轴做成一体，称为蜗杆轴，结构形式如图 4.38 所示。其中图 4.38(a)所示的结构无退刀槽，加工螺旋部分时只能用铣制的办法；图 4.38(b) 所示的结构则有退刀槽，螺旋部分可以车制，也可以铣制，铣制结构的刚度较大。

蜗轮的结构形式取决于蜗轮所用的材料和蜗轮的尺寸大小。常用的结构形式有以下几种：整体式[图 4.39(a)]主要用于铸铁蜗轮或尺寸很小的青铜蜗轮。为了节约贵重有色金属，对尺寸较大的蜗轮通常采用组合式结构，即齿圈用有色金属制造，而轮芯用钢或铸铁

制造。采用过盈连接[图 4.39(b)]、螺栓连接[图 4.39(c)]、拼铸[图 4.39(d)]等方式将其组合到一起。

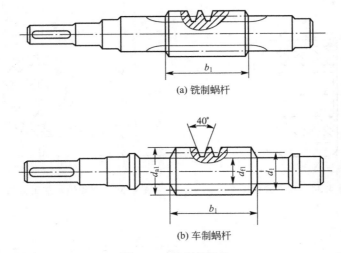

(a) 铣制蜗杆

(b) 车制蜗杆

图 4.38　蜗杆的结构

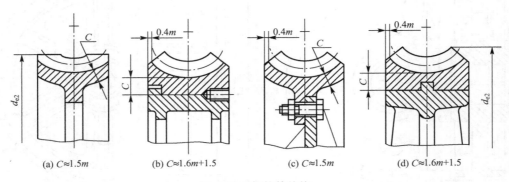

(a) $C \approx 1.5m$　　(b) $C \approx 1.6m+1.5$　　(c) $C \approx 1.5m$　　(d) $C \approx 1.6m+1.5$

图 4.39　蜗轮的结构

2. 轴系部件的结构设计

1）轴承端盖的结构设计

凸缘式轴承端盖一般用铸铁铸造。为减少加工面，应使轴承端盖外表面凹进 δ 深度，如图 4.40(a) 所示。当轴承端盖的宽度 L 较大时，可采用图 4.40(b)所示的结构，为了保证拧紧螺钉时轴承端盖的对中性，使轴承受力均匀，要保留足够的配合长度。

当轴承采用油润滑时，应在轴承盖上开槽，并使轴承端盖的端部直径略小，保证油路畅通，如图 4.41 所示。

2）轴承润滑和密封的结构设计

（1）轴承润滑。当浸油齿轮的圆周速度 $v \geqslant 2$m/s 时，轴承采用飞溅润滑，飞溅的油一部分直接溅入轴承，一部分先溅到机壁上，然后再沿着机盖的内壁坡口流入机座分型面的输油沟中，沿输油沟经轴承端盖上的缺口进入轴承，如图 4.41 所示。

当采用油润滑轴承，轴承旁是斜齿轮，而且斜齿轮的直径小于轴承外径时，由于斜齿

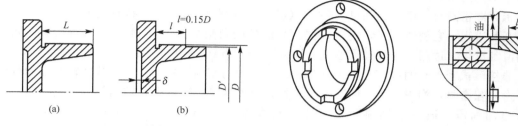

图 4.40 轴承端盖的尺寸　　　　　　　图 4.41 油润滑的轴承端盖

轮有沿齿轮的轴向排油作用，会使过多的润滑油冲向轴承，高速时更为严重，会增加轴承的阻力，因此应在轴承旁设置挡油板。

当齿轮的圆周速度 $v < 2\text{m/s}$ 时，由于飞溅能力较差，可采用脂润滑。机体上不开油沟，为防止机内润滑油进入稀释润滑脂，应在轴承旁加挡油板，如图 4.16(b) 所示。

填入轴承座内的润滑脂量如下：对于中低速轴承（n 取值 $500\sim1500\text{r/min}$ 或更小）不超过轴承座空腔的 2/3。对于高速轴承（n 取值 $1500\sim3000\text{r/min}$ 或更大），则不超过轴承座空腔的 1/3。一般在装配时将润滑脂填入轴承座内，每工作 3～6 个月需补充更换润滑脂一次，每过一年，需拆开清洗更换润滑脂。

（2）轴承密封。为了防止润滑剂从轴承中流失，阻止外界灰尘、水分等进入轴承。滚动轴承需要密封。按照工作原理，密封可分为接触式密封和非接触式密封两大类。非接触式密封不受速度的限制。接触式密封通过阻断被密封物质泄漏通道的方法实现密封功能，只能用在线速度较低的场合。

接触式密封有毛毡圈密封和唇形密封圈密封，其密封圈均为标准件。毛毡圈密封 [图 4.42(a)] 是矩形断面的毛毡圈被安装在梯形槽内，它对轴产生一定的压力而起到密封

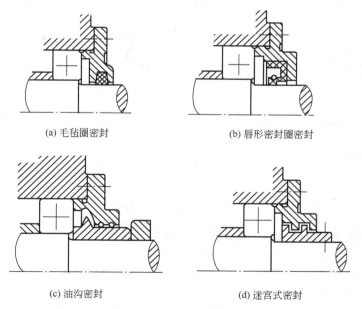

(a) 毛毡圈密封　　　　　　　　　　(b) 唇形密封圈密封

(c) 油沟密封　　　　　　　　　　　(d) 迷宫式密封

图 4.42 滚动轴承的密封

作用，结构简单，压紧力不能调整，用于脂润滑，适用于轴颈圆周速度 $v<5\mathrm{m/s}$ 的场合。唇形密封圈密封时，密封唇朝里[图 4.42(b)]，目的是防漏油；密封唇朝外，目的是防灰尘、杂质进入。它密封可靠，使用方便。耐油橡胶和塑料密封有 O、J、U 等形式，脂或油润滑都可以，适用于轴颈圆周速度 v 取值为 $4\sim12\mathrm{m/s}$ 或更小的场合。

非接触式密封有油沟密封和迷宫式密封等。油沟密封[图 4.42(c)]是靠轴与盖间的细小环形间隙密封，沟内添脂，间隙越小越长，效果越好。这种密封结构简单，用于脂润滑或低速油润滑，适用于轴颈圆周速度 v 取值为 $5\sim6\mathrm{m/s}$ 或更小的场合。迷宫式密封[图 4.42(d)]是将旋转件与静止件之间间隙做成迷宫形式，在间隙中充填润滑油或润滑脂以加强密封效果。这种结构密封可靠，适用于轴颈圆周速度 $v<30\mathrm{m/s}$ 的场合。

4.5　装配草图设计的第三阶段

这一阶段的主要任务是进行减速器机体的结构设计及减速器附件的设计。

1. 减速器机体的结构设计

进行减速器机体结构设计时应综合考虑传动质量、强度、刚度、加工工艺及制造成本等诸多因素，以下主要介绍剖分式减速器机体结构的设计要点。

1）轴承座的结构设计

（1）机体要有足够的刚度。机体刚度不足，会产生变形，使轴承孔中心偏斜，轴承与轴上零件都要受到影响，所以应保证轴承座有足够的厚度，且要有加强筋。加强筋有内肋和外肋，内肋外表光滑，刚度大，但有油阻，制造工艺也比较复杂，如图 4.43(b)所示，一般采用外肋的较多，如图 4.43(a)所示。大型减速器也可以采用凸壁式机体结构，如图 4.43(c)所示，它相当于双内肋板，刚度大，外形整齐，但制造较复杂。

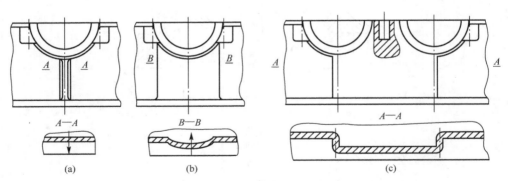

图 4.43　加强筋结构

（2）确定轴承旁连接螺栓的位置。为了保证机体具有足够的刚度，轴承旁连接螺栓距离 S 应尽量小。但不能与轴承端盖连接螺栓相干涉，一般取 $S\approx D_2$，如图 4.44 所示，D_2 为轴承座外径。一般连接螺栓的间距不能过大，应小于 150mm，以保证足够的压紧力。

为提高连接刚度，在轴承座旁连接螺栓处应做出凸台，凸台的高度 h 由连接螺栓直径所确定的扳手空间尺寸 c_1 和 c_2 确定(图 4.44)。图 4.45(a)所示是有凸台的型式，图 4.45(b)所示是没有凸台的型式。没有凸台的 S_2 的距离比有凸台的 S_1 的距离大得多，连接刚度较差。为便于制造，各轴承座凸台高度应设计一致，并以最大轴承座直径 D_2 所确定的高度为准。

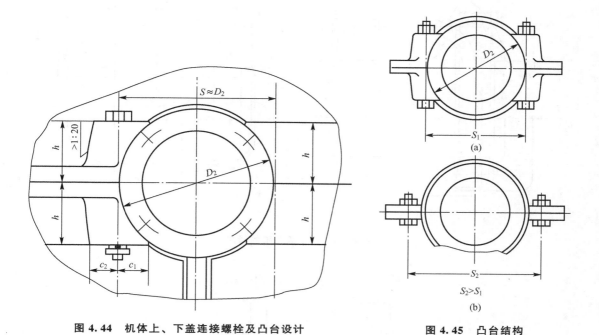

图 4.44 机体上、下盖连接螺栓及凸台设计　　　　图 4.45 凸台结构

2）机盖圆弧半径的确定

对于铸造机体，为了造型和起模的方便，机盖顶部应力求平坦和光滑过渡，一般为圆弧形。在大齿轮一侧，可以轴心为圆心，以 $R=d_a/2+\Delta_1+\delta_1$（$\Delta_1$ 为大齿轮顶圆（蜗轮外圆））与内机壁的距离，δ_1 为机盖壁厚，见表 4-1）为半径画出圆弧作为机盖顶部的部分轮廓。在一般情况下，大齿轮轴承座孔凸台均在此圆弧以内。而小齿轮一侧的外表面圆弧半径应根据结构作图确定。这一端的圆弧半径不能像大齿轮一端那样用公式计算确定，因为小齿轮直径较小，按上述公式计算会使机体的内壁不能超出轴承座孔，一般此圆弧半径的选取应使得外轮廓圆弧线在轴承旁凸台边线的附近。此圆弧线可以超出轴承旁凸台，如图 4.46（a）所示，机体径向尺寸显得大一些，但结构简单；此圆弧线也可以不超出轴承旁凸台，如图 4.46（b）所示，机体结构紧凑，但轴承旁凸台的形状比较复杂。设计凸台结构时，应 3 个视图同时进行，其投影关系如图 4.46 所示，其外部结构如图 4.47 所示。

3）机体凸缘的结构设计

为保证机盖和机座的连接刚度，机盖和机座的凸缘应有一定的厚度。一般取凸缘厚度为机体壁厚的 1.5 倍，即 $b_1=1.5\delta_1$，$b=1.5\delta$。机体座底的凸缘由于要承受较大的倾覆力矩，为了使之更好地固定在机架或地基上，其凸缘厚度尺寸应大，以保证具有足够的强度和刚度，一般取机体壁厚的 2.5 倍，即 $b_2=2.5\delta$，如图 4.48 所示。一般外凸缘的宽度 $B\geqslant\delta+c_1+c_2$，以保证螺栓的安装。其中 δ 为机座壁厚，c_1，c_2 为根据连接螺栓直径确定的扳手空间尺寸，见表 4-2。

机体座凸缘底面的宽度 B 应超过机座的内壁，以利于支撑。图 4.48（b）符合要求，为正确结构，图 4.48（c）不符合要求，为不合理结构。

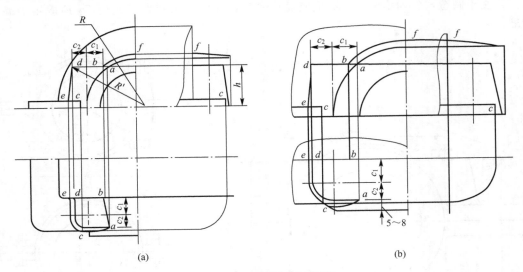

(a)   (b)

图 4.46　机箱盖圆弧的画法

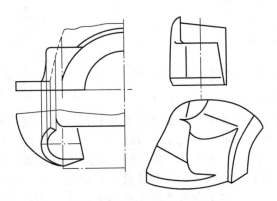

图 4.47　凸台的画法与立体图对照

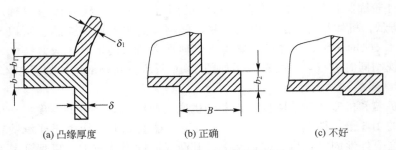

(a) 凸缘厚度　　　　　(b) 正确　　　　　(c) 不好

图 4.48　箱体连接凸缘及底座凸缘

4）油面位置与机体高度的确定

当传动件采用浸油润滑时，机体要有一定的体积来装润滑油，一般大齿轮的齿顶圆距油池底面不小于 40mm，以免搅油时沉渣泛起，引起齿轮磨损，如图 4.12 所示。对于圆柱齿轮传动，齿轮浸入油中至少应有一个齿高，且不得小于 10mm，对于圆锥齿轮传动应为整个齿宽，这样就能确定最低油面。考虑到油的损耗，还应给出一个最高油面，一般中小型减速器至少要高出最低油面 5～10mm。为避免搅油损失过大，传动件的浸油深度不应超过其分度圆半径的 1/3。

　　5）油沟的结构和尺寸

　　当齿轮的圆周速度 $v>2m/s$ 时，轴承需要利用传动零件飞溅起来的润滑油润滑。此时应在机座分箱面上开设输油沟，使溅起的油沿机盖内壁经斜面流入输油沟内，再经轴承盖上的导油槽流入轴承。输油沟的结构和尺寸如图 4.49 所示。

　　输油沟有铸造油沟和机械加工油沟两种结构形式。机械加工油沟容易制造，工艺性好，故用得较多，其结构尺寸如图 4.49 所示。

　　6）机体底面的结构设计

　　机体底面的结构形式如图 4.50 所示，图 4.50（a）所示的结构加工面积太大，不合理。图 4.50（d）和图 4.50（c）所示的结构适合小型减速器的底座，图 4.50（b）所示的结构适合大型减速器的底座。

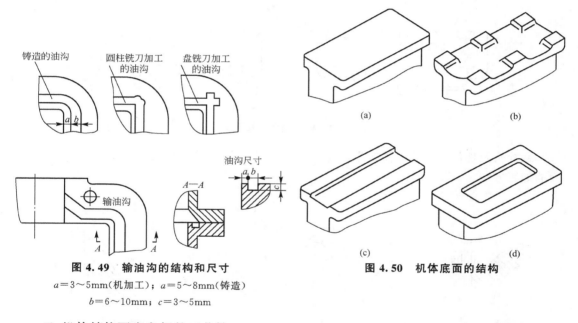

图 4.49　输油沟的结构和尺寸　　　　　　　图 4.50　机体底面的结构

$a=3～5mm$（机加工）；$a=5～8mm$（铸造）

$b=6～10mm$；$c=3～5mm$

　　7）机体结构要有良好的工艺性

　　（1）铸造工艺性：为便于造型、浇铸及减少铸造缺陷，铸造时，机体应力求形状简单、壁厚均匀、过渡平缓。为避免产生金属积聚，不宜采用形成锐角的倾斜肋和壁（图 4.51），考虑液态金属的流动性，机体壁厚不应过薄，表 4-1 推荐使用的经验公式可以计算最小壁厚。为便于造型时起模，铸件表面沿起模方向应设计成（1：20）～（1：10）的起模斜度。砂型铸造圆角半径一般可取 $R≥5mm$。

　　在铸造箱体的起模方向上应尽量减少凸起结构，必要时可设置活块，以减少起模困难。当铸件表面有多个凸起结构时，应当尽量连成一体，以便于木模制造和造型，如图 4.52 所示。

　　（2）加工工艺性：同一轴线的两轴承孔直径尽可能一致，以便于镗孔和保证精度。各轴承座端面应尽量在一个平面内，以便于加工和检验。机体上任何一处的加工面与非加工面必须分开(图 4.53)，如机体轴承座端面与轴承盖、窥视孔与窥视孔盖、螺塞及吊环螺钉的支承面处均应做出凸台，以便于加工。为了减少机体的加工面积，机体底面可采用图 4.50中(b)、(c)、(d)的结构。

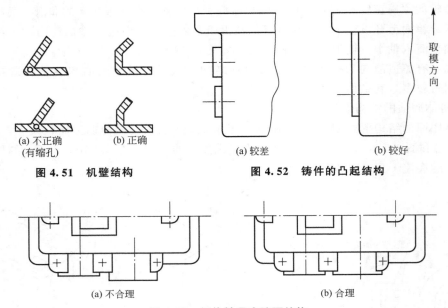

(a) 不正确
(有缩孔)　(b) 正确

图 4.51　机壁结构

(a) 较差　(b) 较好

图 4.52　铸件的凸起结构

(a) 不合理　(b) 合理

图 4.53　机体轴承座端面结构

螺栓头及螺母的支撑面需铣平或锪平，应设计出凸台或沉头座。图 4.54 所示为支撑面的加工方法。

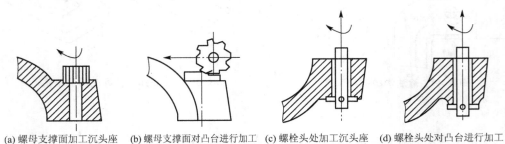

(a) 螺母支撑面加工沉头座　(b) 螺母支撑面对凸台进行加工　(c) 螺栓头处加工沉头座　(d) 螺栓头处对凸台进行加工

图 4.54　凸台与沉头座的加工

2. 减速器附件的设计

减速器的主要零件(齿轮、轴、轴承等)在草图上已设计完毕。除以上主要零件外，还有一些附件，这些附件的作用是注油、排油、指示油面、通气、装拆及吊运等。

1) 窥视孔和窥视孔盖

在减速器的机盖顶部要开窥视孔，窥视孔的作用是检查传动件的啮合情况、润滑状况、接触斑点和齿侧间隙。窥视孔应开在能看到传动件啮合情况的位置，并应有足够的尺寸，让手伸进去，以便测量齿侧间隙。减速器的润滑油也从窥视孔注入，为了减少油的杂质和机体内油的溢出，可在窥视孔口上装一过滤网和密封垫。另外，窥视孔的机体部分应做成凸台。窥视孔盖可用不同材料制造，如铸铁加工或钢板加工，用螺栓直接连接在机体上，如图 4.55 所示，具体尺寸可查表 13－8。

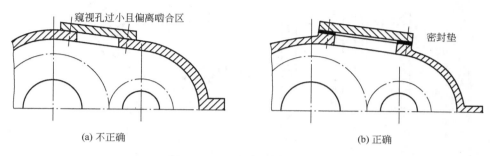

图 4.55 窥视孔的位置及结构

2）放油螺塞

润滑油使用一段时间后，需要更换润滑油，所以要设置放油孔。放油孔的位置应设计在油池最低处，以便于放油。平时用螺塞将放油孔堵住。螺塞有细牙螺纹圆柱螺塞和圆锥螺塞两种。圆锥螺塞能形成密封连接，不需附加密封；圆柱螺塞必须配置密封垫圈，垫圈材料为耐油橡胶、石棉及皮革等。考虑加工内螺纹的工艺性，靠近放油孔机体局部应铸造一个小坑，以保证钻孔攻丝方便，如图 4.56(a)所示。图 4.56(b)没有做出小坑，钻孔攻丝困难，工艺性较差。图 4.56(c)是错误结构。

螺塞直径为机体壁厚的 2～3 倍。螺塞及密封垫圈的尺寸见表 13－15。

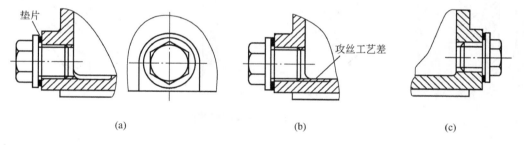

图 4.56 放油孔位置

3）油标

为了检查油面高度，以保证油池内正常的油量，减速器常设有油标或油尺。油标的形式很多，有的已经标准化，为了便于检查，应设置在低速级传动件附近。杆式油标在减速器中应用较多，其结构如图 4.57 所示。油标尺可以垂直插入油面[图 4.57(a)]，也可以倾斜插入油面[图 4.57(b)]，与水平面的夹角不得小于 45°。设计时，要注意机体油尺座孔的位置及倾斜角度，既要避免机体内的润滑油溢出，又要便于油标的插取及插座上沉头座孔的加工，如图 4.58 所示。也可在油尺外加套，如图 4.57 所示。具体尺寸见表 13－14。

4）通气器

减速器工作时，由于摩擦发热，机体内温度升高，气压增大，会使减速器的密封情况变坏，密封处的油渗漏。为使机体内受热膨胀的空气和油蒸气能自由地排出，以保持

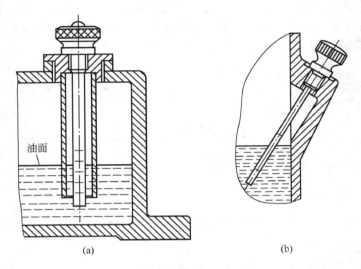

图 4.57　杆式油标

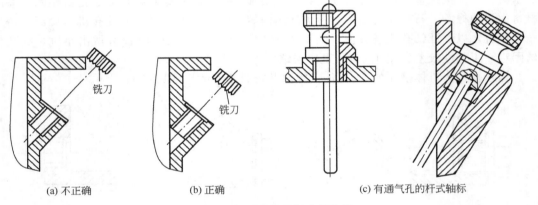

(a) 不正确　　　　　(b) 正确　　　　　(c) 有通气孔的杆式轴标

图 4.58　杆式油标及插座的位置

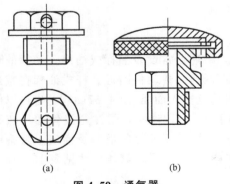

(a)　　　　　(b)

图 4.59　通气器

机体内外气压相等，不致使润滑油沿机体接合面、轴伸处及其他缝隙渗漏出来，应在减速器上安通气器，使机体内外气压保持均衡。通气器结构形式很多，有结构简易的和复杂的多种。图 4.59(a)用于环境清洁、通气要求不高的场合，图 4.59(b)为比较完善的通气器，其内部做成曲路，并设有金属滤网，可减少停车后灰尘随空气进入机内。通气器的具体结构及尺寸见表 13 - 9 和表 13 - 10。

5）启盖螺钉

为了提高密封性能，机盖和机座连接凸缘的接合面常涂有水玻璃或密封胶，因而在拆卸时往往因黏结较紧而不易分开。为此常在机盖的凸缘上安装一个或两个启盖螺钉。启盖螺钉的螺纹长度应大于机盖的凸缘厚度，端部应做成球形或圆柱形，以免启盖时顶坏螺纹，如图 4.60 所示。启盖螺钉的直径与机盖和机座连接螺栓直径相同。

6）定位销

在剖分式机体中，为保证轴承座孔的加工和装配精度，在机盖和机座用螺栓连接以后、镗孔之前，在机盖和机座的连接凸缘上配装两个圆锥定位销。定位销可以保证减速器每次装拆后轴承座的上下半孔始终保持加工时的位置精度。通常定位销的位置设置在机体连接凸缘的对角处，并应做非对称布置，两销相距应尽量远些，以提高定位精度。

圆锥销的直径 d 取值为 $(0.7\sim0.8)d_2$，其中 d_2 为机盖与机座连接螺栓的直径。其长度应大于机盖和机座凸缘厚度之和，如图 4.61 所示，以便于拆卸。圆锥销是标准件，可按标准选取。

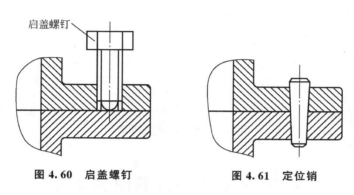

图 4.60　启盖螺钉　　　　　　　图 4.61　定位销

7）吊环螺钉、吊耳与吊钩

为了拆卸和搬运方便，应在减速器机盖上设置吊环螺钉或吊耳，在机座上设置吊钩。

吊环螺钉一般用来拆卸机盖或吊运比较轻的减速器，在设计时可以按起吊质量选取尺寸，机盖安装吊环螺钉处应设置凸台，以使吊环螺钉有足够的深度，同时，可以避免加工螺孔时因钻头半边切削的行程过长，导致钻头折断，如图 4.62 所示。

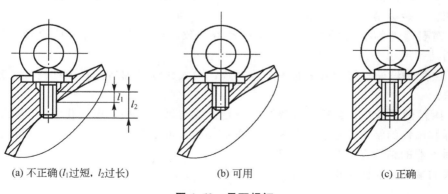

(a) 不正确(l_1过短, l_2过长)　　　　(b) 可用　　　　(c) 正确

图 4.62　吊环螺钉

对于质量较大的机盖或减速器，可以直接在机体上铸造吊耳或吊钩，其结构形式和尺寸如图 4.63 所示。设计时应注意其布置要与机器重心相协调，并避免与油标尺、凸缘连接螺栓、定位销、启盖螺钉等相干涉。

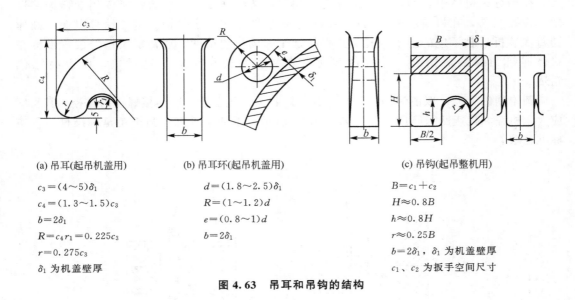

(a) 吊耳(起吊机盖用)

$c_3 = (4 \sim 5)\delta_1$

$c_4 = (1.3 \sim 1.5)c_3$

$b = 2\delta_1$

$R = c_4 \quad r_1 = 0.225c_3$

$r = 0.275c_3$

δ_1 为机盖壁厚

(b) 吊耳环(起吊机盖用)

$d = (1.8 \sim 2.5)\delta_1$

$R = (1 \sim 1.2)d$

$e = (0.8 \sim 1)d$

$b = 2\delta_1$

(c) 吊钩(起吊整机用)

$B = c_1 + c_2$

$H \approx 0.8B$

$h \approx 0.8H$

$r \approx 0.25B$

$b = 2\delta_1$，δ_1 为机盖壁厚

c_1、c_2 为扳手空间尺寸

图 4.63　吊耳和吊钩的结构

4.6　减速器装配草图的检查

1. 检查内容

减速器附件设计完成后，装配草图的设计工作也就基本完成了。完成减速器装配草图后，应进行认真检查并进行必要的修改，检查的主要内容如下。

（1）图面布置和表达方式是否合适；视图选择、投影关系是否正确。

（2）传动件、轴、轴承、机盖、机座、附件及其他零件结构是否合理；定位、固定、调整、加工、装拆是否方便可靠。

（3）重要零件的结构尺寸与设计计算是否一致，如中心距、分度圆直径、齿宽、锥距、轴的结构尺寸等。

（4）装配图设计与传动方案布置是否一致；输入、输出轴的位置及结构尺寸是否符合设计要求。

（5）附件的设计是否合理，如窥视孔凸台位置与尺寸大小，窥视孔盖的结构；吊环螺钉、吊耳和吊钩的结构与位置；油标的位置和结构；放油孔凸台的位置；定位销的尺寸和布局；通气器的结构选择是否合理等。

完成的减速器装配草图如图 4.64～图 4.67 所示。

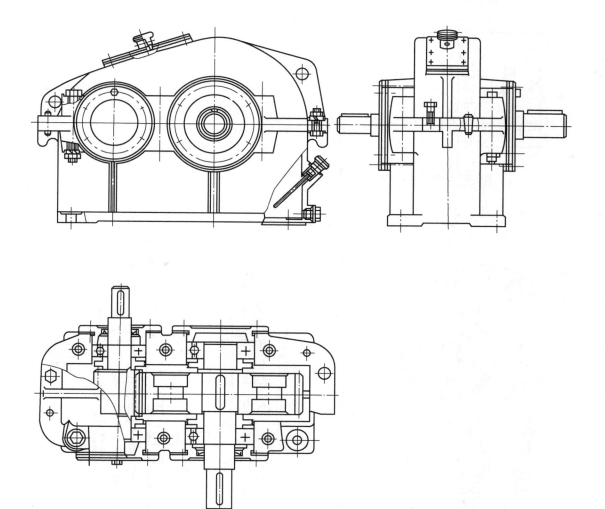

图 4.64　一级圆柱齿轮减速器装配草图

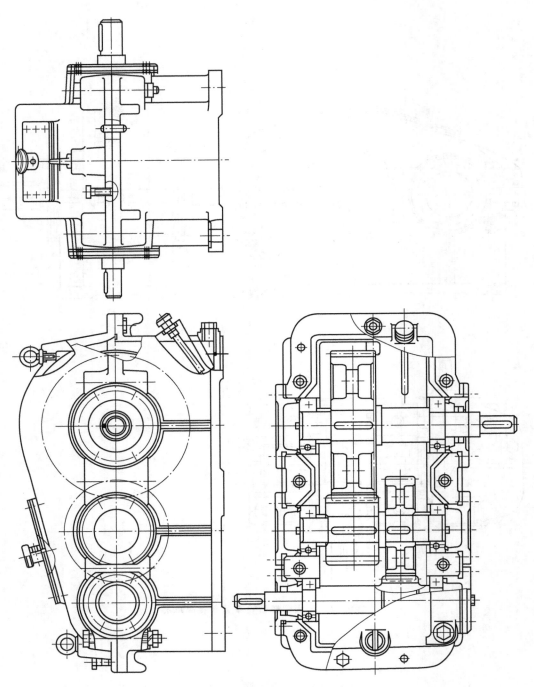

图 4.65　二级圆柱齿轮减速器装配草图

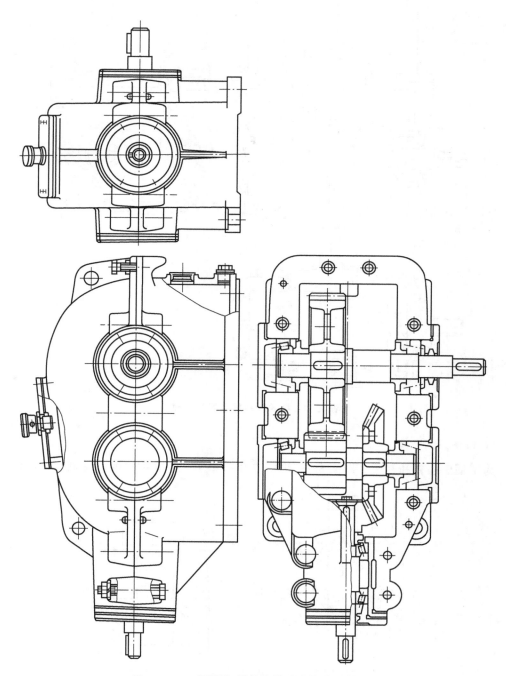

图 4.66　二级圆锥-圆柱齿轮减速器装配草图

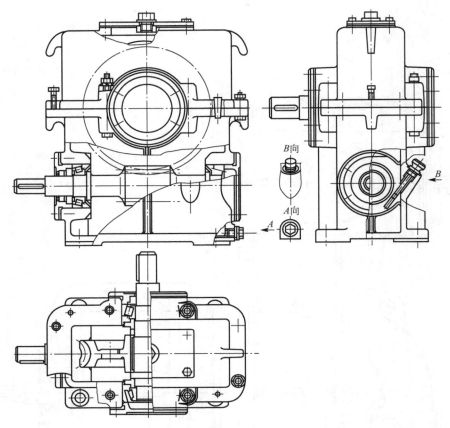

图 4.67 蜗轮蜗杆减速器装配草图

2. 错误案例

为了便于检查和修改，图 4.68～图 4.77 中列举了一些装配底图中常见的错误供参考。

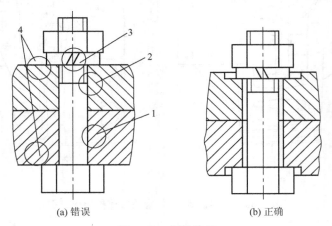

(a) 错误　　　　　　　　　　(b) 正确

图 4.68 螺栓连接

1—螺栓杆与孔之间应有间隙；2—螺纹小径应该用细实线绘制；

3—弹簧垫圈开口方向不对；4—应有沉孔

1
2
3
4
大齿轮
大齿轮
小齿轮

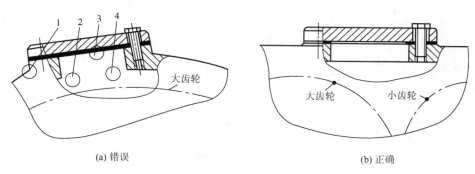

(a) 错误　(b) 正确

图 4.69　视孔及视孔盖

1—缺少视孔外轮廓线；2—缺少视孔内投影线；
3—垫片没有剖的部分不应涂黑；4—视孔位置应开在两齿轮啮合处上方

2
3
4
1

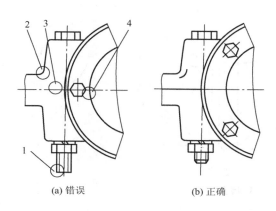

(a) 错误　(b) 正确

图 4.70　轴承盖及箱体连接

1—螺栓出头太长；2—漏画凸台过渡线；
3—漏画箱体接合面轮廓线；4—螺钉不应拧在箱体剖分面上

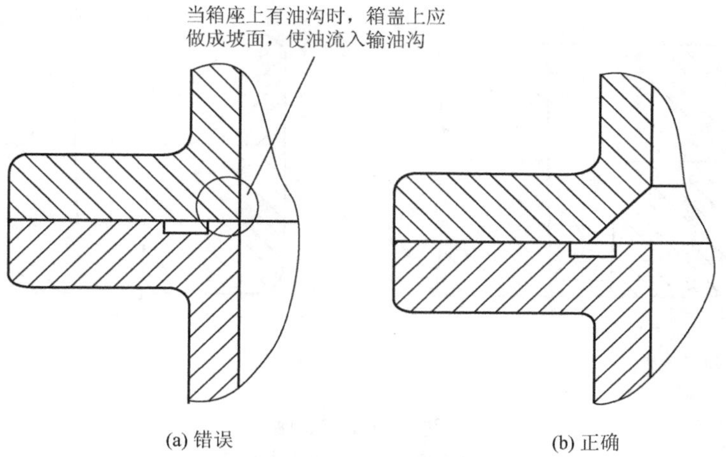

当箱座上有油沟时，箱盖上应
做成坡面，使油流入输油沟

(a) 错误　(b) 正确

图 4.71　油沟

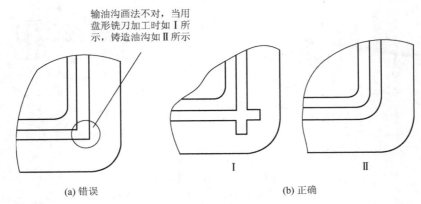

(a) 错误　　　　　　Ⅰ　　　　　　　Ⅱ
　　　　　　　　　　　　　(b) 正确

图 4.72　输油沟的加工

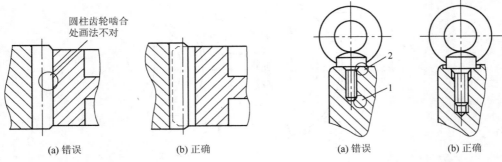

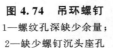

(a) 错误　　　　(b) 正确　　　　　　(a) 错误　　　(b) 正确

图 4.73　圆柱齿轮啮合　　　　**图 4.74　吊环螺钉**

　　　　　　　　　　　　　　　　1—螺纹孔深缺少余量；
　　　　　　　　　　　　　　　　2—缺少螺钉沉头座孔

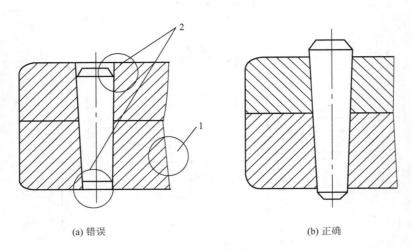

(a) 错误　　　　　　　　　　　　　　(b) 正确

图 4.75　定位销

1—相邻零件剖面线方向应相反；
2—销钉上下均没出头，不便于装拆

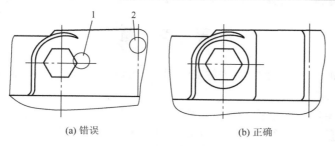

(a) 错误　　　　　　　　　　　　　　(b) 正确

图 4.76　俯视图上的凸台

1—漏画沉孔投影线；2—漏画机体上的投影线

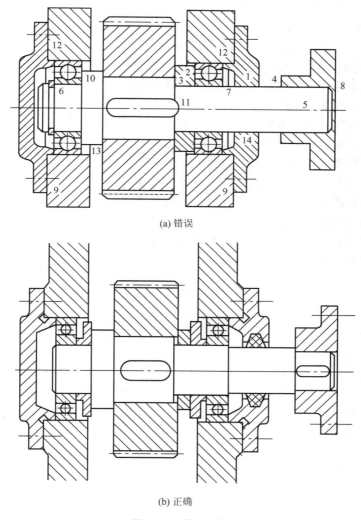

(a) 错误

(b) 正确

图 4.77　轴系结构

1—无密封；2—套筒太高，轴承无法拆卸；3—轴长等于毂宽，齿轮定位不可靠；4—联轴器没定位；

5—无键；6—无须卡簧定位；7—此轴段没变径；8—联轴器应开通孔；9—无调整垫片；

10—轴颈过大，轴承无法拆卸；11—键过长；12—端盖处机体应有凸台；

13—轴承脂润滑，应有挡油板；14—端盖与轴之间无间隙

思 考 题

1. 设计机器时为什么通常要先进行装配草图设计？减速器装配草图设计包括哪些内容？

2. 绘制装配草图前应做哪些准备工作？

3. 如何确定阶梯轴各段的径向尺寸及轴向尺寸？

4. 如何保证轴上零件的周向固定及轴向固定？

5. 如何确定轴承在轴承座上的位置？确定轴承座宽度的依据是什么？

6. 选择轴承时应注意哪些问题？

7. 轴承套杯的作用是什么？

8. 对轴进行强度校核时，如何选取危险剖面？

9. 当滚动轴承的寿命不能满足要求时，应如何解决？

10. 如何确定键在轴上的位置？校核键的强度应注意哪些问题？

11. 如何保证轴承的润滑与密封？

12. 轴承盖有哪几种类型？各有什么特点？

13. 如何选择齿轮传动的润滑方式？

14. 机体的刚度为何特别重要？设计时可采取哪些保证措施？

15. 机体的加强肋有哪些结构形式？各有何特点？

16. 设计轴承座旁的连接螺栓凸台时应考虑哪些问题？

17. 输油沟如何加工？设计时应注意什么？

18. 如何确定传动零件的浸油深度及机座高度？

19. 减速器有哪些附件？它们的作用是什么？

第 5 章　减速器装配工作图设计

　　减速器装配工作图是设计、制造、检验、使用和维护减速器的主要依据，是生产中的主要技术资料。装配工作图是在草图的基础上绘制的，对草图的一些错误或不合理之处，在装配工作图上都要改正过来，以提高装配图的设计质量。

　　装配工作图的主要内容有按机械制图的国家标准完成视图的绘制；标注必要的尺寸和配合关系；编制标题栏、明细栏及零部件序号；编制技术特性表和技术要求等。

5.1　绘制装配工作图的视图

　　装配工作图的视图应按机械制图的国家标准，以两个或三个视图为主，必要时可增加辅助剖面、剖视或局部视图，以便完整地表达产品零部件的结构形式、尺寸和相互关系，绘制装配图时应注意以下问题。

　　(1) 同一零件在同一视图或不同视图上的剖面线方向、间距应一致。相邻的不同零件在同一视图的剖面线方向或间距应不一致。

　　(2) 在装配图上，可根据机械制图的国家标准，对某些零件或结构采用简单画法。例如，同一类型、尺寸规格的螺栓连接只画一个，其他用中心线表示，但所画的这个螺栓必须在各个视图上表达完整。螺栓、螺母和螺钉可用简易画法，滚动轴承也可应用简易画法。

　　(3) 对于剖面厚度尺寸较小(不大于 2mm)的零件，如垫片，其剖面线允许采用涂黑表示。

5.2　尺　寸　标　注

　　一般情况下，在装配工作图上应标注如下 4 种尺寸。

　　(1) 特性尺寸。表明减速器的性能、规格和特征，如传动件的中心距及其偏差等。

　　(2) 配合尺寸。表明减速器内主要零件之间的装配关系，如轴与传动件、轴与联轴器、轴与轴承和轴承与机座的配合等，要标出配合尺寸、配合性质和配合精度。减速器主要零件的荐用配合见表 5-1。

表 5-1　减速器主要零件的荐用配合

配合零件	荐用配合	装拆方法
大中型减速器的低速级齿轮(蜗轮)与轴的配合，轮缘与轮芯的配合	$\dfrac{H7}{r6}$, $\dfrac{H7}{s6}$	用压力机或温差法(中等压力的配合，小过盈配合)
一般齿轮、蜗轮、带轮、联轴器与轴的配合	$\dfrac{H7}{r6}$	用压力机(中等压力的配合)

（续）

配合零件	荐用配合	装拆方法
要求对中性良好及很少装拆的齿轮、蜗轮、联轴器与轴的配合	$\dfrac{H7}{n6}$	用压力机（较紧的过渡配合）
小锥齿轮及较常装拆的齿轮、联轴器与轴的配合	$\dfrac{H7}{m6}$、$\dfrac{H7}{k6}$	锤子打入（过渡配合）
滚动轴承内孔与轴的配合（内圈旋转）	j6(轻负荷)，k6，m6（中等负荷）	用压力机（实际为过盈配合）
滚动轴承外圈与机体孔的配合（外圈不转）	H7、H6(精度要求高时)	木槌或徒手装拆
轴承套杯与机体孔的配合	$\dfrac{H7}{h6}$	木槌或徒手装拆

（3）安装尺寸。安装减速器时，一边要与电机或其他传动部分相连接，同时还要与基础、机架或机械设备相连接，这就要求在减速器的装配工作图上标出与这些相关零件有关系的尺寸。这些尺寸包括地脚螺栓孔的直径、间距和定位尺寸；减速器外伸轴的中心高；外伸轴的直径和配合长度及轴的外伸端与减速器基准轴线的距离；机体底座的尺寸等等。

（4）外形尺寸。外形尺寸是表示减速器大小的尺寸，包括减速器的总长、总宽、总高，供车间布置及包装运输时参考。

标注尺寸时，应使尺寸线布置整齐、清晰，尺寸应尽可能集中标注在反映主要结构的视图上，并应尽量标注在视图外面。

5.3　编制零部件序号、明细栏和标题栏

为了便于了解减速器的组成和所有零部件，以及减速器的装配，要对减速器的零部件进行编号，并同时编制明细栏和标题栏。

1. 零部件编号

装配工作图上零部件序号的编排应符合机械制图国家标准的规定。为了避免出现遗漏和重复，编号时应按顺序依次整齐排列，可按顺时针方向排列，也可按逆时针方向排列，可按水平方向排列，也可按垂直方向排列。凡是形状、尺寸及材料完全相同的零部件用一个序号，只标注一次。序号的指引线应用细实线自所指部分的可见轮廓内引出，并在末端画一圆点引到视图的外面。但应注意指引线之间不得相交，通过剖面时也不可与剖面线平行。对于像螺栓、螺母和垫片这样装配关系明显的零件组，可用一条指引线，但应分别编号，如图 5.1 所示。有些组件，如油标(通气器)等，虽然由几部分组成，但也编一个

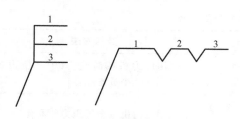

图 5.1　零件指引线与序号

序号。序号应安排在视图外边，序号字体要求书写工整。

2．明细栏

明细栏是减速器所有零部件的详细目录，每一个编号的零部件都应在明细栏中列出。应按序号写出零部件的名称、数量、材料、规格和标准等内容，明细栏应紧接在标题栏之上，自下而上按序号顺序填写。对传动件还应注明模数 m、齿数 z、螺旋角 β 等主要参数。编写明细栏也是最后确定各零部件材料和选定标准件的过程，应尽量减少材料和标准件的品种和规格。机械设计课程设计时推荐用的明细栏格式见表 5-2。

表 5-2 明细栏格式

05	螺栓M24×80	6	Q235	GB/T 5782—2000	
04	轴	1	45		
04	大齿轮m=5，z=79	1	45		
02	机盖	1	HT200		
01	机座	1	HT200		
序号	名 称	数量	材料	标 准	备 注
10	40	10	20	40	20

3．标题栏

标题栏是表明装配工作图名称、绘图比例、质量、件数和图号的表格，也是设计者和单位及各种责任者签字的地方，应放在装配图的右下角。机械设计课程设计时推荐用的标题栏格式见表 5-3。

表 5-3 标题栏格式

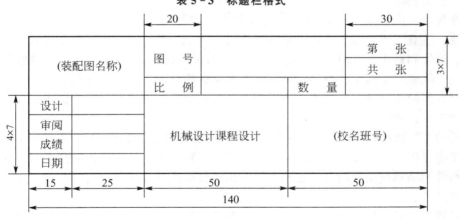

5.4 编写减速器的技术特性

减速器的技术特性可用表格的形式给出，包括减速器的输入功率、输入转速、传动效率、总传动比和传动零件的设计参数等，见表 5-4。

表 5 - 4　减速器技术特性表

输入功率 P/kW	输入转速 n/(r/min)	效率 η	总传动比 i	传动特性							
				第一级				第二级			
				m_n	z_2/z_1	β	精度等级	m_n	z_2/z_1	β	精度等级

5.5　编写技术要求

装配工作图的技术要求是用文字表述在视图上无法表达或表达不清的有关装配、调整、检验、维护等方面的内容，以保证减速器的工作性能。技术要求包括如下几方面内容。

1. 对零部件的要求

装配前所有零部件都用汽油或煤油清洗，在配合表面涂上润滑油。机体内壁应涂防侵蚀的涂料，机体内不许有任何杂物存在。

2. 对润滑和密封的要求

润滑对减速器的传动性能影响很大，在技术要求中应注明传动件和轴承的润滑剂牌号、用量和更换时间。

选择传动件的润滑剂时，应考虑传动特点、载荷的大小、性质及运转速度。一般说来，高速、重载、频繁起动、反复运转等情况，由于温升高、形成油膜的条件差，应选用黏度高、油性和极压性好的润滑油。例如，重型齿轮传动可选用黏度高、油性好的齿轮油。高速、轻载、间歇工作的传动件可选低黏度的润滑油；开式齿轮传动可选耐蚀、抗氧化及减摩性好的齿轮油。蜗杆传动由于不利于形成油膜，可选既含极压添加剂又加有油性添加剂的工业齿轮油。

当传动件与轴承采用同一润滑剂时，应优先满足传动件的要求，适当兼顾轴承的要求。

对于多级传动，应按高速级和低速级对润滑剂黏度要求的平均值来选择润滑剂。

传动件和轴承所用润滑剂的选择方法参见教材或机械设计手册有关部分。箱体内装油量参看第 4 章。

减速器换油时间取决于油中杂质的多少和被氧化与被污染的程度，一般为半年左右。

当轴承采用润滑脂润滑时，轴承空隙内润滑脂的填入量与速度有关。若轴承速度 $n<$ 1500r/min，润滑脂填入量不得超过轴承空隙体积的 2/3；若轴承速度 $n>1500$r/min，则润滑脂填入量不得超过轴承空隙体积的 1/3～1/2。润滑脂用量过多，会导致阻力增大，温升提高，影响润滑效果。

减速器运转时，减速器所有连接面不允许漏油、渗油。剖分面上允许涂密封胶或水玻璃，但绝不允许使用垫片。橡胶唇形密封圈应注意安装方向。

3. 对齿侧间隙和接触斑点的要求

为保证减速器中传动零件的正常啮合传动，安装时必须保证齿轮副和蜗杆副所要求的齿侧间隙和接触斑点，所以在技术要求中，必须提供具体数值，以便检测。齿侧间隙和接触斑点由传动精度确定，见表 15－21 和表 15－30。

齿侧间隙的检查可用塞尺或铅丝放入两啮合表面，然后测量塞尺或铅丝变形后的厚度。

接触斑点的检查是在主动轮的啮合表面上涂色，当主动轮转动 2～3 周后，观察从动轮齿面的着色情况，从而分析接触区的位置和接触面的大小。

若齿侧间隙和接触斑点不符合要求，可对齿面进行跑合、刮研或调整传动件的啮合位置。对于锥齿轮减速器，可通过垫片调整大小锥齿轮的位置，使两锥齿轮的锥顶重合。对于蜗杆减速器，可调整蜗轮轴承的垫片（一端减垫片，一端加垫片），使蜗轮的中间平面与蜗杆轴心线重合。

对于多级传动，若各级传动的齿侧间隙和接触斑点要求不同，应分别在技术要求中注明。

4. 对滚动轴承安装和调整的要求

为保证滚动轴承的正常工作，应保证轴承有一定的轴向游隙，游隙不能过大或过小。对于不可调间隙的轴承，如深沟球轴承，一般 Δ 取 0.25～0.4mm。对于间隙可调整的轴承，如角接触轴承，其轴向间隙值可查机械设计手册。

轴承轴向间隙的调整方法如图 5.2 所示。即先用轴承盖将轴承顶紧，测量轴承盖凸缘与轴承座之间的间隙 δ，再用一组厚度为 $\delta+\Delta$ 的垫片置于轴承盖凸缘与轴承座端面之间，拧紧螺钉，即可得到所需要的间隙，如图 5.2(a)所示。另外一种情况是用螺纹零件调整轴承间隙，可将螺钉或螺母拧紧，使轴向间隙为零，然后再退转螺母直到所需要的轴向间隙为止，再锁紧螺母即可，如图 5.2(b)所示。

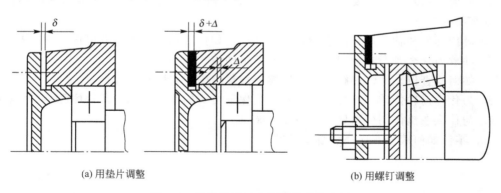

(a) 用垫片调整　　　　　　　　　　　　　　　　　　　(b) 用螺钉调整

图 5.2　滚动轴承轴向游隙的调整方法

5. 对试验的要求

减速器装配完，一般要进行空载试验和整机性能试验。空载试验要求在额定转速下正反转各 1h。负载试验要求在额定转速和额定功率下进行，油池温度不超过 35℃，轴承温度不超过 40℃。在空载和负载试验过程中，要求运转平稳、噪声小，连接处不能松动，密封处不渗油、不漏油。

6. 对包装、运输和外观的要求

轴的外伸端和各零件应涂油包装，箱体内表面应涂漆，运输装载时不可倒置。减速器应根据要求，在箱体外表面涂上相应的颜色。

5.6　检查减速器装配工作图

减速器装配工作图完成后，应从以下几个方面进行检查。

（1）减速器的工作原理和装配关系是否在视图上表达清楚，投影关系是否正确、合理，是否符合机械制图的国家标准。

（2）零部件结构是否正确，是否便于减速器的装拆、调整、润滑和维修，是否有重大的结构错误。

（3）4 类尺寸标注是否完整、正确，配合和精度等级的选择是否合理。

（4）技术要求、技术特性是否完备、合理。

（5）标题栏和明细栏是否符合要求，内容填写是否完备，序号有无遗漏、重复。

（6）图幅、线条是否符合机械制图的国家标准，文字和数字书写是否工整。

思　考　题

1. 一张完整的装配工作图都包括哪些内容？

2. 装配工作图上应标注哪几类尺寸？这些尺寸的作用是什么？举例说明。

3. 装配工作图上的技术要求中有哪些内容？

4. 如何选择减速器主要零件的配合与精度？如何选择滚动轴承与轴和轴承座孔的配合？如何标注？

5. 对传动件和轴承进行润滑的目的是什么？如何选择润滑油？如何进行润滑？

6. 轴承为什么要调整轴向间隙？如何调整间隙？

7. 如何检查传动件的接触斑点？影响接触斑点的主要因素是什么？

8. 为什么齿轮传动、蜗杆传动安装时要保证必要的侧隙？如何获得侧隙？如何检查？

9. 为什么在机体剖分面处不允许使用垫片？

10. 零件如何编号？应注意哪些问题？

第6章 零件工作图设计

零件工作图是制造、检验和制定零件工艺规程的基本技术文件。零件工作图在装配工作图设计之后绘制。零件的基本结构及尺寸应与装配工作图一致，不可随意更改，若必须更改，则装配工作图也应进行相应的修改。

6.1 零件工作图的设计要求

零件工作图由装配工作图拆绘设计而成，零件工作图既要反映设计意图，又要考虑到零件加工装配的可能性和合理性。一张完整的零件工作图要求能全面、正确、清晰地表达零件结构、制造和检验所需的全部尺寸和技术要求。零件工作图的设计质量对减少废品、降低成本和提高生产率等至关重要。

每个零件工作图应单独绘制在一个标准图幅中，尽量采用 1：1 的比例。对于装配工作图中未注明的一些细小的结构，如圆角、倒角和斜度等在零件工作图上应完整给出。为完整而清晰地表达零件内、外部结构形状和尺寸大小，要合理选择和安排视图，视图的数量要适当，细部结构要表达清楚，必要时可以采用局部放大或文字说明。

标注尺寸要选择好基准面，标出足够的尺寸又不重复，而且要便于零件的加工，避免在加工时作任何计算。大部分尺寸最好集中标注在最能反映形体特征的视图上。对于要求精确的几何尺寸及配合尺寸，应标出尺寸的极限偏差，如配合的孔和轴等。

零件中所有表面均应注明表面结构中粗糙度的数值，可将一种采用最多的表面结构粗糙度值集中标注在图纸的标题栏附近。

零件工作图上还应标注必要的几何公差。普通减速器零件的几何公差等级可选 6～8 级，特别重要的地方(如与滚动轴承孔相配合的轴颈处)按 6 级选择。

为了给零件制造、检验、安装提供依据，零件工作图上还要提出技术要求。它是不便用符号或图形表示，而在制造时又必须遵循的条件和要求。技术要求中所用的符号、数字、字母和文字必须符合国家规定。

对传动零件(如齿轮、蜗杆和蜗轮等)，应列出啮合特性表和检验项目及偏差，反映特性参数、精度等级和偏差检验要求等。

在图纸的右下角应画出标题栏，标题栏用于填写零件的名称、材料、数量、比例、制图者和审阅者的姓名及相应的日期等内容，推荐的零件工作图标题栏格式见表 6-1。

本章主要介绍减速器中的轴、齿轮和箱体等主要零件工作图的设计。

表 6 - 1 零件工作图标题栏

6. 2 轴类零件工作图设计

轴类零件的结构特点是各组成部分常为同轴线的圆柱体及圆锥体，表面带有键槽、退刀槽、轴环、轴肩、螺纹及中心孔等。

1. 视图的选择

轴类零件一般只需要一个视图，通常是按轴的工作位置（轴线水平）放置的视图，在有键槽和孔的部位，增加必要的剖视图或断面图。对于不易表达清楚的局部，如退刀槽、砂轮越程槽、中心孔等，必要时应绘制局部放大图。

2. 尺寸的标注

尺寸的标注主要是径向尺寸和轴向尺寸的标注。

在标注径向尺寸时，轴的各段直径尺寸都应标注，不同位置上同一尺寸的几段轴径，应逐一标注，不能省略。凡是在装配中有配合要求的轴段，径向尺寸都应标注尺寸偏差。

在标注轴向尺寸时，首先应选好基准面，尽量使尺寸的标注能够反映出制造工艺与测量要求。对于轴向尺寸，还应避免出现封闭的尺寸链。一般把轴上最不重要的一段轴向尺寸作为尺寸的封闭环，不标注尺寸，如图 6.1 所示。

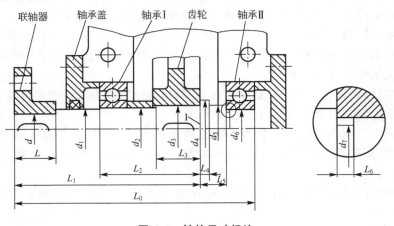

图 6.1 轴的尺寸标注

下面以图 6.1 为例说明轴类零件轴向尺寸的标注方法。表 6-2 反映了该轴的车削加工工艺过程。轴承 I 为主要基准，L_2、L_3、L_4、L_5 等尺寸都以轴肩 I 为基准标出，从而可以减少加工时的测量误差。标注 L_2 和 L_3 是考虑轴承的安装和齿轮的轴向固定，L_5 与控制轴承的支点跨距有关。d_1 和 d_2 的轴段长度是次要尺寸，其误差不影响轴系部件的装配精度，因此分别取它们作为封闭环，以使加工的误差累积在这两个轴段上，避免尺寸链的封闭。

表 6-2 轴的车削主要工序

工序号	工序名称	工序草图简图	所需尺寸
1	车两端面，打中心孔	L_0	L_0，$d_4 + \Delta$
2	中心孔定位，车外圆	d_4，L_0	L_0，d_4
3	卡住一头，车 d_3 段	d_3，L_1	L_1，d_3
4	车 d_2 段	d_2，L_3	L_3，d_2
5	车 d_1 段	d_1，L_2	L_2，d_1
6	车 d 段	d，L	L，d
7	调头，车 d_5 段	L_4，d_5	L_4，d_5
8	车 d_6 段	L_5，d_6	L_5，d_6

（续）

工序号	工序名称	工序草图简图	所需尺寸
9	在 d_6 段切退刀槽	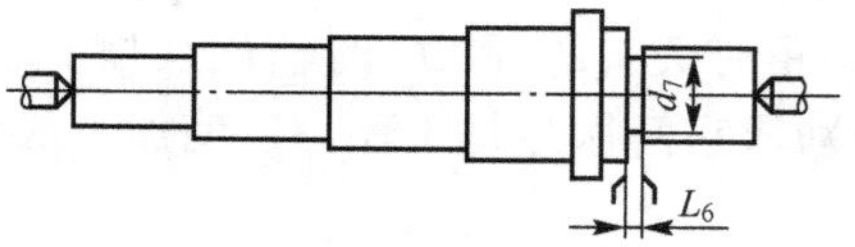	L_6，d_7

　　键槽尺寸除按规定标注外，还应注意标注键槽的轴向定位尺寸。

　　轴上的全部倒角、过渡圆角等细部结构尺寸也不能遗漏。若尺寸相同时，也可在技术要求中加以说明。

　　3. 尺寸公差的标注

　　对于普通减速器中的轴，在零件工作图中对其轴向尺寸一般按自由公差处理，不必标注尺寸公差。

　　对于在装配工作图中有配合要求的轴段，如与滚动轴承内圈相配合的轴颈、安装传动零件的轴头等轴段的直径，应根据装配工作图选定的配合种类和精度等级，查表确定其尺寸的极限偏差，然后在零件工作图中标注径向尺寸及极限偏差。

　　键槽宽度和深度应标注相应的尺寸偏差，具体尺寸偏差可查表 10-24。

　　4. 几何公差的标注

　　轴类零件的几何公差，可以根据表 6-3 查取，标注方法如图 17.16 所示。

表 6-3　轴类零件几何公差推荐标注项目

公差类别	标注项目		符号	精度等级	对工作性能的影响
形状公差	与传动零件相配合的圆柱表面	圆柱度	⌭	7~8	影响传动零件及滚动轴承与轴配合的松紧、对中性及几何回转精度
	与滚动轴承相配合的轴颈表面			6	
跳动公差	与传动零件相配合的圆柱表面	径向圆跳动	↗	6~8	影响传动零件及滚动轴承的回转同心度
	与滚动轴承相配合的轴颈表面			5~6	
	齿轮、联轴器等零件定位端面	端面圆跳动		6~8	影响传动零件的定位及受载均匀性
方向公差	滚动轴承的定位端面	垂直度	⊥	6	影响轴承的定位及受载均匀性
位置公差	平键键槽两侧面	对称度	⹀	7~9	影响键的受载均匀性及装拆难易程度

5. 表面结构中粗糙度的标注

轴的所有表面都要加工，各表面结构中的粗糙度 Ra 值可以按表 6-4 选取，其标注方法如图 17.16 所示。

表 6-4　轴类零件表面结构中粗糙度 Ra 推荐用值　　　　　（μm）

加工表面	表面粗糙度 Ra		
与传动零件、联轴器配合的表面	3.2~0.8		
传动件及联轴器的定位端面	6.3~1.6		
与普通精度等级滚动轴承配合的表面	1.6~0.8		
普通精度等级滚动轴承的定位端面	3.2		
平键键槽	3.2（键槽侧面）		6.3（键槽底面）
密封处表面	毡圈	橡胶密封	油沟式、迷宫式
	密封处圆周速度/(m/s)		
	≤3	3（不包含）~5	5（不包含）~10
	1.6~0.8	0.8~0.4	0.4~0.2	3.2~1.6

6. 技术要求

轴类零件工作图的技术要求包括以下几个方面。

（1）对材料的机械性能和化学成分的要求及允许采用的代用材料等。

（2）对材料表面机械性能的要求，如热处理方法、热处理后的硬度、渗碳深度及淬火深度等。

（3）对加工的要求，如是否要保留中心孔，若需保留中心孔，应在工作图上画出或按国家标准加以说明，与其他零件一起配合加工（如配钻或配铰）时也应说明。

（4）对图中未注明的圆角、倒角尺寸及其他特殊要求的说明，如个别部位的修饰加工及长轴毛坯的校直等。

6.3　齿轮类零件工作图设计

齿轮类零件工作图除轴类零件工作图的上述要求外，还应有供加工和检验用的啮合特性表及检验项目与偏差。一般标注在图纸的右上角。

1. 视图的选择

齿轮类零件一般用两个视图表示，即主视图和侧视图，齿轮轴和蜗杆的视图与轴类零件相似。主视图通常可按轴线水平布置，采用全剖或半剖视图；侧视图应以表达轴孔、键槽的形状和尺寸为主。

对于轮辐结构的齿轮，还应增加必要的轮辐结构断面图。

对于组合式的蜗轮，则应分别画出齿圈、轮芯的零件工作图和蜗轮的组件图。

2. 尺寸及公差标注

齿轮类零件工作图中主要标注径向尺寸和轴向尺寸，对于铸造或锻造的毛坯，应标注起模斜度和必要的工艺圆角等。

径向尺寸以轴线为基准标注，轴向尺寸则以齿轮端面为基准标注。

齿轮类零件的分度圆直径是设计计算的基本尺寸，必须标注，而且一般在啮合特性表中也应标注。齿顶圆常作为齿轮加工时定位找正的工艺基准和测量的定位基准，因此应标出尺寸偏差和几何公差（齿顶圆径向圆跳动，见表 6-5），如图 17.11 所示。当齿顶圆作为测量基准时，其直径公差按齿坯公差选取；不作为测量基准时，尺寸公差按 IT11 确定，但不小于 $0.1m_n$（m_n 为齿轮的法面模数）。齿根圆是由齿轮参数加工得到的，因此不必在图上标注。

零件的轴孔，即轮毂孔是重要的装配基准，也是齿轮加工和检测加工精度的基准。孔的加工质量直接影响零件的旋转精度，应根据装配工作图上标注的配合性质和精度等级，标出其极限偏差。

轮毂孔的端面是装配定位基准，切齿时可以以它定位，因此，轮毂端面影响安装质量和切齿精度，应标出端面对孔中心线的垂直度或端面圆跳动。

锥齿轮的锥距和锥角是保证齿轮啮合精度的重要尺寸。因此，标注时对锥距应精确到 0.01mm；分度圆锥角则应精确到秒（"）。在加工锥齿轮毛坯时，其尺寸偏差和公差应控制在规定范围内，具体数值可查相关手册。

对蜗轮的组件图，还应注出齿圈和轮芯的配合尺寸和配合性质。

齿轮几何公差的具体内容可查相关手册或参考表 6-5。

表 6-5　齿轮的几何公差推荐项目及其与工作性能的关系

公差类别	标注项目	符号	精度等级	对工作性能的影响
形状公差	与轴配合孔的圆柱度	⌭	7~8	影响传动零件与轴配合的松紧及对中性
跳动公差	圆柱齿轮以顶圆为工艺基准时，顶圆的径向圆跳动 锥齿轮顶锥的径向圆跳动 蜗轮顶圆的径向圆跳动 蜗杆顶圆的径向圆跳动 基准端面对轴线的端面圆跳动	↗	按齿轮、蜗杆、蜗轮和锥齿轮的精度等级确定	影响齿厚的测量精度，并在切齿时产生相应的齿圈径向跳动误差，使零件加工中心位置与设计位置不一致，引起分齿不均，同时会引起齿向误差。影响齿面载荷分布及齿轮副间隙的均匀性
位置公差	键槽对孔轴线的对称度	=	8~9	影响键与键槽受载的均匀性及其装拆时的松紧

3. 表面结构中的粗糙度

齿轮类零件表面结构中的粗糙度 Ra 值可由表 6-6 选取或从手册中查取，标注方法如

图 17.11 所示。

表 6-6　齿轮类零件表面结构中的粗糙度 Ra 的推荐用值　　　　（μm）

加工表面		表面粗糙度 Ra			
传动精度等级		6	7	8	9
轮齿工作面	圆柱齿轮	0.8～0.4	1.6～0.8	3.2～1.6	6.3～3.2
	锥齿轮		0.8	1.6	3.2
	蜗杆、蜗轮		0.8	1.6	3.2
顶圆	圆柱齿轮		1.6	3.2	6.3
	锥齿轮			3.2	3.2
	蜗杆、蜗轮		1.6	1.6	3.2
轴/孔	圆柱齿轮		0.8	1.6	3.2
	锥齿轮				6.3～3.2
与轴肩配合面		3.2～1.6			
齿圈与轮芯配合表面		3.2～1.6			
平键键槽		3.2～1.6（工作面），6.3（非工作面）			

4. 啮合特性表

齿轮是一类特殊的零件。在齿轮零件工作图上，并没有全部准确地画出零件的形状（如齿的形状等），而是由啮合特性表给出齿轮零件的一些重要参数。啮合特性表列出了齿轮的基本参数、精度等级和检验项目及偏差等。啮合特性表应布置在零件工作图的右上角。啮合特性表的格式参见第 17 章的传动零件图例。

5. 技术要求

齿轮类零件工作图上的技术要求一般包括以下内容。

（1）对铸件、锻件或其他类型坯件的要求。

（2）对材料机械性能和化学成分的要求及允许代用的材料。

（3）对零件整体或表面处理的要求，如热处理方法、处理后的硬度、渗碳深度及淬火深度等。

（4）图中未注明的圆角、倒角尺寸和未注明的表面结构中的粗糙度等。

（5）对大型或高速齿轮的动平衡试验要求。

6.4　机体零件工作图设计

机体零件是指减速器的机盖和机座，其设计要求包括以下内容。

1. 视图选择

机体零件的结构比较复杂，为了将它的内、外部结构表达清楚，一般需要 3 个基本视图，并且按具体情况加绘必要的局部视图和剖视图。

2. 尺寸标注

机体零件图上要标注的尺寸很多，标注尺寸时应清晰正确、多而不乱。要避免遗漏和重复，避免出现封闭尺寸链。为此，应注意以下几点。

1）选择尺寸基准

为便于加工和测量，保证机体零件的加工精度，最好选择加工基准作为标注尺寸的基准。例如，机盖和机座的高度方向尺寸应以剖分面(加工基准面)为尺寸基准；宽度方向尺寸应以机体宽度的对称中线为尺寸基准；长度方向尺寸应以轴承座孔的中心线为尺寸基准进行标注。

2）定形尺寸和定位尺寸

这类尺寸在机体类零件工作图中数量最多，标注工作量大，故应特别细心。

定形尺寸是壁厚、槽的深度、各种孔径和深度，以及机体的长、宽、高等各部位形状大小的尺寸。这类尺寸应直接标出，而不应有任何计算。

定位尺寸是确定机体各部位相对于基准的位置尺寸，如孔的中心线、曲线的中心位置及其他有关部位的平面等与基准间的距离。这类尺寸应从基准(或辅助基准)直接标出。

3）性能尺寸

性能尺寸是指影响减速器工作性能的尺寸，应直接标出，以保证加工准确性，如轴承孔的中心距按齿轮传动或蜗杆传动的中心距标注，并加注极限偏差 $\pm f_a$。

4）配合尺寸

配合尺寸是指保证减速器上与机体相配合的零件能正常工作的重要尺寸，应按照装配工作图上的配合种类和精度等级直接标出其配合的极限偏差值。

5）安装附件部分的尺寸

机体大多是铸件，标注尺寸要便于木模的制作。木模常由一些基本形体拼接而成，在基本形体的定位尺寸标出后，定形尺寸应以自己的基准标出，如减速器上的油尺孔、放油孔、窥视孔等的尺寸标注。

6）圆角、倒角、起模斜度等尺寸

机体的所有圆角、倒角、起模斜度等必须标注或在技术要求中说明。

3. 表面结构中粗糙度和几何公差

机体上与其他零件接触的表面应予加工，并与非加工表面区分开。机体表面结构中的粗糙度 Ra 推荐用值见表 6-7。

表 6-7 机体表面结构中的粗糙度 Ra 推荐用值　　　　　　　　（μm）

表面位置	Ra 推荐用值
机体剖分面	3.2～1.6
与滚动轴承(P0 级)配合的轴承座孔 D	0.8($D<80mm$ 时)，3.2($D>80mm$ 时)

（续）

表面位置	Ra 推荐用值
轴承座外端面	6.3～3.2
螺栓孔沉头座	12.5
与轴承盖及其套杯配合的孔	3.2
机加工油沟及观察孔上表面	12.5
机体底面	12.5～6.3
圆锥销孔	3.2～1.6

机体常标注的几何公差项目见表 6-8。

表 6-8　机体的几何公差推荐项目

公差类别	推荐项目	符号	精度等级	对工作性能的影响
形状公差	轴承座孔的圆柱度	⌭	7	影响机体与轴承的配合性能及对中性
	剖分面的平面度	▱	7～8	
方向公差	轴承座孔轴线对端面的垂直度	⊥	7	影响轴承固定及轴向受载的均匀性
	锥齿轮减速器和蜗杆减速器的轴承孔轴线间的垂直度		7	影响传动件的传动平稳性及载荷分布的均匀性
位置公差	轴承座孔轴线间的平行度	∥	6	
	两轴承座孔轴线的同轴度	◎	7	影响减速器的装配和传动零件的载荷分布均匀性

4. 技术要求

机体零件工作图的技术要求一般包括以下内容。

（1）对铸件质量的要求（如不允许有缩孔、砂眼和渗漏现象等）。

（2）铸件应进行时效处理及对铸件清砂、清洗、表面防护（如涂漆等）的要求。

（3）对未注明的倒角、圆角和铸造斜度的说明。

（4）机盖与机座组装后配作定位销孔，并加工轴承座孔和外端面的说明。

（5）组装后分型面处不许有渗漏现象，必要时可涂密封胶等的说明。

（6）其他必要说明，如轴承座孔中心线的平行度或垂直度要求在图中未标注时，可在技术要求中说明。

思　考　题

1. 零件工作图的作用是什么？零件工作图包括哪些内容？

2. 标注零件尺寸时，如何选取基准？

3. 轴的标注尺寸如何反映加工工艺及测量的要求？

4. 为什么不允许出现封闭的尺寸链？

5. 分析轴的表面结构中粗糙度和几何公差对轴的加工精度和装配质量的影响。

6. 如何选择齿轮类零件的误差检验项目？它和齿轮精度的关系如何？

7. 为什么要标注齿轮的毛坯公差？它包括哪些项目？

8. 如何标注机体零件工作图的尺寸？

9. 机体的中心距及其偏差如何标注？

10. 分析机体的几何公差对减速器工作性能的影响。

11. 零件图中哪些尺寸需要圆整？

第 7 章　编写设计计算说明书及准备答辩

设计计算说明书是设计计算的整理和总结，是图纸设计的理论依据，也是审核设计是否合理、是否经济可靠的技术文件。因此，编写设计计算说明书是设计工作的重要组成部分。

7.1　设计计算说明书的内容

设计计算说明书的内容与设计所规定的题目密切相关，对于以减速器为主的机械传动装置的设计而言，设计说明书的内容大致如下。

（1）目录（标题及页码）。

（2）设计任务书（附有设计目标、使用条件和主要设计参数）。

（3）说明书正文。说明书正文主要为设计依据和设计过程，主要包括以下内容。

① 传动方案的拟定与分析（附传动方案简图并扼要阐明）。

② 电动机的选择及传动系统各轴的运动、动力学参数计算（包括总传动比的确定及各级传动比分配，各轴功率、转速和转矩的计算）。

③ 传动零件的设计计算。

④ 轴的设计计算及校核。

⑤ 滚动轴承的选择及校核计算。

⑥ 键连接的选择及校核计算。

⑦ 联轴器的选择。

⑧ 减速器机体及附件的设计（机体及附件的主要结构尺寸的确定）。

⑨ 减速器润滑和密封的选择（润滑油牌号、装油量、密封类型的确定）。

⑩ 设计小结（对课程设计的体会，本设计的优缺点及改进意见等）。

（4）参考资料（包括资料的编号、作者、书名、出版单位和出版年号等，按顺序列出）。

7.2　设计计算说明书的要求和注意事项

在编写设计计算说明书时，除了要把所有计算和主要问题都说明以外，还应注意以下几点。

（1）按规定格式用蓝（黑）色笔工整地书写，要求计算正确（略去计算过程，写出公式、代入数值后，直接写结果，对计算结果应注明单位，计算完成后应有简单的分析结论，如小于许用应力等），论述清楚、文字精练、插图简明（应附有必要的简图，如传动方案简图和轴的结构、受力、弯扭矩图等），书写整洁。

（2）说明书一般用 16 开纸（或 A4 纸），按目录编写、标出页码，然后附加封皮装订成册（留装订线）。

（3）说明书封面格式如图 7.1 所示，书写格式可参见表 7-1。

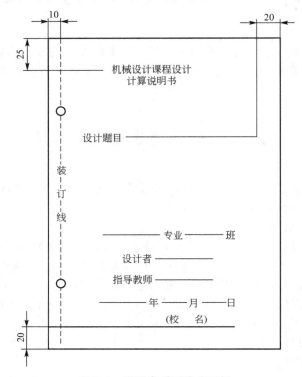

图 7.1　说明书封面格式示例

表 7-1　设计计算说明书书写格式示例

计算项目及内容	主要结果
…… ……	
三、……	
…… ……	
四、V 带传动的设计计算	
$P=4.0\text{kW}$，$n=1440\text{r/min}$	
1. 确定 V 带型号和带轮直径	
工作情况系数查表得 $K_A=1.2$	
选带型号　查图得	
选 A 型	选 A 型
……	
大带轮直径	
$d_{d2}=(1-\varepsilon)d_{d1}i=(1-0.01)\times100\times2.5=247.5(\text{mm})$	选 $d_{d1}=100\text{mm}$；
2. 计算带长	取 $d_{d2}=250\text{mm}$
$d_m=\dfrac{d_{d1}+d_{d2}}{2}=\dfrac{100+250}{2}=175(\text{mm})$	
$\Delta=\dfrac{d_{d2}-d_{d1}}{2}=\dfrac{250-100}{2}=75(\text{mm})$	
初取中心距　$a=600\text{mm}$	

（续）

计算项目及内容	主要结果
带长 $$L = \pi d_m + 2a + \frac{\Delta^2}{a}$$ $$= \pi \times 175 + 2 \times 600 + \frac{75^2}{600} \approx 1759(\text{mm})$$ 查表 …… 五、高速级齿轮转动设计 $P_1 = 3.84\text{kW}$，$n_1 = 576\text{r/min}$，$T_1 = 63.7\text{N} \cdot \text{m}$ 大、小齿轮均采用 45 钢，小齿调质处理，硬度为 260HBW，大齿轮正火处理，平均硬度 200HBW。 1. 齿面接触疲劳强度计算 （1）初步计算 …… （2）校核计算	取 $L_d = 1800\text{mm}$

7.3　课程设计的总结与答辩

　　答辩是课程设计的最后环节。通过答辩准备可以总结课程设计的全部过程，加深对设计方法和设计步骤的领会和理解，及时发现设计计算和图纸中存在的问题，从而明确所做设计的优缺点。因此，答辩的准备工作很重要。为更好地进行答辩，在答辩前应做好设计总结，总结应考虑方案分析、强度计算、结构设计和加工工艺等各个方面。包括对设计过程中所牵涉的理论知识和实际设计问题进行系统回顾，对所绘制的减速器装配工作图、零件工作图及设计计算说明书做认真检查，并提出改进意见，把设计中尚未弄懂、不甚清楚及考虑不周的问题搞清楚、弄明白，从而提高机械设计能力。

　　答辩前，设计图纸和设计说明书经指导教师签字通过后，方可进行答辩。课程设计答辩一般由系或教研室负责组织，每个学生单独进行。答辩过程中所提的问题，一般以课程设计所涉及的设计方法、设计图纸及设计计算说明书为依托，就总体设计、理论计算、参数选取、结构设计、尺寸公差、润滑密封、工程制图及标准运用等方面提出质疑，由学生来回答。

　　设计答辩后，答辩组可根据设计图纸、设计计算说明书和答辩时回答问题的情况，并考虑学生在设计过程中的表现，综合评定成绩。答辩只是一种手段，通过答辩达到系统总结设计过程，巩固和提高解决实际工程问题的能力才是真正的目的。

　　答辩结束后，将图纸按标准规定折叠，和装订好的设计计算说明书一起装入档案袋内，以备归档。资料袋封面写上班级、姓名、学号、指导教师、题目等内容。

思　考　题

1. 简述减速器的设计过程。

2. 在减速器的设计过程中，如何考虑设计任务书中的数据与要求？

3. 课程设计中的传动件哪些参数是标准的？哪些参数应该调整？哪些参数不应该调整？为什么？

4. 如何确定轮齿宽度 b？为什么通常大、小齿轮的宽度不同，且 $b_1 > b_2$？

5. 减速器中传动件是怎样润滑的？油面如何确定？轴承是怎样润滑的？为保证轴承的润滑，在结构设计上要考虑哪些问题？

6. 课程设计中的传动件选用什么材料？选择依据是什么？采用哪种热处理方式？为什么？

7. 简述螺栓连接的防松方法及在课程设计中的应用。

8. 蜗杆传动设计时如何选取蜗杆的头数 Z_1？在蜗杆传动中为什么要对应于每个模数 m 规定一定的蜗杆分度圆直径 d_1？

9. 影响齿轮齿面接触疲劳强度的主要几何参数是什么？影响齿根弯曲疲劳强度的主要几何参数是什么？

10. 为什么转轴多设计成阶梯轴？以减速器中输入轴为例，说明各段直径和长度如何确定？

11. 按照受载情况轴分哪几类？你设计的减速器中各轴属于哪类？举例说明轴工作时某截面上存在哪种应力。

12. 设计轴时，对轴肩（或轴环）高度及圆角半径有什么要求？为什么？

13. 平键的工作面是什么？普通平键连接的主要失效形式是什么？平键的剖面尺寸 $b \times h$ 如何确定？键长 L 如何确定？

14. 轴承部件支承结构形式有哪几种？你在设计中采用了哪种支承结构形式？为什么采用这种支承结构？

15. 为什么在轴承部件设计时要留有轴向游隙？轴向游隙如何确定？如何保证在装配图中提出的轴向游隙值？

16. 齿轮通常选用什么材料？为什么软齿面齿轮的大、小轮齿面硬度要有个硬度差？如何保证这个硬度差？

17. 为什么闭式蜗杆传动要进行热平衡计算？若温升过大，则应采取哪些措施使温升降下来？

18. 说明选择轴承类型和型号的依据是什么。

19. 传动件浸油深度如何确定？如何测量？

20. 机体上螺栓孔、沉头座孔如何加工？为什么要加工出沉头座孔？

21. 在设计的减速器中，轴承内圈与轴、外圈与轴承座孔采用的是什么配合？为什么？如何标注？

22. 在装配图的技术要求中，为什么要对传动件提出接触斑点的要求？如何检验？

23. 在装配图的技术要求中，为什么要对传动件提出侧隙要求、齿侧间隙应如何保证？如何检验？

24. 试根据工作机的工作要求，再拟定出两个传动方案，并分析其特点。

25. 调整垫片的作用是什么？它的材料为什么多采用 08F？当采用嵌入式轴承端盖时，轴承的轴向游隙如何调整？

26. 放油螺塞的作用是什么？放油孔应开在机体的哪个部位？放油孔凸台采用什么形状较好？

27. 通气器的作用是什么？应安装在机体的哪个部位？通气器有哪几种类型？各有什么特点？适用于什么场合？

28. 启盖螺钉的作用是什么？吊环螺钉(或吊耳)及吊钩的作用是什么？它们的主要几何尺寸如何确定？

第二篇 机械设计常用标准、规范和其他设计资料

第8章 一般标准与规范

8.1 一般标准

表 8-1 优先数系列

基本系列(常用值)				基本系列(常用值)				基本系列(常用值)			
R5	R10	R20	R40	R5	R10	R20	R40	R5	R10	R20	R40
1.00	1.00	1.00	1.00			2.24	2.24		5.00	5.00	5.00
			1.06				2.36				5.30
		1.12	1.12	2.50	2.50	2.50	2.50			5.60	5.60
			1.18				2.65				6.00
	1.25	1.25	1.25			2.80	2.80	6.30	6.30	6.30	6.30
			1.32				3.00				6.70
		1.40	1.40		3.15	3.15	3.15			7.10	7.10
			1.50				3.35				7.50
1.60	1.60	1.60	1.60			3.55	3.55		8.00	8.00	8.00
			1.70				3.75				8.50
		1.80	1.80	4.00	4.00	4.00	4.00			9.00	9.00
			1.90				4.25				9.50
	2.00	2.00	2.00			4.50	4.50	10.00	10.00	10.00	10.00
			2.12				4.75				

表 8-2 一般用途圆锥的锥度与锥角(GB/T 157—2001)

基本值		推算值		
系列1	系列2	圆锥角 α		锥度 C
120°		—	—	1 : 0.288675
90°		—	—	1 : 0.500000
	75°	—	—	1 : 0.651613
60°		—	—	1 : 0.866025
45°		—	—	1 : 1.207107

（续）

基本值		推算值		锥度 C
系列 1	系列 2	圆锥角 α		
30°	—	—	—	1 ： 1. 866025
1 ： 3		18°55′28.7″	18. 924644°	—
	1 ： 4	14°15′0.1″	14. 250033°	—
1 ： 5		11°25′16.3″	11. 421186°	—
	1 ： 6	9°31′38.2″	9. 527283°	—
	1 ： 7	8°10′16.4″	8. 171234°	—
	1 ： 8	7°9′9.6″	7. 152699°	—
1 ： 10		5°43′29.3″	5. 724810°	—
	1 ： 12	4°46′18.8″	4. 771888°	—
	1 ： 15	3°49′5.9″	3. 818305°	—
1 ： 20		2°51′51.1″	2. 864192°	—
1 ： 30		1°54′34.9″	1. 909682°	—
1 ： 50		1°8′45.2″	1. 145877°	—
1 ： 100		0°34′22.6″	0. 572953°	—
1 ： 200		0°17′11.3″	0. 286478°	—
1 ： 500		0°6′52.5″	0. 114591°	—

表 8-3　A 型、B 型和 R 型中心孔的结构尺寸（GB/T 145—2001）　　　（mm）

A 型　不带护锥中心孔　　　B 型　带护锥的中心孔　　　R 型　弧形中心孔

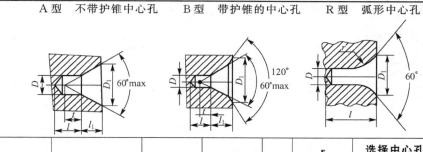

D			D_1			l_1（参考）			t（参考）		l_{min}	r		选择中心孔的参考数据		
												max	min	原料端部最小直径	轴状原料最大直径	工件最大质量/kg
A 型	B 型	R 型	A 型	B 型	R 型	A 型	B 型	R 型	A 型	B 型		R 型				
(0.50)	—	—	1. 06	—	—	0. 48	—	0. 5	—	—	—	—	—	—	—	—
(0.63)	—	—	1. 32	—	—	0. 60	—	0. 6	—	—	—	—	—	—	—	—
(0.80)	—	—	1. 70	—	—	0. 78	—	0. 7	—	—	—	—	—	—	—	—
1. 00			2. 12	3. 15	2. 12	0. 97	1. 27	0. 9			2. 3	3. 15	2. 50	—	—	—
(1.25)			2. 65	4. 00	2. 65	1. 21	1. 60	1. 1			2. 8	4. 00	3. 15	—	—	—
1. 60			3. 35	5. 00	3. 35	1. 52	1. 99	1. 4			3. 5	5. 00	4. 00	—	—	—
2. 00			4. 25	6. 30	4. 25	1. 95	2. 54	1. 8			4. 4	6. 30	5. 00	8	10~18	0. 12

（续）

D			D_1			l_1（参考）		t（参考）		l_{min}	r		选择中心孔的参考数据		
											max	min	原料端部最小直径	轴状原料最大直径	工件最大质量/kg
A 型	B 型	R 型	A 型	B 型	R 型	A 型	B 型	A 型	B 型	R 型					
2.50			5.30	8.00	5.30	2.42	3.20	2.2		5.5	8.00	6.30	10	18～30	0.2
3.15			6.70	10.00	6.70	3.07	4.03	2.8		7.0	10.00	8.00	12	30～50	0.5
4.00			8.50	12.50	8.50	3.90	5.05	3.5		8.9	12.50	10.00	15	50～80	0.8
(5.00)			10.60	16.00	10.60	4.85	6.41	4.4		11.2	16.00	12.50	20	80～120	1
6.30			13.20	18.00	16.20	5.98	7.36	5.5		14.0	20.00	16.00	25	120～180	1.5
(8.00)			17.00	22.40	17.00	7.79	9.36	7.0		17.9	25.00	20.00	30	180～220	2
10.00			21.20	28.00	21.20	9.70	11.66	8.7		22.5	31.50	25.00	42	220～260	3

注：① 括号内尺寸尽量不用。

　　② 不要求保留中心孔的零件采用 A 型，要求保留中心孔的零件采用 B 型。

表 8-4　C 型中心孔的结构尺寸（GB/T 145—2001）　　　　　　　　　　（mm）

C 型　带螺纹的中心孔

D	D_1	D_2	l	l_1（参考）	选择中心孔的参考数据		
					原料端部最小直径	轴状原料直径范围	工件最大质量/kg
M3	3.2	5.8	2.6	1.8	12	30～50	0.5
M4	4.3	7.4	3.2	2.1	15	50～80	0.8
M5	5.3	8.8	4.0	2.4	20	80～120	1
M6	6.4	10.5	5.0	2.8	25	120～180	1.5
M8	8.4	13.2	6.0	3.3	30	180～220	2
M10	10.5	16.3	7.5	3.8	—	—	—
M12	13.0	19.8	9.5	4.4	42	220～260	3
M16	17.0	25.3	12.0	5.2	50	260～300	5
M20	21.0	31.3	15.0	6.4	60	300～360	7
M24	26.0	38.0	18.0	8.0	70	＞360	10

表 8-5　中心孔的表示方法（GB/T 4459.5—1999）

要求	符号	表示法示例	说明
在完工的零件上要求保留中心孔		GB/T 4459.5—B2.5/8	采用 B 型中心孔 D=2.5mm　D_1 = 8mm 在完工的零件上要求保留
在完工的零件上可以保留中心孔		GB/T 4459.5—A4/8.5	采用 A 型中心孔 D=4mm　D_1 = 8.5mm 在完工的零件上是否保留都可以

（续）

要求	符号	表示法示例	说明
在完工的零件上不允许保留中心孔		GB/T 4459.5—A1.6/3.35	采用 A 型中心孔 $D=1.6mm$　$D_1=3.35mm$ 在完工的零件上不允许保留

中心孔的形式	标记示例	标注说明	
R（弧形）根据 GB/T 145 选择中心钻	GB/T 4459.5—R3.15/6.7	$D=3.15mm$ $D_1=6.7mm$	
A（不带护锥）根据 GB/T 145 选择中心钻	GB/T 4459.5—A4/8.5	$D=4mm$ $D_1=8.5mm$	
B（带护锥）根据 GB/T 145 选择中心钻	GB/T 4459.5—B2.5/8	$D=2.5mm$ $D_1=8mm$	
C（带螺纹）根据 GB/T 145 选择中心钻	GB/T 4459.5—CM10L30/16.3	$D=M10$ $L=30mm$ $D_2=16.3mm$	

注：① 尺寸 t 见表 8-3。

　　② 尺寸 l 取决于中心钻的长度，不能小于 t。

　　③ 尺寸 L 取决于零件的功能要求。

表 8 - 6　零件倒圆和倒角（GB/T 6403.4—2008）　　　　（mm）

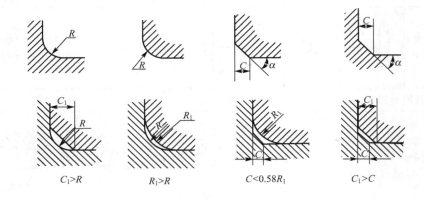

$C_1>R$　　　$R_1>R$　　　$C<0.58R_1$　　　$C_1>C$

直径 D	大于	6	10	18	30	50	80	120
	至	10	18	30	50	80	120	180
R 及 C		0.5	0.8	1.0	1.6	2.0	2.5	3.0
R_1 及 C_1		0.8	1.2	1.6	2.0	2.5	3.0	4.0

注：① 与滚动轴承相配合的轴及轴承座孔的圆角半径按轴承安装尺寸 r_g 定。

② α 一般采用 45°，也可以采用 30°或 60°。

③ R_1 及 C_1 数值不属于 GB/T 6403.4—2008，仅供参考。

表 8 - 7　砂轮越程槽（GB/T 6403.5—2008）　　　　（mm）

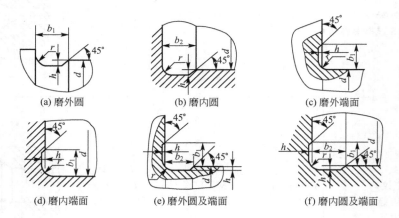

(a) 磨外圆　　(b) 磨内圆　　(c) 磨外端面

(d) 磨内端面　　(e) 磨外圆及端面　　(f) 磨内圆及端面

b_1	0.6	1.0	1.6	2.0	3.0	4.0	5.0	8.0	10
b_2	2.0	3.0		4.0		5.0		8.0	10
h	0.1	0.2		0.3	0.4		0.6	0.8	1.2
r	0.2	0.5		0.8	1.0		1.6	2.0	3.0
d	～10			10(不包含)～50		50(不包含)～100		>100	

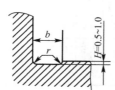 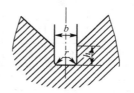

平面砂轮越程槽　　　　　　　　V形砂轮越程槽

b	2	3	4	5
h	1.6	2.0	2.5	3.0
r	0.5	1.0	1.2	1.6

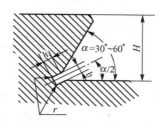

燕尾导轨砂轮越程槽

H	≤5	6	8	10	12	16	20	25	32	40	50	63	80
b	1	2			3			4			5		6
h													
r	0.5	0.5		1.0			1.6			1.6			2.0

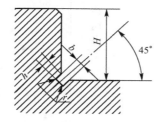

矩形导轨砂轮越程槽

H	8	10	12	16	20	25	32	40	50	63	80	100
b		2				3			5		8	
h		1.6				2.0			3.0		5.0	
r		0.5				1.0			1.6		2.0	

表 8 - 8　插齿退刀槽（JB/ZQ 4239—1986）　　　　　　（mm）

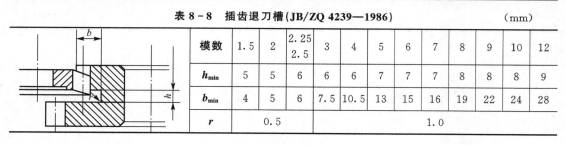

模数	1.5	2	2.25 2.5	3	4	5	6	7	8	9	10	12
h_{min}	5	5	6	6	6	7	7	7	8	8	8	9
b_{min}	4	5	6	7.5	10.5	13	15	16	19	22	24	28
r	0.5				1.0							

表 8 - 9　刨削、插削越程槽　　　　　　（mm）

机床名称	刨削越程
龙门刨	$a+b=100\sim200$
牛头刨床、立刨床	$a+b=50\sim75$
大插床	$50\sim100$
小插床	$10\sim12$

表 8 - 10　齿轮滚刀外径尺寸（GB/T 6083—2001）　　　　　　（mm）

模数		1	1.5	2	2.5	3	4	5	6	7	8	9	10
滚刀 外径	Ⅰ 型	63	71	80	90	100	112	125	140	140	160	180	200
	Ⅱ 型	50	63	63	71	80	90	100	112	118	125	140	150

注：Ⅰ型适用于滚刀 7 级齿轮的 AA 级精度的滚刀，Ⅱ型适用于 AA、A 和 B 级精度的滚刀。

表 8 - 11　弧型键槽铣刀外径尺寸　　　　　　（mm）

直齿三面刃铣刀（GB/T 1117—1985）				半圆键槽铣刀（GB/T 1127—2007）			
铣刀宽度 B	铣刀直径 D	铣刀宽度 B	铣刀直径 D	键公称 尺寸 B×d	铣刀直径 D	键公称 尺寸 B×d	铣刀直径 D
4 5 6	63	14	80	1×4	4.25	5×16	16.9
7 8		16 18 20		1.5×7	7.4	4×19	20.1
10		6 7 8		2×7		5×19	
12		10 12		2×10	10.6	5×22	23.2
14 16		14	100	2.5×10		6×22	
5 6 7	80	16 18		3×13	13.8	6×25	26.5
8 10		20 22		3×16	16.9	8×28	29.7
12		25		4×16		10×32	33.9

8.2 一般规范

表 8-12 图样比例（GB/T 14690—1993）

与实物相同	缩小的比例	放大的比例
$1:1$	$1:1.5$; $1:2$; $1:2.5$; $1:3$; $1:4$; $1:5$; $1:6$; $1:10^n$; $1:1.5\times10^n$; $1:2\times10^n$; $1:2.5\times10^n$; $1:3\times10^n$; $1:4\times10^n$; $1:5\times10^n$; $1:6\times10^n$	$2:1$; $2.5:1$; $4:1$; $5:1$; $10^n:1$; $2\times10^n:1$; $2.5\times10^n:1$; $4\times10^n:1$; $5\times10^n:1$

注：n 为正整数。

表 8-13 图纸幅面（GB/T 14689—2008） （mm）

基本幅面（第一选择）			
幅面代号	尺寸 $B\times L$	幅面代号	尺寸 $B\times L$
A0	841×1189	A3	297×420
A1	594×841	A4	210×297
A2	420×594		
加长幅面（第二选择）			
幅面代号	尺寸 $B\times L$	幅面代号	尺寸 $B\times L$
A3×3	420×891	A4×4	297×841
A3×4	420×1189	A4×5	297×1051
A4×3	297×630		
加长幅面（第三选择）			
幅面代号	尺寸 $B\times L$	幅面代号	尺寸 $B\times L$
A0×2	1189×1682	A2×5	594×2102
A0×3	1189×2523	A3×5	420×1485
A1×3	841×1783	A3×6	420×1783
A1×4	841×2378	A3×7	420×2080
A2×3	594×1261	A4×6	297×1261
A2×4	594×1682	A4×7	297×1471

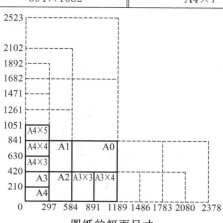

图纸的幅面尺寸

表 8 - 14　相同要素的简化画法（GB/T 16675. 1—1996）

说　明	图　例
当机件具有若干相同结构（如齿槽等）并按一定规律分布时，只需画出几个完整的结构，其余用细实线连接，在零件图中则必须注明该结构的总数[图(a)]	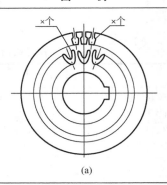 (a)
若干直径相同且呈规律分布的孔，可以仅画一个或少量几个，其余只需用细点画线或"＋"表示其中心位置，在零件图中应注明孔的总数[图(b)和图(c)]	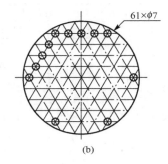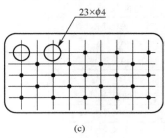 (b)　　　　　　(c)
组成的要素，可以将其中一组表示清楚，其余各组仅用细点画线表示中心位置[图(d)]	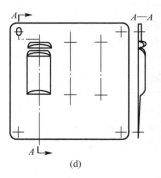 (d)
对于装配图中若干相同的零部件组，可以仅详细画出一组，其余只需用细点画线表示其位置[图(e)]	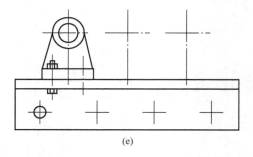 (e)

（续）

说　明	图　例
对于装配图中若干相同的单元，可仅详细画出一组，其余可采用图(f)所示的方法表示	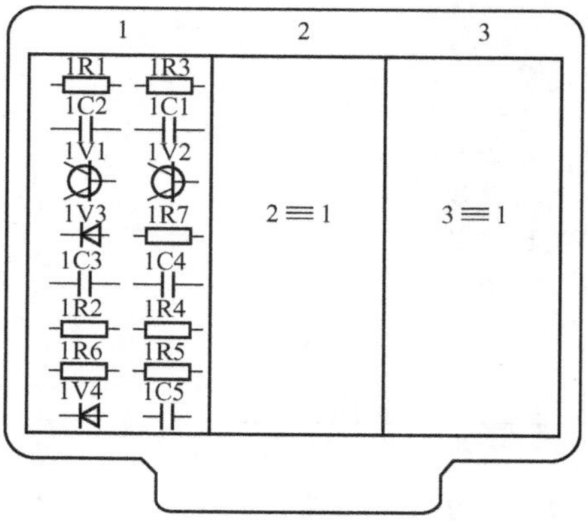 (f)
在剖视图中，类似牙嵌式离合器的齿等相同结构可采用图(g)所示的方法表示	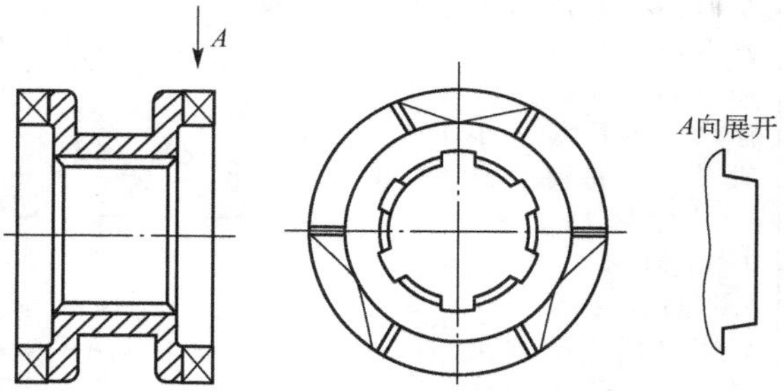 (g)

表 8-15　尺寸标注一般规定(GB/T 4458.4—2003)

尺寸要素	规　定	图　例
尺寸数字的线性尺寸	线性尺寸的数字一般应注写在尺寸线的上方，或在尺寸中断处[图(a)和图(b)] 　线性尺寸的数字方向标注如图(c)所示，尽可能避免在30°内标注，无法避免时按图(d)标注 　在不致引起误解时，对非水平方向尺寸，其数字可以水平标注在尺寸中断处[图(e)] 　一张图样上尽可能采用同一种方法注写尺寸	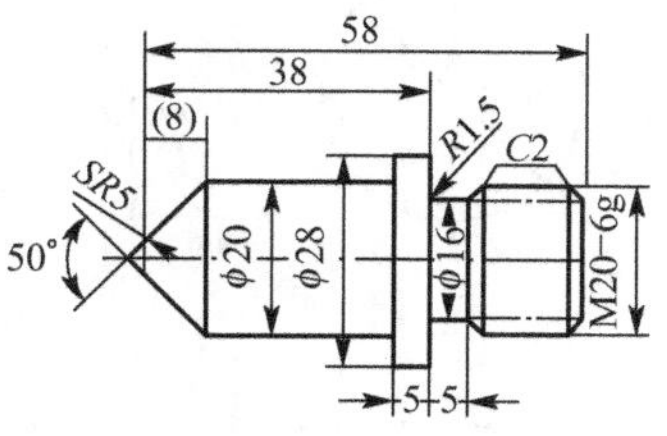 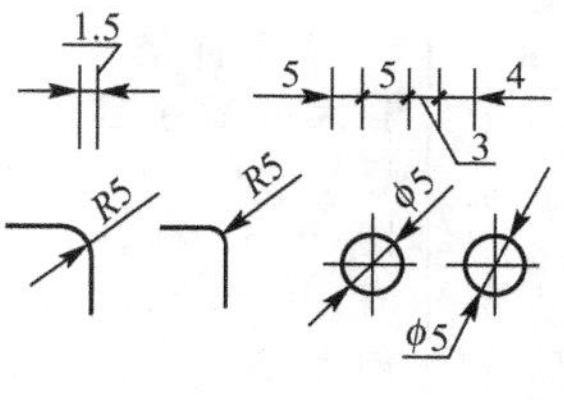 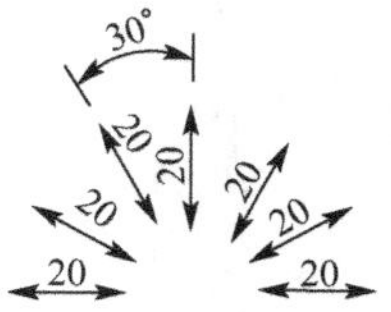 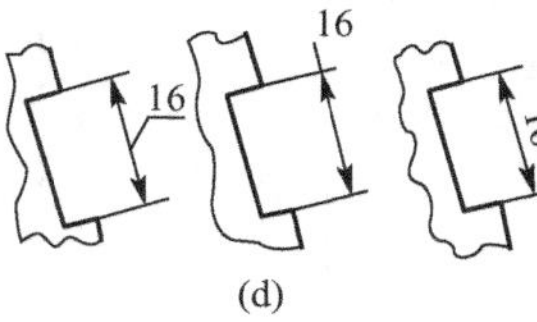 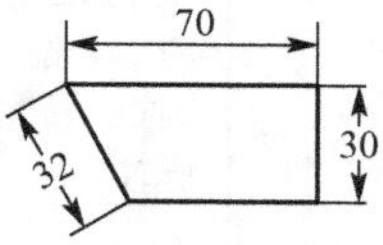

（续）

尺寸要素	规定	图　例
尺寸数字的角度尺寸	角度的尺寸数字一律写成水平方向，一般标注在尺寸域的中断处，必要时注写在尺寸线的上方或引出标注[图(f)]	 (f)
尺寸线	绘制尺寸线的箭头时，一般应尽量画在所注尺寸的区域之内，只有当所注尺寸的区域太小时才允许将箭头画在尺寸区域之外，并指向尺寸界线[图(g)]，当尺寸十分密集而无法画出时，允许用点/斜线代替箭头[图(h)]	 (g) (h)
直径与半径注法	标注直径时，应在尺寸数字前加注符号"φ"[图(a)和图(b)]，标注半径时，应在尺寸数字前加注符号"R"[图(c)和图(d)] 　　圆的直径和圆弧半径尺寸线的终端应画箭头，并按图(a)～图(e)方法标注	 (a)　　　(b)　　　(c) (d)　　　　　(e)

（续）

尺寸要素	规定	图　例
球面直径和半径标注	标注球面直径和半径时，应在符号 ϕ、R 前加注符号"S" 对于螺钉和铆钉的头部，轴的端部，在不引起误解的情况下可以省略"S"	$S\phi 30$　(f)　　　$R10$　(g)
倒角注法	45°倒角和非 45°倒角标注形式	C_1　C_1　C_1　30°　30°　1.5　1.5
正方形结构注法	标注断面为正方形结构的尺寸时，可在正方形边长尺寸数字前加注符号"□"或"$B\times B$"	14　□ □14　14×14　14×14
长圆孔注法	如长圆孔的宽度尺寸有严格的公差要求，而两端必须为圆弧，圆弧半径的实际尺寸必须随着宽度变化而变化，此时半径尺寸线上仅注出符号"R"	40　12h9　R

8.3　铸　件　设　计

表 8-16　铸件最小壁厚　　　　　　　　　　　　　　　　　　　（mm）

铸造方法	铸件尺寸	铸钢	灰铸铁	球墨铸铁	可锻铸铁	铝合金	镁合金	铜合金
砂型	～200×200 200×200（不包含） ～500×500 ＞500×500	8 10～12 15～20	～6 6（不包含）～10 15～20	6 12	5 8	3 4 6	3	3～5 6～8

表8-17　铸造斜度(JB/ZQ 4257—1986)

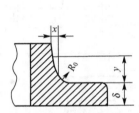

斜度 $a:h$	角度 β	使用范围
1：5	11°30′	$h<25$mm 时钢和铁的铸件
1：10	5°30′	h 取 25～500mm 时钢和铁的铸件
1：20	3°	
1：50	1°	$h>500$mm 时钢和铁的铸件
1：100	30′	有色金属铸件

注：当设计不同壁厚的铸件时，在转折点处的斜角最大增到30°～45°。

表8-18　铸件过渡尺寸(JB/ZQ 4254—2006)　　　　　(mm)

铸铁和铸钢件的壁厚 δ		x	y	R_0
大于	至			
10	15	3	15	5
15	20	4	20	5
20	25	5	25	5
25	30	6	30	8
30	35	7	35	8
35	40	8	40	10
40	45	9	45	10
45	50	10	50	10

用于减速器的机体和机盖、连接管、气缸及其他连接法兰

表8-19　铸造内圆角(JB/ZQ 4255—2006)

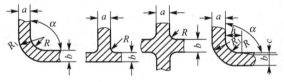

$a\approx b$　$R_1=R+a$　　　　　　$b<0.8a$时 $R_1=R+b+c$

$\dfrac{a+b}{2}$	R 值/mm											
	内圆角 α											
	<50°		50°～75°		76°～105°		106°～135°		136°～165°		>165°	
	钢	铁	钢	铁	钢	铁	钢	铁	钢	铁	钢	铁
≤8	4	4	4	4	6	4	8	6	16	10	20	16
9～12	4	4	4	4	6	6	10	8	16	12	25	20
13～16	4	4	6	4	8	6	12	10	20	16	30	25
17～20	6	4	8	6	10	8	16	12	25	20	40	30

（续）

$\frac{a+b}{2}$	R 值/mm											
	内圆角 α											
	$<50°$		$50°\sim75°$		$76°\sim105°$		$106°\sim135°$		$136°\sim165°$		$>165°$	
	钢	铁	钢	铁	钢	铁	钢	铁	钢	铁	钢	铁
21~27	6	6	10	8	12	10	20	16	30	25	50	40
28~35	8	6	12	10	16	12	25	20	40	30	60	50

c 和 b 值/mm					
b/a		<0.4	$0.5\sim0.65$	$0.66\sim0.8$	>0.8
$\approx c$		$0.7(a-b)$	$0.8(a-b)$	$a-b$	—
$\approx h$	钢	$8c$			
	铁	$9c$			

表 8-20　铸造外圆角（JB/ZQ 4256—2006）

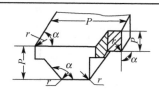

表面的最小边尺寸 P/mm		r 值/mm					
		外圆角 α					
大于	至	$<50°$	$51°\sim75°$	$76°\sim105°$	$106°\sim135°$	$136°\sim165°$	$>165°$
$\leqslant25$		2	2	2	4	6	8
25	60	2	4	4	6	10	16
60	160	4	4	6	8	16	25
160	250	4	6	8	12	20	30
250	400	6	8	10	16	25	40
400	600	6	8	12	20	30	50

第 9 章　机械设计中常用材料

9.1　黑　色　金　属

表 9-1　碳素结构钢力学性能(GB/T 700—2006)

牌号	质量等级	机械性能						抗拉强度 σ_b/MPa	伸长率 A/% 不小于	应用举例
		屈服点 σ_s/MPa								
		钢材厚度(直径)/mm								
		≤16	16～40	40～60	60～100	100～150	150～200			
Q195	—	195	185	—	—	—	—	315～430	33	不重要的钢结构及农机零件
Q215	A	215	205	195	185	175	165	335～450	31	
	B									
Q235	A	235	225	215	215	195	185	370～500	26	一般轴及零件
	B									
	C									
	D									
Q275	A	275	265	255	245	225	215	410～540	22	车轮、钢轨、农机零件
	B									
	C									
	D									

注：① 伸长率为材料厚度(直径)小于或等于 16mm 时的性能，按 σ_s 栏尺寸分段，每一段 A/% 值降低 1 个值。

② A 级不做冲击试验；B 级做常温冲击试验；C、D 级重要焊接结构用。

表 9-2　优质碳素结构钢力学性能(GB/T 699—1999)

牌号	推荐热处理温度/℃			机械性能					应用举例
	正火	淬火	回火	σ_b/MPa	σ_s/MPa	δ_s/%	ψ/%	α_K /(kJ/m²)	
08F	930			≥295	≥175	≥35	≥60		垫片、垫圈、摩擦片等
20	910			≥410	≥245	≥25	≥55		拉杆、轴套、吊钩等
30	880	860	600	≥490	≥295	≥21	≥50	≥630	销轴、套环、螺栓等
35	870	850	600	≥530	≥315	≥20	≥45	≥550	轴、圆盘、销轴、螺栓
40	860	840	600	≥570	≥335	≥19	≥45	≥470	轴、齿轮、链轮、键等
45	850	840	600	≥600	≥355	≥16	≥40	≥390	

（续）

牌号	推荐热处理温度/℃			机械性能					应用举例
	正火	淬火	回火	σ_b/MPa	σ_s/MPa	δ_5/%	ψ/%	α_k/(kJ/m²)	
50	830	830	600	≥630	≥375	≥14	≥40	≥310	弹簧、凸轮、轴、轧辊
60	810			≥675	≥400	≥12	≥36		

注：① 表中机械性能是试样毛坯尺寸为 25mm 的值。
　　② 热处理保温时间为：正火、淬火不小于 0.5h，回火不小于 1h。

表 9-3　灰铸铁力学性能（GB 9439—2010）

编号	铸件壁厚/mm		最小抗拉强度 σ_b/MPa	应用举例
	>	≤		
HT100	5	40	100	盖、外罩、手轮、支架和底板等
HT150	5	10	150	底座、齿轮箱、机床刀架、床身、管子及管路附件和 v 取 6～12m/s 的带轮等
	10	20		
	20	40		
	40	80		
HT200	5	10	200	气缸、齿轮、机座、机床床身及立柱、内燃机气缸体、盖、活塞、联轴器承压小于 8MPa 的油缸、泵体、阀体、飞轮、凸轮、齿轮和 v 取 12～20m/s 的带轮等
	10	20		
	20	40		
	40	80		
HT250	5	10	250	
	10	20		
	20	40		
	40	80		
HT300	5	10	300	床身导轨、剪床、压力机，以及其他重型机床的床身、机座、机架、受力大的齿轮、凸轮、衬套、曲轴、气缸体和盖、高压油泵、水泵泵体、阀体和 v 取 12～20m/s 的带轮等
	10	20		
	20	40		
	40	80		
HT350	5	10	350	
	10	20		
	20	40		
	40	80		

表 9-4　冷轧钢板和钢带（GB 708—2006）

	公称值/mm		尺寸/mm
厚度	0.3～4.00	≤1	厚度值为 0.05mm 倍数的任何尺寸
		>1	厚度值为 0.1mm 倍数的任何尺寸
宽度	600～2050		宽度为 10mm 倍数的任何尺寸
长度	1000～6000		长度为 50mm 倍数的任何尺寸

表 9-5　热轧钢板和钢带(GB 709—2006)

		公称值/mm	尺寸/mm	
单轧钢板	厚度	3～400	<30	厚度值为 0.5mm 倍数的任何尺寸
			≥30	厚度值为 1mm 倍数的任何尺寸
	宽度	600～4800	宽度为 10mm 或 50mm 倍数的任何尺寸	
	长度	2000～20000	长度为 50mm 或 100mm 倍数的任何尺寸	
钢带（包括连轧钢板）	厚度	0.8～25.4	厚度值为 0.1mm 倍数的任何尺寸	
	宽度	600～2200	宽度为 10mm 倍数的任何尺寸	
	长度	2000～20000	长度为 50mm 或 100mm 倍数的任何尺寸	
纵切钢带	宽度	120～900	长度为 50mm 倍数的任何尺寸	

表 9-6　热轧圆钢和方钢尺寸(GB 702—2004)

圆钢公称直径 d 方钢公称边长 a/mm	理论质量/(kg/m)		圆钢公称直径 d 方钢公称边长 a/mm	理论质量/(kg/m)	
	圆钢	方钢		圆钢	方钢
5.5	0.186	0.237	24	3.55	4.52
6	0.222	0.283	25	3.85	4.91
6.5	0.260	0.332	26	4.17	5.31
7	0.302	0.385	27	4.49	5.72
8	0.395	0.502	28	4.83	6.15
9	0.499	0.636	29	5.18	6.60
10	0.617	0.785	30	5.55	7.06
11	0.746	0.950	31	5.92	7.54
12	0.888	1.13	32	6.31	8.04
13	1.04	1.33	33	6.71	8.55
14	1.21	1.54	34	7.13	9.07
15	1.39	1.77	35	7.55	9.62
16	1.58	2.01	36	7.99	10.2
17	1.78	2.27	38	8.90	11.3
18	2.00	2.54	40	9.86	12.6
19	2.23	2.83	42	10.9	13.8
20	2.47	3.14	45	12.5	15.9
21	2.72	3.46	48	14.2	18.1
22	2.98	3.80	50	15.4	19.6
23	3.26	4.15	53	17.3	22.0

（续）

圆钢公称直径 d 方钢公称边长 a/mm	理论质量/(kg/m)		圆钢公称直径 d 方钢公称边长 a/mm	理论质量/(kg/m)	
	圆钢	方钢		圆钢	方钢
55	18.6	23.7	115	81.5	104
56	19.3	24.6	120	88.8	113
58	20.7	26.4	125	96.3	123
60	22.2	28.3	130	104	133
63	24.5	31.2	140	121	154
65	26.0	33.2	150	139	177
68	28.5	36.3	160	158	201
70	30.2	38.5	170	178	227
75	34.7	44.2	180	200	254
80	39.5	50.2	190	223	283
85	44.5	56.7	200	247	314
90	49.9	63.6	210	272	
95	55.6	70.8	220	298	
100	61.7	78.5	230	326	
105	68.0	86.5	240	355	
110	74.6	95.0	250	385	

注：表中钢的理论质量是按密度为 7.85g/cm³ 计算的。

表 9 - 7　热轧等边角钢(GB 9787—2008)

b—边宽　　　　　　　d—边厚

r—内圆弧半径　　　　r_1—边端内弧半径　$r_1 = \frac{1}{3}d$

r_2—边端外弧半径

i—惯性半径

I—惯性矩　　　　　　z_0—重心距离

W—截面系数

角钢号数	尺寸/mm			理论质量/(kg/m)	参考数值							重心距离
					$X-X$		X_0-X_0		Y_0-Y_0		X_1-X_1	
	b	d	r		I_x/cm⁴	W_x/cm³	I_{x0}/cm⁴	W_{x0}/cm³	I_{y0}/cm⁴	W_{y0}/cm³	I_{x1}/cm⁴	z_0/cm
2	20	3	3.5	0.889	0.40	0.29	0.63	0.45	0.17	0.20	0.81	0.60
		4		1.145	0.50	0.36	0.78	0.55	0.22	0.24	1.09	0.64
2.5	25	3		1.124	0.82	0.46	1.29	0.73	0.34	0.33	1.57	0.73
		4		1.459	1.03	0.59	1.62	0.92	0.43	0.40	2.11	0.76

（续）

角钢号数	尺寸/mm			理论质量/(kg/m)	参考数值							重心距离 z_0/cm
					$X-X$		X_0-X_0		Y_0-Y_0		X_1-X_1	
	b	d	r		I_x/cm⁴	W_x/cm³	I_{x0}/cm⁴	W_{x0}/cm³	I_{y0}/cm⁴	W_{y0}/cm³	I_{x1}/cm⁴	
3.0	30	3		1.373	1.46	0.68	2.31	1.09	0.61	0.51	2.71	0.85
		4		1.786	1.84	0.87	2.92	1.37	0.77	0.62	3.63	0.89
3.6	36	3	4.5	1.656	2.58	0.99	4.09	1.61	1.07	0.76	4.68	1.00
		4		2.163	3.29	1.28	5.22	2.05	1.37	0.93	6.25	1.04
		5		2.654	3.95	1.56	6.24	2.45	1.65	1.09	7.84	1.07
4	40	3		1.852	3.59	1.23	5.69	2.01	1.49	0.96	6.41	1.09
		4		2.422	4.60	1.60	7.29	2.58	1.91	1.19	8.56	1.13
		5	5	2.976	5.53	1.96	8.76	3.10	2.30	1.39	10.74	1.17
4.5	45	3		2.088	5.17	1.58	8.20	2.58	2.14	1.24	9.12	1.22
		4		2.736	6.65	2.05	10.56	3.32	2.75	1.54	12.18	1.26
		5		3.369	8.04	2.51	12.74	4.00	3.33	1.81	15.25	1.30
		6		3.985	9.33	2.95	14.76	4.64	3.89	2.06	18.36	1.33
5	50	3		2.332	7.18	1.96	11.37	3.22	2.98	1.57	12.50	1.34
		4	5.5	3.059	9.26	2.56	14.70	4.16	3.82	1.96	16.69	1.38
		5		3.770	11.21	3.13	17.79	5.03	4.64	2.31	20.90	1.42
		6		4.465	13.05	3.68	20.68	5.85	5.42	2.63	25.14	1.46
5.6	56	3		2.624	10.19	2.48	16.14	4.08	4.24	2.02	17.56	1.48
		4	6	3.446	13.18	3.24	20.92	5.28	5.46	2.52	23.43	1.53
		5		4.251	16.02	3.97	25.42	6.42	6.61	2.98	29.33	1.57
		8		6.568	23.63	6.03	37.37	9.44	9.89	4.16	47.24	1.68
6.3	63	4		3.907	19.03	4.13	30.17	6.78	7.89	3.29	33.35	1.70
		5		4.822	23.17	5.08	36.77	8.25	9.57	3.90	41.73	1.74
		6	7	5.721	27.12	6.00	43.03	9.66	11.20	4.46	50.14	1.78
		8		7.469	34.46	7.75	54.56	12.25	14.33	5.47	67.11	1.85
		10		151	41.09	9.39	64.85	14.56	17.33	6.36	84.31	1.93
7	70	4		4.372	26.39	5.14	41.80	8.44	10.99	4.17	45.74	1.86
		5		5.397	32.21	6.32	51.08	10.32	13.34	4.95	57.21	1.91
		6	8	6.406	37.77	7.48	59.93	12.11	15.61	5.67	68.73	1.95
		7		7.398	43.09	8.59	68.35	13.81	17.82	6.34	80.29	1.99
		8		8.373	48.17	9.68	76.37	15.43	19.98	6.98	91.92	2.03
(7.5)	75	5		5.818	39.97	7.32	63.30	11.94	16.63	5.77	70.56	2.04
		6		6.905	46.95	8.64	74.38	14.02	19.51	6.67	84.55	2.07
		7		7.976	53.57	9.93	84.96	16.02	22.18	7.44	98.71	2.11
		8		9.030	59.96	11.20	95.07	17.93	24.86	8.19	112.97	2.15
		10	9	11.089	71.98	13.64	113.92	21.48	30.05	9.56	141.71	2.22
8	80	5		6.211	48.79	8.34	77.33	13.67	20.25	6.66	85.36	2.15
		6		7.376	57.35	9.87	90.98	16.08	23.72	7.65	102.50	2.19
		7		8.525	65.58	11.37	104.07	18.40	27.09	8.58	119.70	2.23
		8		9.658	73.49	12.83	116.6	20.61	30.39	9.46	136.97	2.27
		10		11.874	88.43	15.64	140.09	24.76	36.77	11.08	171.74	2.35

（续）

角钢号数	尺寸/mm			理论质量/(kg/m)	参考数值							重心距离 z_0/cm
					$X-X$		X_0-X_0		Y_0-Y_0		X_1-X_1	
	b	d	r		I_x/cm^4	W_x/cm^3	I_{x0}/cm^4	W_{x0}/cm^3	I_{y0}/cm^4	W_{y0}/cm^3	I_{x1}/cm^4	
9	90	6	10	8.350	82.77	12.61	131.26	20.63	34.28	9.95	145.87	2.44
		7		9.656	94.83	14.54	150.47	23.64	39.18	11.19	170.30	2.48
		8		10.946	106.47	16.42	168.97	26.55	43.97	12.35	194.80	2.52
		10		13.476	128.58	20.07	203.9	32.04	53.26	14.52	244.07	2.59
		12		15.94	149.22	23.57	236.21	37.12	62.22	16.49	293.76	2.67
10	100	6	12	9.366	114.95	15.68	181.98	25.74	47.92	12.69	200.07	2.67
		7		10.830	131.86	18.10	208.97	29.55	54.74	14.26	233.54	2.71
		8		12.276	148.24	20.47	235.07	33.24	61.41	15.75	267.09	2.76
		10		15.120	179.51	25.06	284.68	40.26	74.35	18.54	334.48	2.84
		12		17.898	208.90	29.48	330.95	46.80	86.84	21.08	402.34	2.91
		14		20.611	236.53	33.73	374.06	52.90	99.00	23.44	470.75	2.99
		16		23.257	262.53	37.82	414.16	58.57	110.89	25.63	539.80	3.06
11	110	7	12	11.928	177.16	22.05	280.94	36.12	73.38	17.51	310.64	2.96
		8		13.532	199.46	24.95	316.49	40.69	82.42	19.39	355.20	3.01
		10		16.690	242.19	30.60	384.39	49.42	99.98	22.91	444.65	3.09
		12		19.782	282.55	36.05	448.17	57.62	116.93	26.15	534.60	3.16
		14		22.809	320.71	41.31	508.01	65.31	133.40	29.14	625.16	3.24
12.5	125	8	14	15.504	297.03	32.52	470.89	53.28	123.16	25.86	521.01	3.37
		10		19.133	361.67	39.97	573.89	64.93	149.46	30.62	651.93	3.45
		12		22.696	423.16	41.17	671.44	75.96	174.88	35.03	783.42	3.53
		14		26.193	481.65	54.16	763.73	86.41	199.57	39.13	915.61	3.61
14	140	10	14	21.488	514.65	50.58	817.27	82.56	212.04	39.20	915.11	3.82
		12		25.522	603.68	59.80	958.79	96.85	248.57	45.02	1099.28	3.90
		14		29.490	688.81	68.75	1093.56	110.47	284.06	50.45	1284.22	3.98
		16		33.393	770.24	77.46	1221.81	123.42	318.67	55.55	1470.07	4.06
16	160	10	16	24.729	779.53	66.70	1237.30	109.36	321.76	52.76	1365.33	4.31
		12		29.391	916.58	78.98	1455.68	128.67	377.49	60.74	1639.57	4.39
		14		33.987	1048.36	90.95	1665.02	147.17	431.70	68.24	1914.68	4.47
		16		38.518	1175.08	102.63	1865.57	164.89	484.59	75.31	2190.82	4.55
18	180	12	16	33.159	1321.35	100.82	2100.10	165.00	542.61	78.41	2332.80	4.89
		14		38.383	1514.48	116.25	2407.42	189.14	621.53	88.38	2723.48	4.97
		16		43.542	1700.99	131.13	2703.37	212.40	698.60	97.83	3115.29	5.05
		18		48.634	1875.12	145.64	2988.24	234.78	762.01	105.14	3502.43	5.13
20	200	14	18	42.894	2103.55	144.70	3343.26	236.40	863.83	111.82	3734.10	5.46
		16		48.680	2366.15	163.65	3760.89	265.93	971.41	123.96	4270.39	5.54
		18		54.401	2620.64	182.22	4164.54	294.48	1076.74	135.52	4808.13	5.62
		20		60.056	2867.30	200.42	4554.55	322.06	1180.04	146.55	5347.51	5.69
		24		71.168	3338.25	236.17	5294.97	374.41	1381.53	166.55	6457.16	5.87

表 9 - 8 热轧槽钢(GB 707—2008)

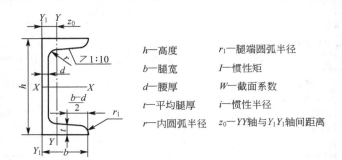

h—高度　　　　　r_1—腿端圆弧半径
b—腿宽　　　　　I—惯性矩
d—腰厚　　　　　W—截面系数
t—平均腿厚　　　i—惯性半径
r—内圆弧半径　　z_0—YY轴与Y_1Y_1轴间距离

型号	尺寸						理论质量 /(kg/m)	参考数值		重心距离 z_0/cm
	h	b	d	t	r	r_1		X-X	Y-Y	
								W_x/cm³	W_y/cm³	
8	80	43	5.0	8.0	8.0	4.0	8.045	25.3	5.79	1.43
10	100	48	5.3	8.5	8.5	4.2	10.007	39.7	7.80	1.52
12.6	126	5.5	9.0	9.0	9.0	4.5	12.318	62.1	10.2	1.59
14a	140	58	6.0	9.5	9.5	4.8	14.535	80.5	13.0	1.71
14b	140	60	8.0	9.5	9.5	4.8	16.733	87.1	14.1	1.67
16a	160	63	6.5	10.0	10.0	5.0	17.240	108	16.3	1.80
16	160	65	8.5	10.0	10.0	5.0	19.752	117	17.6	1.75
18a	180	68	7.0	10.5	10.5	5.2	20.174	141	20.0	1.88
18	180	70	9.0	10.5	10.5	5.2	23.000	152	21.5	1.84
20a	200	73	7.0	11.0	11.0	5.5	22.633	178	24.2	2.01
20	200	75	9.0	11.0	11.0	5.5	25.777	191	25.9	1.95
22a	220	77	7.0	11.5	11.5	5.8	24.999	218	28.2	2.10
22	220	79	9.0	11.5	11.5	5.8	28.453	234	30.1	2.03
25a	250	78	7.0	12.0	12.0	6.0	27.410	270	30.6	2.7
25b	250	80	9.0	12.0	12.0	6.0	31.335	282	32.7	1.98
25b	250	82	11.0	12.0	12.0	6.0	35.260	295	35.9	1.92
28a	280	82	7.5	12.5	12.5	6.2	31.427	340	35.7	2.10
28b	280	84	9.5	12.5	12.5	6.2	35.823	366	37.9	2.02
28c	280	86	11.5	12.5	12.5	6.2	40.219	393	40.3	1.95
32a	320	88	8.0	14.0	14.0	7.0	38.083	475	46.5	2.24
32b	320	90	10.0	14.0	14.0	7.0	43.107	509	49.2	2.16
32c	320	92	12.0	14.0	14.0	7.0	48.131	543	52.6	2.09

注：槽钢长度——槽钢号 8，长度为 5～12m；槽钢号 10～18，长度为 5～19m；槽钢号 20～32，长度为 6～19m。

表 9 - 9　热轧工字钢 (GB 706—2008)

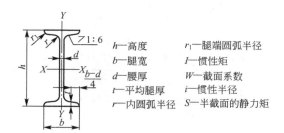

h—高度　　r_1—腿端圆弧半径
b—腿宽　　I—惯性矩
d—腰厚　　W—截面系数
t—平均腿厚　i—惯性半径
r—内圆弧半径　S—半截面的静力矩

型号	尺寸						理论质量 /(kg/m)	参考数值	
								$X-X$	$Y-Y$
	h	b	d	t	r	r_1		W_x/cm³	W_y/cm³
10	100	68	4.5	7.6	6.5	3.3	11.261	49.0	9.7
12.6	126	74	5.0	8.4	7.0	3.5	14.223	77.5	12.7
14	140	80	5.5	9.1	7.5	3.8	16.890	102	16.1
16	160	88	6.0	9.9	8.0	4.0	20.513	141	21.2
18	180	94	6.5	10.7	8.5	4.3	24.143	185	26.0
20a	200	100	7.0	11.4	9.0	4.5	27.929	237	31.5
20b	200	102	9.0	11.4	9.0	4.5	31.069	250	33.1
22a	220	110	7.5	12.3	9.5	4.8	33.070	309	40.9
22b	220	112	9.5	12.3	9.5	4.8	36.524	325	42.7
25a	250	116	8.0	13.0	10.0	5.0	38.105	402	48.3
25b	250	118	10.0	13.0	10.0	5.0	42.030	423	52.4
28a	280	122	8.5	13.7	10.5	5.3	43.492	508	56.6
28b	280	124	10.5	13.7	10.5	5.3	47.888	534	61.2
32a	320	130	9.5	15.0	11.5	5.8	52.717	692	70.8
32b	320	132	11.5	15.0	11.5	5.8	57.741	726	76
32c	320	134	13.5	15.0	11.5	5.8	62.765	760	8132
36a	360	136	10.0	15.8	12.0	6.0	60.037	875	81.2
36b	360	138	12.0	15.8	12.0	6.0	65.689	919	84.3
36c	360	140	14.0	15.8	12.0	6.0	71.341	962	87.4
40c	400	142	10.5	16.5	12.5	6.3	67.598	1090	93.2
40b	400	144	12.5	16.5	12.5	6.3	73.878	1140	96.2
40c	400	146	14.5	16.5	12.5	6.3	80.158	1190	99.6

注：工字钢长度——工字钢号 10~18，长度为 5~19m；工字钢号 20~40，长度为 6~19m。

9.2　有 色 金 属

表 9 - 10　铸造铜合金（GB/T 1176—2013）

合金牌号	铸造方法	力学性能，不低于			
		抗拉强度 σ_b/MPa	屈服强度 $\sigma_{0.2}$/MPa	延伸率 δ/%	布氏硬度（HBW）
ZCuSn3Zn8Pb6Ni1	S	175		8	590
	J	215		10	685
ZCuSn3Zn11Pb4	S	175		8	590
	J	215		10	590
ZCuSn5Pb5Zn5	S、J	200	90	13	590*
	Li、La	250	100*	13	635*
ZCuSn10Pb1	S	220	130	3	785*
	J	310	170	2	885*
	Li	330	170*	4	885*
	La	360	170*	6	885*
ZCuSn10Pb5	S	195		10	685
	J	245		10	685
ZCuSn10Zn2	S	240	120	12	685*
	J	245	140*	6	785*
	Li、La	270	140*	7	785*

注：① 有"*"符号的数据为参考值。
　　② S—砂型铸造；J—金属型铸造；La—连续铸造；Li—离心铸造。

9.3　其 他 材 料

表 9 - 11　工程塑料（GB/T 1176—2013）

品种		机械性能							热性能				应用举例
		抗拉强度/MPa	抗压强度/MPa	抗弯强度/MPa	延伸率/%	冲击值/(kJ/m²)	弹性模量/10³MPa	硬度(HRR)	熔点/℃	马丁耐热/℃	脆化温度/℃	线胀系数/10⁻⁵℃	
尼龙6	干态	55	88.2	98	150	带缺口 3	0.254	114	215～223	40～50	−20～−30	7.9～8.7	机械强度和耐磨性优良，广泛用作机械、化工及电气零件。如轴承、齿轮、凸轮、蜗轮、螺钉、螺母、垫圈等，尼龙粉喷涂于零件表面，可提高耐磨性和密封性
	含水	72～76.4	58.2	68.8	250	＞53.4	0.813	85					

（续）

品种		机械性能							热性能				应用举例
		抗拉强度/MPa	抗压强度/MPa	抗弯强度/MPa	延伸率/%	冲击值/(kJ/m²)	弹性模量/10³MPa	硬度(HRR)	熔点/℃	马丁耐热/℃	脆化温度/℃	线胀系数/10⁻⁵℃	
尼龙66	干态	46	117	98～107.8	60	3.8	0.313～0.323	118	265	50～60	−25～−30	9.1～10	机械强度和耐磨性优良，广泛用作机械、化工及电气零件。如轴承、齿轮、凸轮、蜗轮、螺钉、螺母、垫圈等，尼龙粉喷涂于零件表面，可提高耐磨性和密封性
	含水	81.3	88.2		200	13.5	0.137	100					
MC尼龙（无填充）		90	105	156	20	无缺口0.520～0.624	3.6（拉伸）	HBS21.3		55		8.3	强度特高。用于制造大型齿轮、蜗轮、轴套、滚动轴承保持架、导轨、大型阀门密封面等
聚甲醛（POM）		69（屈服）	125	96	15	带缺口0.0076	2.9（弯曲）	HBS17.2		60～64		8.1～10.0（当温度在0～40℃时）	有良好的摩擦、磨损性能，干摩擦性能更优。可制造轴承、齿轮、凸轮、滚轮、辊子、垫圈、垫片等
聚碳酸酯（PC）		65～69	82～86	104	100	带缺口0.064～0.075	2.2～2.5（拉伸）	HRS9.7～10.4	220～230	110～130	−100	6～7	有高的冲击韧性和优异的尺寸稳定性，可制造齿轮、蜗轮、蜗杆、齿条、凸轮、心轴、轴承、滑轮、铰链、传动链、螺栓、螺母、垫圈、铆钉、泵叶轮等

注：由于尼龙6和尼龙66吸水性很大，因此其各项性能上下差别很大。

表 9 - 12　工业用毛毡(FZ/T 25001—2012)

类型	品号	断裂强度/(N/cm²)	断裂时延伸率/%不大于	备注
细毛	T112 - 25～31	196～490	90～144	用作密封、防漏油、振动缓冲衬垫等
半粗毛	T122 - 24～29	196～392	95～150	
粗毛	T132 - 32～36	196～294	110～156	

表 9 - 13　软钢纸板(QB/T 2200—1996)

厚度/mm		长×宽/(mm×mm)		备注
公称尺寸	偏差	公称尺寸	偏差	
0.5～0.8	±0.12	920×650	±10	适用于密封连接处的垫片
0.9～2.0	±0.15	650×490		
2.1～3.0	±0.20	650×400		
		400×300		

第10章 连　　接

10.1　螺　纹　连　接

表 10 - 1　普通螺纹基本牙型和基本尺寸（GB/T 192—2003、GB/T 196—2003）　　　（mm）

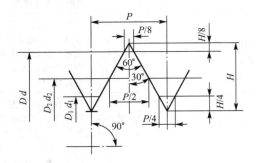

$H = 0.886P$；

$d_2 = d - 0.6495P$；

$d_1 = d - 1.0825P$；

D、d——内、外螺纹大径；

D_2、d_2——内、外螺纹中径；

D_1、d_1——内、外螺纹小径；

P——螺距

标记示例：

公称直径为 10mm，螺纹为右旋，中径及顶径公差带代号均为 6g，螺纹旋合长度为 N 的粗牙普通螺纹：M10 - 6g

公称直径为 10mm，螺距为 1mm，螺纹为右旋，中径及顶径公差带代号均为 6H，螺纹旋合长度为 N 的细牙普通内螺纹：M10×1 - 6H

公称直径为 20mm，螺距为 2mm，螺纹为左旋，中径及顶径公差带代号分别为 5g、6g，螺纹旋合长度为 S 的细牙普通螺纹：M20×2LH - 5g6g - S

公称直径为 20mm，螺距为 2mm，螺纹为右旋，内螺纹中径及顶径公差带代号为 6H，外螺纹中径及顶径公差带代号均为 6g，螺纹旋合长度为 N 的细牙普通螺纹的螺纹副：M20×2 - 6H/6g

公称直径 D、d		螺距 P	中径 D_2 或 d_2	小径 D_1 或 d_1	公称直径 D、d		螺距 P	中径 D_2 或 d_2	小径 D_1 或 d_1	公称直径 D、d		螺距 P	中径 D_2 或 d_2	小径 D_1 或 d_1
第一系列	第二系列				第一系列	第二系列				第一系列	第二系列			
6		1	5.350	4.917		12	1.75	10.863	10.106		18	2.5	16.376	15.294
		0.75	5.513	5.188			1.5	11.026	10.376			2	16.701	15.835
							1.25	11.188	10.674			1.5	17.026	16.376
8		1.25	7.188	6.647			1	11.350	10.917			1	17.350	16.917
		1	7.350	6.917		14	2	12.701	11.835	20		2.5	18.376	17.294
		0.75	7.513	7.188			1.5	13.026	12.376			2	18.701	17.835
							(1.25)	13.188	12.647			1.5	19.026	18.376
10		1.5	9.026	8.376			1	13.350	12.917			1	19.350	18.917
		1.25	9.188	8.647	16		2	14.701	13.835		22	2.5	20.376	19.294
		1	9.350	8.917			1.5	15.026	14.376			2	20.701	19.835
		0.75	9.513	9.188			1	15.360	14.917			1.5	21.026	20.376
												1	21.350	20.917

（续）

公称直径 D、d		螺距 P	中径 D₂或d₂	小径 D₁或d₁
第一系列	第二系列			
24		3	22.051	20.752
		2	22.701	21.835
		1.5	23.026	22.376
		1	23.350	22.917
	27	3	25.051	23.752
		2	25.701	24.835
		1.5	26.026	25.376
		1	26.350	25.917
30		3.5	27.727	26.211
		(3)	28.051	26.752
		2	28.701	27.835
		1.5	29.026	28.376
		1	29.350	28.917
	33	3.5	30.727	29.211
		(3)	31.051	29.752
		2	31.701	30.835
		1.5	32.026	31.376

公称直径 D、d		螺距 P	中径 D₂或d₂	小径 D₁或d₁
第一系列	第二系列			
36		4	33.402	31.670
		3	34.051	32.752
		2	34.701	33.835
		1.5	35.026	34.376
	39	4	36.402	34.670
		3	37.051	35.752
		2	37.701	36.835
		1.5	38.026	37.376
42		4.5	39.077	37.129
		(4)	39.402	37.670
		3	40.051	38.752
		2	40.701	39.835
		1.5	41.026	40.376
	45	4.5	42.077	40.129
		(4)	42.42	40.670
		3	43.051	41.752
		2	43.701	42.835
		1.5	44.026	43.376

公称直径 D、d		螺距 P	中径 D₂或d₂	小径 D₁或d₁
第一系列	第二系列			
48		5	44.752	42.587
		(4)	45.402	43.670
		3	46.051	44.752
		2	46.701	45.835
		1.5	47.026	46.376
	52	5	48.752	46.587
		(4)	49.402	47.670
		3	50.051	48.752
		2	50.701	49.835
		1.5	51.026	50.376
56		5.5	52.428	50.046
		4	53.402	51.670
		3	54.051	52.752
		2	54.701	53.835
		1.5	55.026	54.376
	60	(5.5)	56.428	54.046
		4	57.402	55.670
		3	58.051	56.752
		2	58.071	57.835
		1.5	59.026	58.376

注：① 直径 $d \leqslant 68$mm 时，P 项中第一个数字为粗牙螺距，其余为细牙螺距。
　　② 优先选用第一系列，其次是第二系列。
　　③ 括号内的尺寸尽可能不用。

表 10-2　普通螺纹的旋合长度(GB/T 197—2003)　　　　　　　(mm)

公称直径 D、d		螺距 P	旋合长度			
>	≤		S	N		L
			≤	>	≤	>
1.4	2.8	0.25	0.6	0.6	1.9	1.9
		0.35	0.8	0.8	2.6	2.6
		0.4	1	1	3	3
		0.45	1.3	1.3	3.8	3.8
2.8	5.6	0.35	1	1	3	3
		0.5	1.5	1.5	4.5	4.5
		0.6	1.7	1.7	5	5
		0.7	2	2	6	6
		0.75	2.2	2.2	6.7	6.7
		0.8	2.5	2.5	7.5	7.5

公称直径 D、d		螺距 P	旋合长度			
>	≤		S	N		L
			≤	>	≤	>
5.6	11.2	0.75	2.4	2.4	7.1	7.1
		1	3	3	9	9
		1.25	4	4	12	12
		1.5	5	5	15	15
11.2	22.4	1	3.8	3.8	11	11
		1.25	4.5	4.5	13	13
		1.5	5.6	5.6	16	16
		1.75	6	6	18	18
		2	8	8	24	24
		2.5	10	10	30	30

（续）

公称直径 D、d		螺距 P	旋合长度				公称直径 D、d		螺距 P	旋合长度			
>	≤		S	N		L	>	≤		S	N		L
			≤	>	≤	>				≤	>	≤	>
22.4	45	1	4	4	12	12	45	90	4	19	19	56	56
		1.5	6.3	6.3	19	19			5	24	24	71	71
		2	8.5	8.5	25	25			5.5	28	28	85	85
		3	12	12	36	36			6	32	32	95	95
		3.5	15	15	45	45	90	180	2	12	12	36	36
		4	18	18	53	53			3	18	18	53	53
		4.5	21	21	63	63			4	24	24	71	71
45	90	1.5	7.5	7.5	22	22	180	355	3	20	20	60	60
		2	9.5	9.5	28	28			4	26	26	80	80
		3	15	15	45	45			6	40	40	118	118
									8	50	50	150	150

注：S—短旋合长度；N—中等旋合长度；L—长旋合长度。

表 10-3　梯形螺纹牙型（GB/T 5796.1—2005）　　　　　（mm）

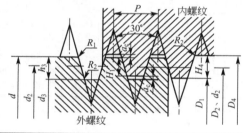

标记示例：

Tr40×7-7H(梯形内螺纹，公称直径 $d=40$、螺距 $P=7$、精度等级 7H)

Tr40×14(P7)LH-7e(多线左旋梯形外螺纹，公称直径 $d=40$、导程=14、螺距 $P=7$、精度等级 7e)

Tr40×7-7H/7e(梯形螺旋副、公称直径 $d=40$、螺距 $P=7$、内螺纹精度等级 7H、外螺纹精度等级 7e)

螺距 P	a_c	$H_4=h_3$	R_{1max}	R_{2max}	螺距 P	a_c	$H_4=h_3$	R_{1max}	R_{2max}	螺距 P	a_c	$H_4=h_3$	R_{1max}	R_{2max}
1.5	0.15	0.9	0.075	0.15	9	0.5	5	0.25	0.5	24	1	13	0.5	1
2	0.25	1.25	0.125	0.25	10		5.5			28		15		
3		1.75			12		6.5			32		17		
4		2.25			14	1	8	0.5	1	36		19		
5		2.75			16		9			40		21		
6	0.5	3.5	0.25	0.5	18		10			44		23		
7		4			20		11							
8		4.5			22		12							

表 10-4　梯形螺纹直径与螺距系列（GB/T 5796.2—2005）　　　　　（mm）

公称直径 d		螺距 P	公称直径 d		螺距 P	公称直径 d		螺距 P	公称直径 d		螺距 P
第一系列	第二系列		第一系列	第二系列		第一系列	第二系列		第一系列	第二系列	
8		1.5*	12		3, 2*	16	14	3*, 2	20		4*, 2
10	9	2*, 1.5		11	3*, 2	18		4*, 2	24	22	8, 5*, 3

（续）

公称直径 d		螺距 P	公称直径 d		螺距 P	公称直径 d		螺距 P	公称直径 d		螺距 P
第一系列	第二系列		第一系列	第二系列		第一系列	第二系列		第一系列	第二系列	
28	26	8, 5*, 3	44		12, 7*, 3	80	75	16, 10*, 4	140	150	24, 14*, 6
	30	10, 6*, 3	48	46	12, 8*, 3		85	18, 12*, 4	160		24, 16*, 6
32	34	10, 6*, 3	52	50	12, 8*, 3	90		18, 12*, 4		150	28, 16*, 6
36				55	14, 9*, 3	100	95	20, 12*, 4	180	170	28, 16*, 6
40	38	10, 7*, 3	60		14, 9*, 3	120	110	20, 12*, 4		170	28, 18*, 8
	42		70	65	16, 10*, 4		130	22, 14*, 6			32, 18*, 8

注：优先选用第一系列的直径，带 * 者为对应直径优先选用的螺距。

表 10-5　梯形螺纹基本尺寸（GB/T 5796.3—2005）　　　　　　　（mm）

螺距 P	外螺纹小径 d_3	内、外螺纹中径 D_2、d_2	内螺纹大径 D_4	内螺纹小径 D_1	螺距 P	外螺纹小径 d_3	内、外螺纹中径 D_2、d_2	内螺纹大径 D_4	内螺纹小径 D_1
1.5	$d-1.8$	$d-0.75$	$d+0.3$	$d-1.5$	8	$d-9$	$d-4$	$d+1$	$d-8$
2	$d-2.5$	$d-1$	$d+0.5$	$d-2$	9	$d-10$	$d-4.5$	$d+1$	$d-9$
3	$d-3.5$	$d-1.5$	$d+0.5$	$d-3$	10	$d-11$	$d-5$	$d+1$	$d-10$
4	$d-4.5$	$d-2$	$d+0.5$	$d-4$	12	$d-13$	$d-6$	$d+1$	$d-12$
5	$d-5.5$	$d-2.5$	$d+0.5$	$d-5$	14	$d-16$	$d-7$	$d+2$	$d-14$
6	$d-7$	$d-3$	$d+1$	$d-6$	16	$d-18$	$d-8$	$d+2$	$d-16$
7	$d-8$	$d-3.5$	$d+1$	$d-7$	18	$d-20$	$d-9$	$d+2$	$d-18$

注：① d 为公称直径（即外螺纹大径）。

　　② 表中所列的数值是按下式计算的：$d_3 = d - 2h_3$；D_2、$d_2 = d - 0.5P$；$D_4 = d + 2a_c$；$D_1 = d - P$。

表 10-6　六角头螺栓—A 和 B 级（GB/T 5782—2016）、六角头螺栓—全螺纹—
A 和 B 级（GB/T 5783—2016）　　　　　　　（mm）

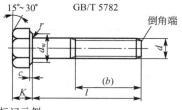

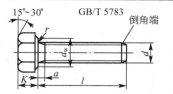

标记示例：

螺纹规格 d＝M12、公称长度 l＝80、性能等级为 8.8 级、表面氧化、A 级六角螺栓：

螺栓 GB/T 5782 M12×80

标记示例：

螺纹规格 d＝M12、公称长度 l＝80、性能等级为 8.8 级、表面氧化、全螺纹、A 级六角头螺栓：

螺栓 GB/T 5783 M12×80

螺纹规格 d		M3	M4	M5	M6	M8	M10	M12	(M14)	M16	(M18)	M20	(M22)	M24	(M27)	M30
b 参考	l≤125	12	14	16	18	22	26	30	34	38	42	46	50	54	60	66
	125<l≤200	—	—	—	—	28	32	36	40	44	48	52	56	60	66	72
	l>200	—	—	—	—	—	—	—	53	57	61	65	69	73	79	85

（续）

螺纹规格 d			M3	M4	M5	M6	M8	M10	M12	(M14)	M16	(M18)	M20	(M22)	M24	(M27)	M30
a	max		1.5	2.1	2.4	3	3.75	4.5	5.25	6	6	7.5	7.5	7.5	9	9	10.5
c	max		0.4	0.4	0.5	0.5	0.6	0.6	0.6	0.6	0.8	0.8	0.8	0.8	0.8	0.8	0.8
d_w	min	A	4.57	5.88	6.88	8.88	11.63	14.63	16.63	19.64	22.49	25.34	28.19	31.17	33.61	—	—
		B	—	—	6.74	8.74	11.47	16.47	19.47	22	24.85	27.7	31.35	33.25	38	42.75	
e	min	A	6.01	7.66	8.79	11.05	14.38	17.77	20.03	23.36	26.75	30.14	33.53	37.72	39.98	—	—
		B	5.88	7.50	8.63	10.89	14.20	17.59	19.85	22.78	26.17	29.56	32.95	37.29	39.55	45.2	50.85
K	公称		2	2.8	3.5	4	5.3	6.4	7.5	8.8	10	11.5	12.5	14	15	17	18.7
r	min		0.1	0.2	0.2	0.25	0.4	0.4	0.6	0.6	0.6	0.6	0.8	1	0.8	1	1
s	min		5.5	7	8	10	13	16	18	21	24	27	30	34	36	41	46
l 范围 (GB/T 5782—2000)			20~30	25~40	25~50	30~60	35~80	40~100	45~120	60~140	55~160	60~180	65~200	70~200	80~240	90~260	90~300
l 范围(全螺纹) (GB/T 5783—2000A型)			6~30	8~40	10~50	12~60	16~80	20~100	25~100	30~140	35~100	35~200	40~200	45~200	40~200	55~200	60~200
l 系列			\multicolumn{15}{} 6，8，10，12，16，20~70(五进位)，80~160(十进位)，180~360(二十进位)

技术条件	材料	力学性能等级	螺纹公差	公差产品等级	表面处理
	钢	5.6、8.8、9.8、10.9	6g	A级用于 $d\leqslant24$ 和 $l\leqslant10d$ 或 $l\leqslant150$ B级用于 $d>24$ 和 $l>10d$ 或 $l>150$	氧化或电镀、协议简单处理
	不锈钢	A2‑70、A4‑70			
	有色金属	Cu2、Cu3、A14 等			

注：① A、B 为产品等级，C级产品螺纹公差为8g，规格为 M5~M64，性能等级为3.6、4.6和4.8 级，详见 GB/T 5780—2000、GB/T 5781—2000。

　　② 括号内第二系列螺纹直径规格，尽量不采用。

表 10‑7　六角头加强杆螺栓（GB/T 27—2013）　　　　　　（mm）

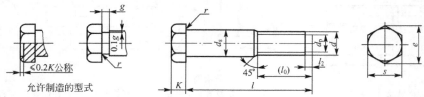

允许制造的型式

标记示例：

螺纹规格 d＝M12、d_s 尺寸按表 10‑7 规定，公称长度 l＝80、性能等级为 8.8 级、表面氧化处理、A级的六角头铰制孔用螺栓：

　　螺栓　GB/T 27—2013　M12×80

当 d_s 按 m6 制造时：　螺栓　GB/T 27—2013　M12×m6×80

螺纹规格 d		M6	M8	M10	M12	(M14)	M16	(M18)	M20	(M22)	M24	(M27)	M30	M36
d_s(h9)	max	7	9	11	13	15	17	19	21	23	25	28	32	38
s	max	10	13	16	18	21	24	27	30	34	36	41	46	55

（续）

螺纹规格 d		M6	M8	M10	M12	(M14)	M16	(M18)	M20	(M22)	M24	(M27)	M30	M36
K	公称	4	5	6	7	8	9	10	11	12	13	15	17	20
r	min	0.25	0.4	0.4	0.6	0.6	0.6	0.6	0.8	0.8	0.8	1	1	1
d_p		4	5.5	7	8.5	10	12	13	15	17	18	21	23	28
l_2		1.5		2		3			4			5		6
e_{min}	A	11.05	14.38	17.77	20.03	23.35	26.75	30.14	33.53	37.72	39.98	—	—	—
	B	10.89	14.20	17.59	19.85	22.78	26.17	29.56	32.95	37.29	39.55	45.2	50.85	60.79
g		2.5				3.5						5		
l_0		12	15	18	22	25	28	30	32	35	38	42	50	55
l 范围		25~65	25~80	30~120	35~180	40~180	45~200	50~200	55~200	60~200	65~200	75~200	80~230	90~300
l 系列		25，(28)，30 (32)，35，(38)，40，45，50，(55)，60，(65)，70，(75)，80，85，90，(95)，100~260(十进位)，280，300												

注：① 根据使用要求，螺杆上无螺纹部分直径（d_s）允许按 m6、u8 制造。按 m6 制造的杆径，其表面粗糙度为 $1.6\mu m$。

② 螺杆上无螺纹部分（d_s）末端倒角 45°，根据制造工艺要求，允许制成大于 45°、小于 1.5P（粗牙螺纹螺距）的颈部。

表 10 - 8　双头螺柱 $b_m＝1d$（GB/T 897—1988）、$b_m＝1.25d$（GB/T 898—1988）、
$b_m＝1.5d$（GB/T 899—1988）　　　　　　　　　　　　（mm）

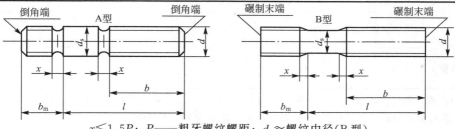

$x≤1.5P$；P——粗牙螺纹螺距；$d_s≈$螺纹中径（B 型）

标记示例：

两端均为粗牙普通螺纹，$d＝10mm$、$l＝50mm$、性能等级为 4.8 级、不经表面处理、B 型、$b_m＝1d$ 的双头螺柱：

螺柱　GB/T 897—1988　M10×50

旋入机体一端为粗牙普通螺纹，旋螺母一端为螺距 $P＝1mm$ 的细牙普通螺纹，$d＝10mm$、$l＝50mm$、性能等级为 4.8 级、不经表面处理、A 型、$b_m＝1.25d$ 的双头螺柱：

螺柱　GB/T 898—1988　AM10 - M10×1×50

旋入机体一端为过渡配合螺纹的第一种配合，旋螺母一端为粗牙普通螺纹，$d＝10mm$、$l＝50mm$、性能等级为 8.8 级、镀锌钝化、B 型、$b_m＝1.25d$ 的双头螺柱：

螺柱：GB/T 898—1988　GM10 - M10×50 - 8.8 - Zn·D

螺纹规格 d		M5	M6	M8	M10	M12	(M14)	M16
b_m （公称）	$b_m＝d$	5	6	8	10	12	14	16
	$b_m＝1.25d$	6	8	10	12	15	18	20
	$b_m＝1.5d$	8	10	12	15	18	21	24

（续）

螺纹规格 d	M5	M6	M8	M10	M12	(M14)	M16
l（公称）/b	16~22/10	20~22/10	20~22/12	25~28/14	25~30/16	30~35/18	30~38/20
	25~50/16	25~30/14	25~30/16	30~38/16	32~40/20	38~45/25	40~55/30
		32~75/18	32~90/22	40~120/26	45~120/30	50~120/34	60~120/38
				130/32	130~180/36	130~180/40	130~200/44

螺纹规格 d		(M18)	M20	(M22)	M24	(M27)	M30	M36
b_m（公称）	$b_m=d$	18	20	22	24	27	30	36
	$b_m=1.25d$	22	25	28	30	35	38	45
	$b_m=1.5d$	27	30	33	36	40	45	54
l（公称）/b		35~40/22	35~40/25	40~45/30	45~50/30	50~60/35	60~65/40	65~75/45
		45~60/35	45~65/35	50~70/40	55~75/45	65~85/50	70~90/50	80~110/60
		65~120/42	70~120/46	75~120/50	80~120/54	90~120/60	95~120/66	120/78
		130~200/48	130~200/52	130~200/56	130~200/60	130~200/66	130~200/72	130~200/84
							210~250/85	210~300/97

公称长度 l 的系列	16，(18)，20，(22)，25，(28)，30，(32)，35，(38)，40，45，50，(55)，60，(65)，70，(75)，80，(85)，90，(95)，100~260（十进位），280，300

注：① 旋入机体一端过渡配合螺纹代号为 GM、G_2M，A 型螺纹代号为 AM，B 型不写。

　　② GB/T 898 $d=5\sim20$mm 为商品规格，其余均为通用规格。

　　③ 末端按 GB 2—1985 的规定。

　　④ $b_m=1d$ 一般用于钢对钢，$b_m=(1.25\sim1.5)d$ 一般用于钢对铸铁。

表 10-9　内六角圆柱头螺钉（GB/T 70.1—2008）　　　　　　（mm）

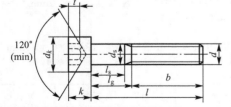

标记示例：

　　螺纹规格 d＝M8、公称长度 l＝20、性能等级为 8.8 级、表面氧化的内六角圆柱头螺钉：

　　螺钉 GB/T 70.1—2008　M8×20

螺纹规格 d	M5	M6	M8	M10	M12	M16	M20	M24	M30	M36
b（参考）	22	24	28	32	36	44	52	60	72	84
d_k（max）	8.5	10	13	16	18	24	30	36	45	54

（续）

螺纹规格 d	M5	M6	M8	M10	M12	M16	M20	M24	M30	M36
$e(\min)$	4.58	5.72	6.86	9.15	11.43	16	19.44	21.73	25.15	30.85
$k(\max)$	5	6	8	10	12	16	20	24	30	36
s（公称）	4	5	6	8	10	14	17	19	22	27
$t(\min)$	2.5	3	4	5	6	8	10	12	15.5	19
l 范围（公称）	8～50	10～60	12～80	16～100	20～120	25～160	30～200	40～200	45～200	55～200
制成全螺纹时 $l\leqslant$	25	30	35	40	50	60	70	80	100	110
l 系列（公称）	8，10，12，16，20～50（五进位），(55)，60，(65)，70～160（十进位），180，200										

技术条件	材料	性能等级		螺纹公差	产品等级	表面处理
	钢	8.8，10.9，12.9		12.9 级为 5g 或 6g，其他等级为 6g	A	氧化

注：① M24、M30 为通用规格，其余为商品规格。

② $l_{\text{gmin}}=l$ 公称 $-b$ 参考，$l_{\text{gmin}}=l_{\text{gmax}}-5P$，$P$ 为螺距。

表 10－10 吊环螺钉（GB/T 825—1988） （mm）

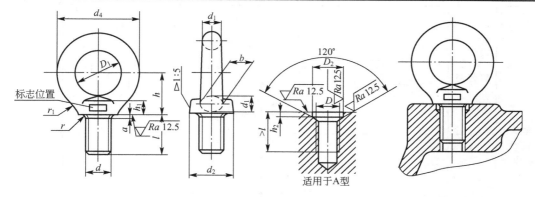

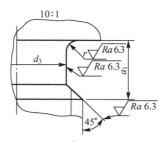

A 型无螺纹部分杆径≈螺纹中径或≈螺纹大径

标记示例：

规格为 20mm、材料为 20 钢、经正火处理、不经表面处理的 A 型吊环螺钉：

螺钉 GB/T 825—1988 M20

螺纹规格 d	M8	M10	M12	M16	M20
$d_1(\max)$	9.1	11.1	13.1	15.2	17.4
D_1（公称）	20	24	28	34	40

（续）

螺纹规格 d	M8	M10	M12	M16	M20
d_2(max)	21.1	25.1	29.1	35.2	41.4
h_1(max)	7	9	11	13	15.1
h	18	22	26	31	36
d_4(参考)	36	44	52	62	72
r_1	4	4	6	6	8
r(min)			1		
l(公称)	16	20	22	28	35
a_1(max)	3.75	4.5	5.25	6	7.5
a(max)	2.5	3	3.5	4	5
b(max)	10	12	14	16	19
d_3(公称，max)	6	7.7	9.4	13	16.4
D_2(公称，min)	13	15	17	22	28
h_2(公称，min)	2.5	3	3.5	4.5	5
最大起重量 W/t	单螺钉起吊	0.16	0.25	0.4	0.63	1
	双螺钉起吊	0.08	0.125	0.2	0.32	0.5

一级圆柱齿轮减速器					二级圆柱齿轮减速器					
a	100	160	200	250	315	a	100×140	140×200	180×280	200×280	250×355
W/t	0.026	0.105	0.21	0.40	0.80	W/t	0.10	0.26	0.48	0.68	1.25

注：① 减速器质量 W(t)与中心距参考关系为软齿面减速器。

② 螺钉采用 20 或 25 钢制造，螺纹公差为 8g。

③ 表中螺纹规格 d 均为商品规格。

表 10－11　　开槽沉头螺钉(GB/T 68—2000)　　　　　　　　　(mm)

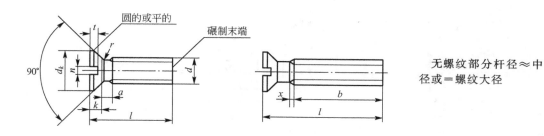

无螺纹部分杆径≈中径或＝螺纹大径

标记示例：

螺纹规格 d＝M5、公称长度 l＝20mm、性能等级为 4.8 级、不经表面处理的开槽沉头螺钉：

螺钉　GB/T 68—2000　M5×20

螺纹规格 d	螺距 P	a	b	d_k		k	n	r	t	x	公称长度 l 的范围
				实际值							
		max	min	max	min	max	公称	max	max	mix	max	
M1.6	0.35	0.7	25	3	2.7	1	0.4	0.4	0.5	0.32	0.9	2.5～16
M2	0.4	0.8	25	3.8	3.5	1.2	0.5	0.5	0.6	0.4	1	3～20
M2.5	0.45	0.9	25	4.7	4.4	1.5	0.6	0.6	0.75	0.5	1.1	4～45
M3	0.5	1	25	5.5	5.2	1.65	0.8	0.8	0.85	0.6	1.25	5～30
M4	0.7	1.4	38	8.4	8	2.7	1.2	1	1.3	1	1.75	6～40
M5	0.8	1.6	38	9.3	8.9	2.7	1.2	1.3	1.4	1.1	2	8～50
M6	1	2	38	11.3	10.9	3.3	1.6	1.5	1.6	1.2	2.5	8～60
M8	1.25	2.5	38	15.8	15.4	4.65	2	2	2.3	1.8	3.2	10～80
M10	1.5	3	38	18.3	17.8	5	2.5	2.5	2.6	2	3.8	12～80
公称长度 l 的系列	2.5，3，4，5，6，8，10，12，(14)，16，20～80(五进位)											

注：① 公称长度 l 中的(14)，(55)，(65)，(75)等级规格尽可能不采用。

　② d≤M3、l＝30mm 或 d≥M4、l≤45mm 时，制出全螺纹 [b＝l－(k＋a)]。

　③ 公称长度 l 的范围为商品规格。

表 10-12　十字槽沉头螺钉(GB/T 819.1—2016)、

十字槽盘头螺钉(GB/T 818—2000)　　　　　　　　(mm)

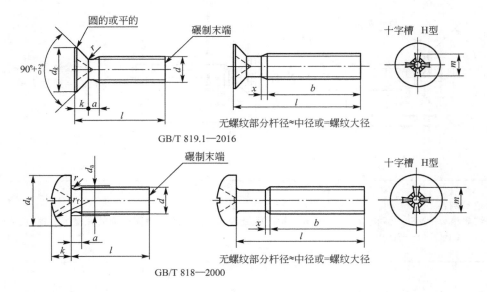

GB/T 819.1—2016

GB/T 818—2000

标记示例:

螺纹规格 d＝M5、公称长度 l＝20mm、性能等级为 4.8 级、不经表面处理的 H 型十字槽沉头螺钉:

螺钉　GB/T 819.1—2016　M5×20

螺纹规格 d＝M5、公称长度 l＝20mm、性能等级为 4.8 级、不经表面处理的 H 型十字槽盘头螺钉:

螺钉　GB/T 818—2000　M5×20

螺纹规格 d	螺距 P	a max	b max	x	GB/T 819.1—2016					GB/T 818—2000							l 商品规格范围	l 系列
					d_k max	k max	r max	十字槽		d_k max	k max	r max	r_f ≈	d_a max	十字槽			
								H 型插入深度							H 型插入深度			
								m 参考	max						m 参考	max		
M4	0.7	1.4	38	1.75	8.4	2.7	1	4.6	2.6	8	3.1	0.2	6.5	4.7	4.4	2.4	5～40	5、6、8、10、12、16、20、25、30、35、40、45、50、60
M5	0.8	1.6	38	2	9.3	2.7	1.3	5.2	3.2	9.5	3.7	0.2	8	5.7	5.9	2.9	GB 818—2000 6～45 GB 819.1—2016 6～50	
M6	1	2	38	2.5	11.3	3.3	1.5	6.8	3.5	12	4.6	0.25	10	6.8	6.9	3.6	8～60	
M8	1.25	2.5	38	3.2	15.8	4.65	2	8.9	4.6	16	6	0.4	13	9.2	9	4.6	10～60	
M10	1.5	3	38	3.8	18.3	5	2.5	10	5.7	20	7.5	0.4	16	11.2	10.1	5.8	12～60	

注: l≤45mm，制出全螺纹。

标记示例:
螺纹规格 D＝M12、性能等级为 10 级、不经表面处理、产品等级为 A 的 1 型六角螺母:螺母 GB/T 6170—2015 M12

表 10-13　1 型六角螺母—A 和 B 级(GB/T 6170—2015)　　　　(mm)

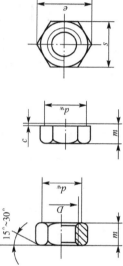

螺纹规格 D	M1.6	M2	M2.5	M3	M4	M5	M6	M8	M10	M12	M16	M20	M24	M30	M36	M42	M48	M56	M64
螺距 P	0.35	0.4	0.45	0.5	0.7	0.8	1	1.25	1.5	1.75	2	2.5	3	3.5	4	4.5	5	5.5	6
c(max)	0.2	0.2	0.3	0.4	0.4	0.5	0.5	0.6	0.6	0.6	0.8	0.8	0.8	0.8	0.8	1.0	1.0	1.0	1.0
d_w(min)	2.4	3.1	4.1	4.6	5.9	6.9	8.9	11.6	14.6	16.6	22.5	27.7	33.3	42.8	51.1	60.0	69.5	78.7	88.2
e(min)	3.41	4.32	5.45	6.01	7.66	8.79	11.05	14.38	17.77	20.03	26.75	32.95	39.55	50.85	60.79	71.3	82.6	93.56	104.86
m max	1.3	1.6	2	2.4	3.2	4.7	5.2	6.8	8.4	10.8	14.8	18	21.5	25.6	31	34	38	45	51
m min	1.05	1.35	1.75	2.15	2.9	4.4	4.9	6.44	8.04	10.37	14.1	16.9	20.2	24.3	29.4	32.4	36.4	43.4	49.1
s max	3.2	4.0	5.0	5.5	7.0	8.0	10.0	13.0	16.0	18.0	24.0	30.0	36.0	46.0	55.0	65.0	75.0	85.0	95.0
s min	3.02	3.82	4.82	5.32	6.78	7.78	9.78	12.73	15.73	17.73	23.67	29.16	35	45	53.8	63.1	73.1	82.8	92.8

技术条件		钢	不锈钢	有色金属
材料		钢	不锈钢	有色金属
机械性能		D<M3:按协议 M3≤D≤M39:6、8、10 D>M39:按协议	D≤M24:A2-70、A4-70 M24<D≤M39:A2-50、A4-50 D>M39:按协议	CU2、CU3、AL4
表面处理		不经处理	简单处理	简单处理
螺纹公差		6H		
产品等级		D≤16mm:A;D>16mm:B		

注:① 表中未列入非优选螺纹规格是 M3.5×0.6、M14×2、M18×2.5、M22×2.5、M27×3、M33×3.5、M39×4、M45×4.5、M52×5、M60×5.5。
②用有色金属制造的螺母,其机械性能详见 GB/T 3098.10—1993。

表 10 - 14 圆螺母(GB/T 812—1988) (mm)

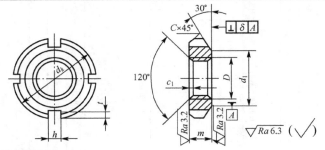

$D \leqslant M100 \times 2$，槽数 $n=4$
$D \geqslant M105 \times 2$，槽数 $n=6$

标记示例：

螺纹规格 $D \times P = M16 \times 1.5$，材料为 45 钢、槽或全部热处理后，硬度为 $35 \sim 45HRC$，表面氧化的圆螺母：

螺母 GB/T 812—1988 M16×1.5

螺纹规格 $D \times P$	d_k	d_1	m	h_{min}	t_{min}	C	c_1	螺纹规格 $D \times P$	d_k	d_1	m	h_{min}	t_{min}	C	c_1
M10×1	22	16						M35×1.5*	52	43				1	
M12×1.25	25	19	4		2			M36×1.5	55	46					
M14×1.5	28	20						M39×1.5	58	49					
M16×1.5	30	22	8			0.5		M40×1.5*	58	49	10	6	3		
M18×1.5	32	24						M42×1.5	62	53					0.5
M20×1.5	35	27						M45×1.5	68	59					
M22×1.5	38	30					0.5	M48×1.5	72	61					
M24×1.5	42	34		5	2.5			M50×1.5*	72	61				1.5	
M25×1.5	42	34						M52×1.5	78	67					
M27×1.5	45	37	10			1		M55×2*	78	67	12	8	3.5		
M30×1.5	48	40						M56×2	85	74					
M33×1.5	52	43		6	3			M60×2	90	79					1

* 仅用于滚动轴承锁紧装置。

表 10 - 15 标准型弹簧垫圈(GB/T 93—1987) (mm)

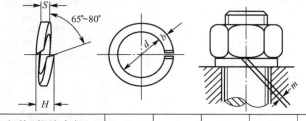

标记示例：

规格为 16mm，材料为 65Mn，表面氧化的标准型弹簧垫圈：

垫圈 GB/T 93—1987 16

规格(螺纹大径)		5	6	8	10	12	(14)	16	(18)	20
d	min	5.1	6.1	8.1	10.2	12.2	14.2	16.2	18.2	20.2
	max	5.4	6.68	8.68	10.9	12.9	14.9	16.9	19.04	21.04

（续）

规格(螺纹大径)		5	6	8	10	12	(14)	16	(18)	20
$S(b)$	公称	1.3	1.6	2.1	2.6	3.1	3.6	4.1	4.5	5
	min	1.2	1.5	2	2.45	2.95	3.4	3.9	4.3	4.8
	max	1.4	1.7	2.2	2.75	3.25	3.8	4.3	4.7	5.2
H	min	2.6	3.2	4.2	5.2	6.2	7.2	8.2	9	10
	max	3.25	4	5.25	6.5	7.75	9	10.25	11.25	12.5
$m \leqslant$		0.65	0.8	1.05	1.3	1.55	1.8	2.05	2.25	2.5

注：① 括号内的尺寸尽可能不采用。

②　材料：65Mn，60Si2Mn，淬火并回火、硬度为 42～50HRC。

表 10-16　圆螺母用止动垫圈(GB/T 858—1988)　　　(mm)

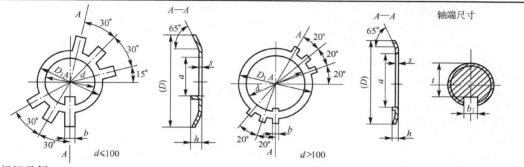

标记示例：

规格为 16mm，材料为 Q235-A，经退火、表面氧化的圆螺母用止动垫圈：

垫圈 GB/T 858—1988　16

规格(螺纹直径)	d	(D)	D_1	s	b	a	h	轴端 b_1	轴端 t
10	10.5	25	16	1	3.8	8	3	4	7
12	12.5	28	19	1	3.8	9	3	4	8
14	14.5	32	20	1	3.8	11	3	4	10
16	16.5	34	22	1	3.8	13	3	4	12
18	18.5	35	24	1	3.8	15	3	4	14
20	20.5	38	27	1	4.8	17	4	5	16
22	22.5	42	30	1	4.8	19	4	5	18
24	24.5	45	34	1	4.8	21	4	5	20
25*	25.5	45	34	1	4.8	22	4	5	—
27	27.5	48	37	1	4.8	24	5	5	23
30	30.5	52	40	1	4.8	27	5	5	26
33	33.5	56	43	1.5	5.7	30	5	6	29
35*	35.5	56	43	1.5	5.7	32	5	6	—
36	36.5	60	46	1.5	5.7	33	5	6	32
39	39.5	62	49	1.5	5.7	36	5	6	35
40*	40.5	62	49	1.5	5.7	37	5	6	—
42	42.5	66	53	1.5	5.7	39	6	6	38
45	45.5	72	59	1.5	5.7	42	6	6	41
48	48.5	76	61	1.5	5.7	45	6	6	44
50*	50.5	76	61	1.5	5.7	47	6	6	—
52	52.5	82	67	1.5	7.7	49	6	8	48
55*	56	82	67	1.5	7.7	52	6	8	—
56	57	90	74	1.5	7.7	53	6	8	52
60	61	94	79	1.5	7.7	57	6	8	56

*　仅用于滚动轴承锁紧装置。

表 10-17　螺钉紧固轴端挡圈(GB/T 891—1986)和螺栓紧固

轴端挡圈(GB/T 892—1986)　　　　　　　　　　　（mm）

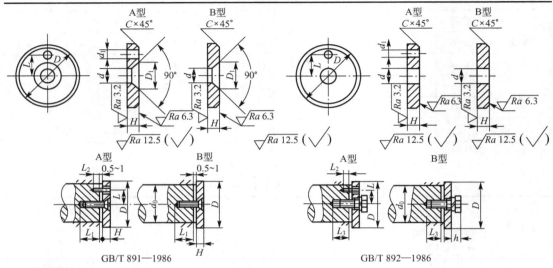

GB/T 891—1986　　　　　　　　　　　　GB/T 892—1986

标记示例:

公称直径 D＝45mm，材料为 Q235A，不经表面处理的 A 型螺栓紧固轴端挡圈:

挡圈　GB/T 892—1986　45

按 B 型制造时，应加标记 B:

挡圈　GB/T 892—1986　B45

轴径 $d_0 \leqslant$	公称直径 D	H 基本尺寸	H 极限偏差	L 基本尺寸	L 极限偏差	d	d_1	D_1	C	螺栓 GB/T 5781—2000(推荐)	螺钉 GB/T 819.1—2016(推荐)	圆柱销 GB/T 119—2000(推荐)	垫圈 GB 93—1987(推荐)	L_1	L_2	L_3	h
20	28	4		7.5		5.5	2.1	11	0.5	M5×16	M5×12	A2×10	5	14	6	16	5.1
22	30	4		7.5													
25	32	5		10	±0.11												
28	35	5		10													
30	38	5		10		6.6	3.2	13	1	M6×20	M6×16	A3×12	6	18	7	20	6
32	40	5		12													
35	45	5	0 −0.30	12													
40	50	5		12	±0.135												
45	55	6		16													
50	60	6		16													
55	65	6		16		9	4.2	17	1.5	M8×25	M8×20	A4×14	8	22	8	24	8
60	70	6		20													
65	75	6		20	±0.165												
70	80	6		20													
75	90	8	0 −0.36	25		13	5.2	25	2	M12×30	M12×25	A5×16	12	26	10	28	11.5
85	100	8		25													

注：① 当挡圈安装在带螺纹孔的轴端时，紧固用螺栓允许加长。

　　② GB/T 891—1986 的标记同 GB/T 892—1986。

　　③ 材料为 Q235A、35 和 45。

表 10－18　孔用弹性挡圈—A 型(GB/T 893.1—1986)　　　　　　　(mm)

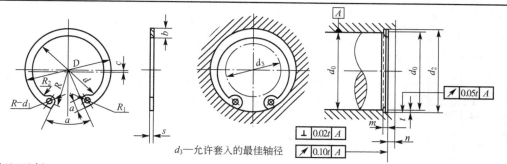

d_3—允许套入的最佳轴径

标记示例:

孔径 $d_0=50$mm、材料 65Mn、热处理硬度 44～51HRC、经表面氧化处理的 A 型孔用弹性挡圈:

挡圈 GB/T 893.1—1986　50

孔径 d_0	挡 圈											沟槽(推荐)				m ≥ 4.5	轴 d_3 ≤
	D	d	a_{max}	R	s	$b\approx$	c	d_1	R_1	R_2	a	d_2 基本尺寸	d_2 极限偏差	m 基本尺寸	m 极限偏差		
50	54.2	47.5		23.3								53					36
52	56.2	49.5		24.3		4.7	1.2				45°	55					38
55	59.2	52.2		25.8								58					40
56	60.2	52.4	7.5	26.3	2			3	1.5			59		2.2			41
58	62.2	54.4		27.3								61					43
60	64.2	56.4		28.3								63					44
62	66.2	58.4		29.3		5.2	1.3					65	+0.30 0			4.5	45
63	67.2	59.4		29.8								66					46
65	69.2	61.4	8.75	30.4								68					48
68	72.5	63.9		32							36°	71					50
70	74.5	65.9	8.8	33		5.7	1.4					73					53
72	76.5	67.9		34				3				75		0.14 0			55
75	79.5	70.1	9	35.3		6.3	1.6					78					56
78	82.5	73.1	9.4	36.5					4	2		81					60
80	85.5	75.3		37.7								83.5					63
82	87.5	77.3		38.7	2.5	6.8	1.7					85.5		2.7			65
85	90.5	80.3		40.2								88.5					68
88	93.5	82.6	9.7	41.7								91.5	+0.35 0				70
90	95.5	84.5		42.7		7.3	1.8					93.5				5.3	72
92	97.5	86		43.7							30°	95.5					73
95	100.5	88.9		45.2								98.5					75
98	103.5	92	10.7	46.7		7.7	1.9		5	2.5		101.5					78
100	105.5	93.9		47.7								103.5					80

（续）

孔径 d_0	挡 圈											沟槽（推荐）				m $\geq$ 4.5	轴 d_3 $\leq$
	D	d	a_{max}	R	s	$b\approx$	c	d_1	R_1	R_2	a	d_2		m			
												基本尺寸	极限偏差	基本尺寸	极限偏差		
102	108	95.9	10.75	48.9	3	8.1	2	4	5	2.5	30°	106	+0.54 0	3.2	+0.18 0	6	82
105	112	99.6		50.4								109					83
108	115	101.8	11.25	51.9		8.8	2.2					112					86
110	117	103.8		52.9								114					88
112	119	105.1		53.9								116					89
115	122	108	11.35	55.5		9.3	2.3					119					90
120	127	113		57.8								124					95
125	132	117		60.3		10	2.5					129					100
130	137	121	11.45	62.8								134	+0.63 0				105
135	142	126		65.3		10.7	2.7					139					110
140	147	131		67.8								144					115
145	152	135.7	12.45	70.3		10.9	2.75		6	3		149					118
150	158	141.2	12.95	72.8			2.8					155					121

注：① 材料：65Mn、60Si2MnA。

② 热处理（淬火并回火）：$d_0 \leq 48$mm，硬度为47~54HRC；$d_0 > 48$mm，硬度为44~51HRC。

表 10-19　轴用弹性挡圈—A 型（GB/T 894.1—1986） （mm）

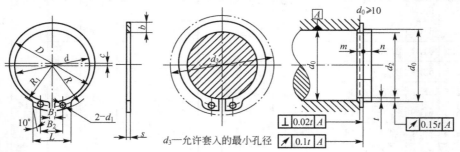

d_3—允许套入的最小孔径

标记示例：

轴径 $d_0=50$mm，材料65Mn、热处理44~51HRC、经表面氧化的 A 型轴用弹性挡圈：

挡圈 GB/T 894.1—1986　50

轴径 d_0	挡 圈											沟槽（推荐）				n $\geq$	孔 d_3 $\leq$
	d	s	$b\approx$	d_1	D	R	R_1	B_1	B_2	L	c	d_2		m			
	基本尺寸	基本尺寸									基本尺寸	基本尺寸	极限偏差	基本尺寸	极限偏差		
20	18.5	1	2.68	2	22.5	13.3	11.2	2.5	8.5	14.5	0.67	19	0 -0.13	1.1	+0.14 0	1.5	29
21	19.5				23.5	13.9	11.8					20					31
22	20.5				24.5	14.5	12.4					21					32

（续）

轴径 d_0	挡圈 d 基本尺寸	s 基本尺寸	$b\approx$	d_1	D	R	R_1	B_1	B_2	L	c 基本尺寸	沟槽(推荐) d_2 基本尺寸	d_2 极限偏差	m 基本尺寸	m 极限偏差	n ≥	孔 d_3 ≤
24	22.2				27.2	15.5	13.3					22.9					34
25	23.2		3.32		28.2	16	13.8	2.5	8.5	14.5	0.83	23.9				1.7	35
26	24.2			2	29.2	16.6	14.4					24.9					36
28	25.9	1.2	3.6		31.3	17.7	15.3				0.9	26.6	0 −0.21	1.3			38.4
29	26.9		3.72		32.5	18.3	15.9				0.93	27.6				2.1	39.8
30	27.9				33.5	18.9	16.5					28.6					42
32	29.6		3.92		35.5	20	17.4				0.98	30.3				2.6	44
34	31.5		4.32		38	21.2	18.5				1.08	32.3					46
35	32.2			2.5	39	21.7	18.9					33					48
36	33.2		4.52		40	22.2	19.4	3	11	19	1.13	34				3	49
37	34.2				41	22.7	19.9					35					50
38	35.2	1.5			42.7	23.4	20.5					36	0 −0.25	1.7			51
40	36.5		5.0		44	24.3	21.3					37.5					53
42	38.5				46	25.8	22.5				1.25	39.5				3.8	56
45	41.5				49	27.5	21.4					42.5					59.4
48	44.5				52	29.5	25.7					45.5			+0.14 0		62.8
50	45.8				54	29.8	26.4					47					64.8
52	47.8	2	5.48		56	30.9	27.4				1.37	49					67
55	50.8				59	32.6	29					52		2.2			70.4
56	51.8				61	33.2	29.6					53					71.7
58	53.8			3	63	34.2	30.6					55					73.6
60	55.8		6.12		65	35.3	31.6					57					75.8
62	57.8				67	36.4	32.7				1.53	69					79
63	58.8				68	37	33.2	4	12	20		60	0 −0.30			4.5	79.6
65	60.8				70	38.2	34.3					62					81.6
68	63.5				73	39.8	35.8					65					85
70	65.5	2.5			75	41.4	37.3					67					87.2
72	67.5		6.32		77	41.95	37.9				1.58	69		2.7			89.4
75	70.5				80	43.7	39.5					72					92.8
78	73.5				83	45.4	41.1					75					96.2
80	74.5		7.0		85	45.9	41.6					76.5					98.2

注：① 材料：65Mn、60Si2MnA。

② 热处理 $d_0 \leqslant 48$mm，硬度为 47～54HRC；$d_0 > 48$mm，硬度为 44～51HRC。

表 10-20　螺纹收尾、肩距、退刀槽、倒角（GB/T 3—1997）

(mm)

普通螺纹

| 螺距 P | 粗牙螺纹大径 d | 外螺纹 螺纹收尾 l(不大于) | | 肩距 a(不大于) | | | 退刀槽 | | | | 倒角 C | 内螺纹 螺纹收尾 l₁(不大于) | | 肩距 a₁(不小于) | | 退刀槽 b₁ | | r₁ | d₄ |
		一般	短的	一般	长的	短的	g_2 max	g_1 min	r	d_3		短的	一般	一般	长的	一般	窄的		
0.75	4.5	1.9	1	2.25	3	1.5	2.25	1.2	0.4	$d-1.2$	0.6	0.5	3	3.8	6	3	1.5	0.4	$d+0.3$
0.8	5	2	1	2.4	3.2	1.6	2.4	1.3	0.4	$d-1.3$	0.8	1.6	3.2	4	6.4	3.2	1.6	0.4	$d+0.3$
1	6, 7	2.5	1.25	3	4	2	3	1.6	0.6	$d-1.6$	1	2	4	5	9	4	2	0.5	$d+0.3$
1.25	8	3.2	1.6	4	5	2.5	3.75	2	0.6	$d-2$	1.2	2.5	5	6	10	5	2.5	0.6	$d+0.3$
1.5	10	3.8	1.9	4.5	6	3	4.5	2.5	0.8	$d-2.3$	1.5	3	6	7	12	6	3	0.8	$d+0.3$
1.75	12	4.3	2.2	5.3	7	3.5	5.25	3	1	$d-2.6$	2	3.5	7	9	14	7	3.5	0.9	$d+0.3$
2	14, 16	5	2.5	6	8	4	6	3.4	1	$d-3$	2	4	8	10	16	8	4	1	$d+0.3$
2.5	18, 20, 22	6.3	3.2	7.5	10	5	7.5	4.4	1.2	$d-3.6$	2.5	5	10	12	18	10	5	1.2	$d+0.5$
3	24, 27	7.5	3.8	9	12	6	9	5.2	1.6	$d-4.4$	2.5	6	12	14	22	12	6	1.5	$d+0.5$

（续）

普通螺纹

螺距 P	粗牙螺纹大径 d	外螺纹 螺纹收尾 l（不大于）一般	l 短的	肩距 a（不大于）长的	a 一般	a 短的	退刀槽 g_2 max	退刀槽 g_1 min	退刀槽 r	退刀槽 d_3	倒角 C	内螺纹 螺纹收尾 l_1（不大于）短的	l_1 一般	肩距 a_1（不小于）一般	a_1 长的	退刀槽 b_1 一般	窄的	r_1	d_4
3.5	30、33	9	4.5	14	10.5	7	10.5	6.2	1.6	$d-4.4$	3	7	14	16	24	14	7	1.8	$d+0.5$
4	36、39	10	5	16	12	8	12	7	2	$d-5.7$	3	8	16	18	26	16	8	2	$d+0.5$
4.5	42、45	11	5.5	18	13.5	9	13.5	8	2.5	$d-6.4$	4	9	18	21	29	18	9	2.2	$d+0.5$
5	48、52	12.5	6.3	20	15	10	15	9	2.5	$d-7$	4	10	20	23	32	20	10	2.5	$d+0.5$
5.5	56、60	14	7	22	16.5	11	17.5	11	3.2	$d-7.7$	5	11	22	25	35	22	11	2.8	$d+0.5$

单线梯形外螺纹与内螺纹

P	$b=b_1$	d_3	d_4	$r=r_1$	$C=C_1$
2	2.5	$d-3$	$d+1$	1	1.5
3	4	$d-4$	$d+1$	1	2
4	5	$d-5.1$	$d+1.1$	1.5	2.5
5	6.5	$d-6.6$	$d+1.1$	1.5	3
6	7.5	$d-7.8$	$d+1.6$	2	3.5
8	10	$d-9.8$	$d+1.6$	2	4.5
10	12.5	$d-12$	$d+1.8$	2.5	5.5
12	15	$d-14$	$d+2$	3	6.35
16	20	$d-19.2$	$d+3.2$	4	9
20	24	$d-23.5$	$d+3.5$	5	11

注：① 优先选用 "一般" 长度的收尾和肩距；容屑需要较大空间时，用 "长" 肩距，结构限制时，用 "短" 收尾。
② "短" 退刀槽用于结构受限制时。

表 10-21　粗牙螺栓、螺钉的拧入深度、攻螺纹深度和钻孔深度　　　　（mm）

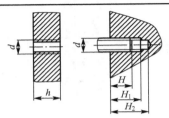

公称直径 d	钢和青铜				铸铁				铝			
	通孔	盲孔			通孔	盲孔			通孔	盲孔		
	拧入深度 h	拧入深度 H	攻螺纹深度 H_1	钻孔深度 H_2	拧入深度 h	拧入深度 H	攻螺纹深度 H_1	钻孔深度 H_2	拧入深度 h	拧入深度 H	攻螺纹深度 H_1	钻孔深度 H_2
3	4	3	4	7	6	5	6	9	8	6	7	10
4	5.5	4	5.5	9	8	6	7.5	11	10	8	10	14
5	7	5	7	11	10	8	10	14	12	10	12	16
6	8	6	8	13	12	10	12	17	15	12	15	20
8	10	8	10	16	15	12	14	20	20	16	18	24
10	12	10	13	20	18	15	18	25	24	20	23	30
12	15	12	15	24	22	18	21	30	28	24	27	36
16	20	16	20	30	28	24	28	33	36	32	36	46
20	25	20	24	36	35	30	35	47	45	40	45	57
24	30	24	30	44	42	35	42	55	55	48	54	68
30	36	30	36	52	50	45	52	68	70	60	67	84
36	45	36	44	62	65	55	64	82	80	72	80	98
42	50	42	50	72	75	65	74	95	95	85	94	115
48	60	48	58	82	85	75	85	108	105	95	105	128

表 10-22　紧固件通孔及沉孔尺寸（GB/T 152.2~4—1988）　　　　（mm）

六角头螺栓和六角头螺母用沉孔尺寸

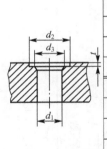

螺纹规格	M1.6	M2	M2.5	M3	M4	M5	M6	M8	M10	M12	M14	M16	M18	M20
d_2 (H15)	5	6	8	9	10	11	13	18	22	26	30	33	36	40
d_3	—	—	—	—	—	—	—	—	—	16	18	20	22	24
d_1 (H13)	1.8	2.4	2.9	3.4	4.5	5.5	6.6	9.0	11.0	13.5	15.5	17.5	20.0	22.0
螺纹规格	M22	M24	M27	M30	M33	M36	M39	M42	M45	M48	M52	M56	M60	M64
d_2 (H15)	43	48	53	61	66	71	76	82	89	98	107	112	118	125
d_3	26	28	33	36	39	42	45	48	51	56	60	68	72	76
d_1 (H13)	24	26	30	33	36	39	42	45	48	52	56	62	66	70

内六角圆柱头螺钉用沉孔尺寸

螺纹规格	M1.6	M2	M2.5	M3	M4	M5	M6	M8
d_2 (H13)	3.3	4.3	5.0	6.0	8.0	10.0	11.0	15.0
t (H13)	1.8	2.3	2.9	3.4	4.6	5.7	6.8	9.0
d_3	—	—	—	—	—	—	—	—
d_1 (H13)	1.8	2.4	2.9	3.4	4.5	5.5	6.6	9.0

（续）

内六角圆柱头螺钉用沉孔尺寸									
螺纹规格	M10	M12	M14	M16	M20	M24	M30	M36
d_2（H13）	18.0	20.0	24.0	26.0	33.0	40.0	48.0	57.0
t（H13）	11.0	13.0	15.0	17.5	21.5	25.5	32.0	38.0
d_3	—	16	18	20	24	28	36	42
d_1（H13）	11.0	13.5	15.5	17.5	22.0	26.0	33.0	39.0

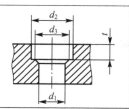

沉头螺钉、半沉头螺钉沉孔尺寸															
螺纹规格	M1.6	M2	M2.5	M3	M3.5	M4	M5	M6	M8	M10	M12	M14	M16	M20
d_2（H13）	3.7	4.5	5.6	6.4	8.4	9.6	10.6	12.8	17.6	20.3	24.4	28.4	32.4	40.4
$t\approx$	1	1.2	1.5	1.6	2.4	2.7	2.7	3.3	4.6	5.0	6.0	7.0	8.0	10.0
d_1（H13）	1.8	2.4	2.9	3.4	3.9	4.5	5.5	6.6	9	11	13.5	15.5	17.5	22
α	$90°^{-2°}_{-4°}$													

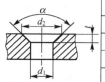

10.2　键　连　接

表 10 - 23　普通平键连接（GB/T 1095—2003、GB/T 1096—2003）　　　　（mm）

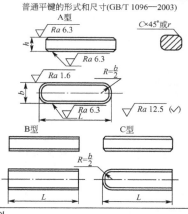

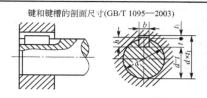

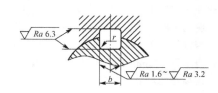

标记示例：
圆头普通平键（A 型），$b=10$mm，$h=8$mm，$L=25$mm：
键　10×25　GB/T 1096—2003
对于同一尺寸的平头普通平键（B 型）或单圆头普通平键（C 型）：
键　B10×25　GB/T 1096—2003
键　C10×25　GB/T 1096—2003

轴径 d	键的公称尺寸				每 100mm 质量/kg	键槽尺寸						
	b（h8）	h（h8）（h11）	C 或 r	L（h14）		轴槽深 t		毂槽深 t_1		b	圆角半径 r	
						基本尺寸	公差	基本尺寸	公差		min	max
6（不包含）～8	2	2	0.16～0.25	6～20	0.003	1.2	+0.10	1	+0.10	公称尺寸同键，公差见表 10-24	0.08	0.16
8（不包含）～10	3	3		6～36	0.007	1.8		1.4				
10（不包含）～12	4	4		8～45	0.013	2.5		1.8				

（续）

轴径 d	键的公称尺寸 b(h8)	键的公称尺寸 h(h8)(h11)	C 或 r	L(h14)	每100mm 质量/kg	轴槽深 t 基本尺寸	轴槽深 t 公差	毂槽深 t₁ 基本尺寸	毂槽深 t₁ 公差	b	圆角半径 r min	圆角半径 r max
12(不包含)～17	5	5	0.25～0.4	10～56	0.02	3.0	+0.1 / 0	2.3	+0.1 / 0		0.16	0.25
17(不包含)～22	6	6		14～70	0.028	3.5		2.8				
22(不包含)～30	8	7		18～90	0.044	4.0		3.3				
30(不包含)～38	10	8	0.4～0.6	22～110	0.063	5.0	+0.2 / 0	3.3	+0.2 / 0	公称尺寸同键，公差见表 10－24	0.25	0.4
38(不包含)～44	12	8		28～140	0.075	5.0		3.3				
44(不包含)～50	14	9		36～160	0.099	5.5		3.8				
50(不包含)～58	16	10		45～180	0.126	6.0		4.3				
58(不包含)～65	18	11		50～200	0.155	7.0		4.4				
65(不包含)～75	20	12	0.6～0.8	56～220	0.188	7.5		4.9			0.4	0.6
75(不包含)～85	22	14		63～250	0.242	9.0		5.4				
85(不包含)～95	25	14		70～280	0.275	9.0		5.4				
95(不包含)～110	28	16		80～320	0.352	10.0		6.4				
110(不包含)～130	32	18		90～360	0.452	11		7.4				
130(不包含)～150	36	20	1～1.2	100～400	0.565	12		8.4			0.7	1.0
150(不包含)～170	40	22		100～400	0.691	13		9.4				
170(不包含)～200	45	25		110～450	0.883	15		10.4				
200(不包含)～230	50	28		125～500	1.1	17		11.4				
230(不包含)～260	56	32	1.6～2.0	140～500	1.407	20	+0.3 / 0	12.4	+0.3 / 0		1.2	1.6
260(不包含)～290	63	32		160～500	1.583	20		12.4				
290(不包含)～330	70	36		180～500	1.978	22		14.4				
330(不包含)～380	80	40	2.5～3	200～500	2.512	25		15.4			2	2.5
380(不包含)～440	90	45		220～500	3.179	28		17.4				
440(不包含)～500	100	50		250～500	3.925	31		19.5				

L 系列	6, 8, 10, 12, 14, 16, 18, 20, 22, 25, 28, 32, 36, 40, 45, 50, 56, 63, 70, 80, 90, 100, 110, 125, 140, 160, 180, 200, 220, 250, 280, 320, 360, 400, 450, 500

注：① 在工作图中，轴槽深用 $d-t$ 或 t 标注，毂槽深用 $d+t_1$ 标注。$(d-t)$ 和 $(d+t_1)$ 尺寸偏差按相应的 t 和 t_1 的偏差选取，但 $(d-t)$ 偏差负号（－）。

② 当键长大于 500mm 时，其长度应按 GB/T 321—1980 优先数和优先数系的 R20 系列选取。

③ 表中每 100mm 长的质量是指 B 型键。

④ 键高偏差对 B 型键应为 h9。

表 10-24　键和键槽尺寸公差带　　　　　　　　　　　　（μm）

键的公称尺寸/mm	键的公差带 b h9	键的公差带 h h11	键的公差带 L h14	键的公差带 d₁ h12	槽宽 b 较松连接 轴 H9	槽宽 b 较松连接 毂 D10	槽宽 b 一般连接 轴 N9	槽宽 b 一般连接 毂 J9	槽宽 b 较紧连接 轴与毂 P9	槽长 L H14
≤3	0 / −25	2 / −60 (0 / −25)		0 / −100	+25 / 0	+60 / +20	−4 / −29	±12.5	−6 / −31	+250 / 0
3(不包含)～6	0 / −30	0 / −75 (0 / −30)		0 / −120	+30 / 0	+78 / +30	0 / −30	±15	−12 / −42	+300 / 0
6(不包含)～10	0 / −36	0 / −90	0 / −360	0 / −150	+36 / 0	+98 / +40	0 / −36	±18	−15 / −51	+360 / 0

（续）

键的公称尺寸/mm	键的公差带				键槽尺寸公差带					
	b	h	L	d_1	槽宽 b					槽长 L
					较松连接		一般连接		较紧连接	
	h9	h11	h14	h12	轴 H9	毂 D10	轴 N9	毂 J9	轴与毂 P9	H14
10（不包含）～18	0 −43	0 −110	0 −430	0 −180	+43 0	+120 +50	0 −43	±21	−18 −61	+430 0
18（不包含）～30	0 −52	0 −130	0 −520	0 −210	+52 0	+149 +65	0 −52	±26	−22 −74	+52 0
30（不包含）～50	0 −62	0 −160	0 −620	0 −250	+62 0	+180 +80	0 −62	±31	−26 −88	+620 0
50（不包含）～80	0 −74	0 −190	0 −740	0 −300	+74 0	+220 +100	0 −74	±37	−32 −106	+740 0
80（不包含）～120	0 −87	0 −220	0 −870	0 −350	+87 0	+260 +120	0 −87	±43	−37 −124	+870 0
120（不包含）～180	0 −100	0 −250	0 −1000	0 −400	+100 0	+305 +145	0 −100	±50	−43 −143	+1000 0
180（不包含）～250	0 115	0 −290	0 −1150	0 −460	+115 0	+355 +170	0 −115	±57	−50 −165	+1150 0

注：① 括号内值是 h9 值，适用于 B 型普通平键。

　　② 半圆键无较松连接形式。

　　③ 楔键槽宽轴和毂都取 D10。

10.3　销　连　接

表 10 - 25　　圆柱销（GB/T 119.1～2—2000）　　　　　　（mm）

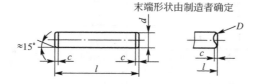

末端形状由制造者确定

允许倒圆或凹穴

标记示例：

公称直径 d＝8mm、公差为 m6、公称长度 l＝30mm、材料为钢、不经淬火、不经表面处理的圆柱销：

销 GB/T 119.1　8m6×30

尺寸公差同上，材料为钢、普通淬火（A 型）、表面氧化处理的圆柱销：

销 GB/T 119.2　8×30

尺寸公差同上，材料为 C1 组马氏体不锈钢、表面氧化处理的圆柱销：

销 GB/T 119.2　6×30 - C1

GB/T 119.1	d	0.6	0.8	1	1.2	1.5	2	2.5	3	4	5	6	8	10	12	16	20	25	30	40	50
	c	0.12	0.16	0.2	0.25	0.3	0.35	0.4	0.5	0.63	0.8	1.2	1.6	2	2.5	3	3.5	4	5	6.3	8

（续）

GB/T 119.1	l	2～6	2～8	4～10	4～12	4～16	6～20	6～24	8～30	8～40	10～50	12～60	14～80	18～95	22～140	26～180	35～200	50～200	60～200	80～200	95～200
	① 钢硬度 125～245HV$_{30}$，奥氏体不锈钢 A1 硬度 210～280HV$_{30}$ ② 表面结构的粗糙度公差 m6，$Ra\leqslant0.8\mu m$；公差 h8，$Ra\leqslant1.6\mu m$																				

GB/T 119.2	d	1	1.5	2	2.5	3	4	5	6	8	10	12	16	20
	c	0.2	0.3	0.35	0.4	0.5	0.63	0.8	1.2	1.6	2	2.5	3	3.5
	l	3～10	4～16	5～20	6～24	8～30	10～40	12～50	14～60	18～80	22～100	26～100	40～100	50～100
	① 钢 A 型、普通淬火，硬度 550～650HV$_{30}$，B 型表面淬火，表面硬度 600～700HV$_1$，渗碳深度 0.25～0.4mm，550HV$_1$。马氏体不锈钢 C1，淬火并回火，硬度 460～560HV$_{30}$ ② 表面结构的粗糙度 $Ra\leqslant0.8\mu m$													

注：l 系列（公称尺寸，单位 mm）：2，3，4，5，6，8，10，12，14，16，18，20，22，24，26，28，30，32，35，40，45，50，55，60，65，70，75，80，85，90，100，公称尺寸大于 100mm，按 20mm 递增。

表 10-26　圆锥销（GB/T 117—2000）　　　　　　　　（mm）

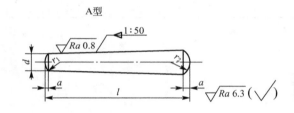

A 型

$$r_1\approx d$$
$$r_2\approx\frac{a}{2}+d+\frac{(0.021)^2}{8a}$$

标记示例：

公称直径 $d=10$mm，长度 $l=60$mm，材料 35 钢，热处理硬度 28～38HRC，表面氧化处理的 A 型圆锥销：

销 GB/T 117　10×60

d（公称）h10	0.6	0.8	1	1.2	1.5	2	2.5	3	4	5
$a\approx$	0.08	0.1	0.12	0.16	0.2	0.25	0.3	0.4	0.5	0.63
l（商品规格范围）	4～8	5～12	6～16	6～20	8～24	10～35	10～35	12～45	14～55	18～60
d（公称）h10	6	8	10	12	16	20	25	30	40	50
$a\approx$	0.8	1	1.2	1.6	2	2.5	3	4	5	6.3
l（商品规格范围）	22～90	22～120	26～160	32～180	40～200	45～200	50～200	55～200	60～200	65～200

① A 型（磨削）：锥面表面结构中的粗糙度 $Ra=0.8\mu m$
　B 型（切削或冷镦）：锥面表面结构中的粗糙度 $Ra=3.2\mu m$
② 材料：易切钢（Y12、Y15），碳素钢［35，28～38HRC，45，38～46HRC］，合金钢［30CrMnSiA，35～41HRC］，不锈钢（1Cr13、2Cr13、Cr17Ni2、0Cr18Ni9Ti）

注：l 系列（公称尺寸，单位 mm）：2，3，4，5，6，8，10，12，14，16，18，20，22，24，26，28，30，32，35，40，45，50，55，60，65，70，75，80，85，90，100，公称尺寸大于 100mm，按 20mm 递增。

第 11 章　滚动轴承

表 11 - 1　深沟球轴承(GB/T 276—2013)

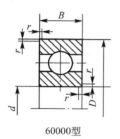

60000型

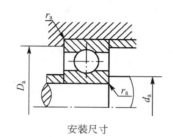

安装尺寸

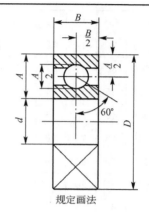

规定画法

标记示例：滚动轴承　6210　GB/T 276—2013

F_a/C_{0r}	e	Y	径向当量动载荷	径向当量静载荷
0.014	0.19	2.30		
0.028	0.22	1.99		$P_{0r}=F_r$
0.056	0.26	1.71		
0.084	0.28	1.55	当 $\dfrac{F_a}{F_r}\leqslant e$，$P_r=F_r$	
0.11	0.30	1.45		$P_{0r}=0.6F_r+0.5F_a$
0.17	0.34	1.31		
0.28	0.38	1.15	当 $\dfrac{F_a}{F_r}>e$，$P_r=0.56F_r+YF_a$	
0.42	0.42	1.04		取上列两式计算结果的较大值
0.56	0.44	1.00		

轴承代号	基本尺寸/mm				安装尺寸/mm			基本额定动载荷 C_r	基本额定静载荷 C_{0r}	极限转速/(r/mim)		原轴承代号
	d	D	B	r min	d_a min	D_a max	r_a max	kN		脂润滑	油润滑	
(1) 0 尺寸系列												
6000	10	26	8	0.3	12.4	23.6	0.3	4.58	1.98	20000	28000	100
6001	12	28	8	0.3	14.4	25.6	0.3	5.10	2.38	19000	26000	101
6002	15	32	9	0.3	17.4	29.6	0.3	5.58	2.85	18000	24000	102
6003	17	35	10	0.3	19.4	32.6	0.3	6.00	3.25	17000	22000	103

（续）

轴承代号	基本尺寸/mm				安装尺寸/mm			基本额定动载荷 C_r	基本额定静载荷 C_{0r}	极限转速/(r/mim)		原轴承代号
	d	D	B	r min	d_a min	D_a max	r_a max	kN		脂润滑	油润滑	
（1）0 尺寸系列												
6004	20	42	12	0.6	25	37	0.6	9.38	5.02	15000	19000	104
6005	25	47	12	0.6	30	42	0.6	10.0	5.85	13000	17000	105
6006	30	55	13	1	36	49	1	13.2	8.30	10000	14000	106
6007	35	62	14	1	41	56	1	16.2	10.5	9000	12000	107
6008	40	68	15	1	46	62	1	17.0	11.8	8500	11000	108
6009	45	75	16	1	51	69	1	21.0	14.8	8000	10000	109
6010	50	80	16	1	56	74	1	22.0	16.2	7000	9000	110
6011	55	90	18	1.1	62	83	1	30.2	21.8	6300	8000	111
6012	60	95	18	1.1	67	88	1	31.5	24.2	6000	7500	112
6013	65	100	18	1.1	72	93	1	32.0	24.2	5600	7000	113
6014	70	110	20	1.1	77	103	1	38.5	30.5	5300	6700	114
6015	75	115	20	1.1	82	108	1	40.2	33.2	5000	6300	115
6016	80	125	22	1.1	87	118	1	47.5	39.8	4800	6000	116
6017	85	130	22	1.1	92	123	1	50.8	42.8	4500	5600	117
6018	90	140	24	1.5	99	131	1.5	58.0	49.8	4300	5300	118
6019	95	145	24	1.5	104	136	1.5	59.8	50.0	4000	5000	119
6020	100	150	24	1.5	109	141	1.5	64.5	56.2	3800	4800	120
（0）2 尺寸系列												
6200	10	30	9	0.6	15	25	0.6	5.10	2.38	19000	26000	200
6201	12	32	10	0.6	17	27	0.6	6.82	3.05	18000	24000	201
6202	15	35	11	0.6	20	30	0.6	7.65	3.72	17000	22000	202
6203	17	40	12	0.6	22	35	0.6	9.58	4.78	16000	20000	203
6204	20	47	14	1	26	41	1	12.8	6.65	14000	18000	204
6205	25	52	15	1	31	46	1	14.0	7.88	12000	16000	205
6206	30	62	16	1	36	56	1	19.5	11.5	9500	13000	206
6207	35	72	17	1.1	42	65	1	25.5	15.2	8500	11000	207
6208	40	80	18	1.1	47	73	1	29.5	18.0	8000	10000	208
6209	45	85	19	1.1	52	78	1	31.5	20.5	7000	9000	209

（续）

轴承代号	基本尺寸/mm				安装尺寸/mm			基本额定动载荷 C_r	基本额定静载荷 C_{0r}	极限转速/(r/mim)		原轴承代号
	d	D	B	r min	d_a min	D_a max	r_a max	kN		脂润滑	油润滑	
（0）2 尺寸系列												
6210	50	90	20	1.1	57	83	1	35.0	23.2	6700	8500	210
6211	55	100	21	1.5	64	91	1.5	43.2	29.2	6000	7500	211
6212	60	110	22	1.5	69	101	1.5	47.8	32.8	5600	7000	212
6213	65	120	23	1.5	74	111	1.5	57.2	40.0	5000	6300	213
6214	70	125	24	1.5	79	116	1.5	60.8	45.0	4800	6000	214
6215	75	130	25	1.5	84	121	1.5	66.0	49.5	4500	5600	215
6216	80	140	26	2	90	130	2	71.5	54.2	4300	5300	216
6217	85	150	28	2	95	140	2	83.2	63.8	4000	5000	217
6218	90	160	30	2	100	150	2	95.8	71.5	3800	4800	218
6219	95	170	32	2.1	107	158	2.1	110	82.8	3600	4500	219
6220	100	180	34	2.1	112	168	2.1	122	92.8	3400	4300	220
（0）3 尺寸系列												
6300	10	35	11	0.6	15	30	0.6	7.65	3.48	18000	24000	300
6301	12	37	12	1	18	31	1	9.72	5.08	17000	22000	301
6302	15	42	13	1	21	36	1	11.5	5.42	16000	20000	302
6303	17	47	14	1	23	41	1	13.5	6.58	15000	19000	303
6304	20	52	15	1.1	27	45	1	15.8	7.88	13000	17000	304
6305	25	62	17	1.1	32	55	1	22.2	11.5	10000	14000	305
6306	30	72	19	1.1	37	65	1	27.0	15.2	9000	12000	306
6307	35	80	21	1.5	44	71	1.5	33.2	19.2	8000	10000	307
6308	40	90	23	1.5	49	81	1.5	40.8	24.0	7000	9000	308
6309	45	100	25	1.5	54	91	1.5	52.8	31.8	6300	8000	309
6310	50	110	27	2	60	100	2	61.8	38.0	6000	7500	310
6311	55	120	29	2	65	110	2	71.5	44.8	5300	6700	311
6312	60	130	31	2.1	72	118	2.1	81.8	51.8	5000	6300	312
6313	65	140	33	2.1	77	128	2.1	93.8	60.5	4500	5600	313
6314	70	150	35	2.1	82	138	2.1	105	68.0	4300	5300	314
6315	75	160	37	2.1	87	148	2.1	112	76.8	4000	5000	315

（续）

轴承代号	基本尺寸/mm				安装尺寸/mm			基本额定动载荷 C_r	基本额定静载荷 C_{0r}	极限转速/(r/mim)		原轴承代号
	d	D	B	r min	d_a min	D_a max	r_a max	kN		脂润滑	油润滑	
（0）3 尺寸系列												
6316	80	170	39	2.1	92	158	2.1	122	86.5	3800	4800	316
6317	85	180	41	3	99	166	2.5	132	96.5	3600	4500	317
6318	90	190	43	3	104	176	2.5	145	108	3400	4300	318
6319	95	200	45	3	109	186	2.5	155	122	3200	4000	319
6320	100	215	47	3	114	201	2.5	172	140	2800	3600	320
（0）4 尺寸系列												
6403	17	62	17	1.1	24	55	1	22.5	10.8	11000	15000	403
6404	20	72	19	1.1	27	65	1	31.0	15.2	9500	13000	404
6405	25	80	21	1.5	34	71	1.5	38.2	19.2	8500	11000	405
6406	30	90	23	1.5	39	81	1.5	47.5	24.5	8000	10000	406
6407	35	100	25	1.5	44	91	1.5	56.8	29.5	6700	8500	407
6408	40	110	27	2	50	100	2	65.5	37.5	6300	8000	408
6409	45	120	29	2	55	110	2	77.5	45.5	5600	7000	409
6410	50	130	31	2.1	62	118	2.1	92.2	55.2	5300	6700	410
6411	55	140	33	2.1	67	128	2.1	100	62.5	4800	6000	411
6412	60	150	35	2.1	72	138	2.1	108	70.0	4500	5600	412
6413	65	160	37	2.1	77	148	2.1	118	78.5	4300	5300	413
6414	70	180	42	3	84	166	2.5	140	99.5	3800	4800	414
6415	75	190	45	3	89	176	2.5	155	115	3600	4500	415
6416	80	200	48	3	94	186	2.5	162	125	3400	4300	416
6417	85	210	52	4	103	192	3	175	138	3200	4000	417
6418	90	225	54	4	108	207	3	192	158	2800	3600	418
6420	100	250	58	4	118	232	3	222	195	2400	3200	420

注：① 表中 C_r 值适用于轴承为真空脱气轴承钢材料。如为普通电炉钢，C_r 值降低；如为真空重熔或电渣重熔轴承钢，C_r 值提高。

② r_{min} 为 r 的单向最小倒角尺寸；r_{amax} 为 r_a 的单向最大倒角尺寸。

表 11-2　圆柱滚子轴承（GB/T 283—2007）

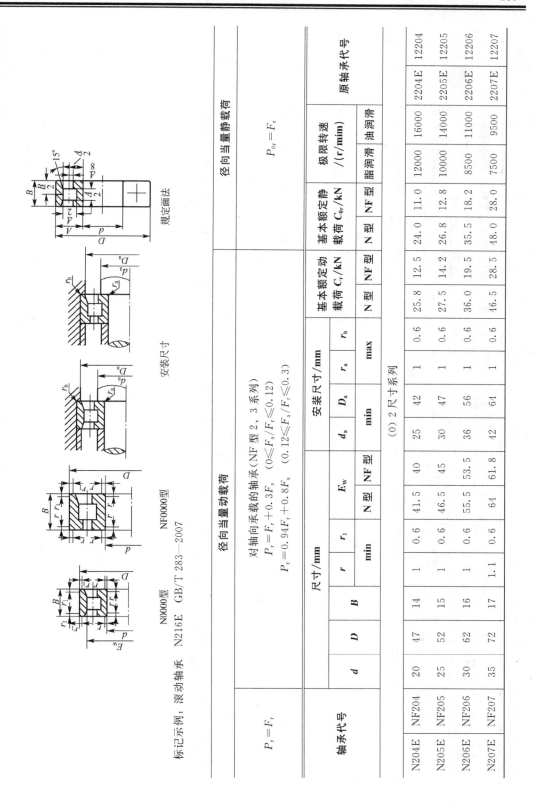

标记示例：滚动轴承　N216E　GB/T 283—2007

N0000型　　　NF0000型

规定画法　　　安装尺寸

径向当量动载荷

$$P_r = F_r$$

对轴向承载的轴承（NF 型 2、3 系列）

$$P_r = F_r + 0.3F_a \quad (0 \leqslant F_a/F_r \leqslant 0.12)$$

$$P_r = 0.94F_r + 0.8F_a \quad (0.12 < F_a/F_r \leqslant 0.3)$$

径向当量静载荷

$$P_{0r} = F_r$$

（0）2 尺寸系列

轴承代号		尺寸/mm					安装尺寸/mm						基本额定动载荷 C_r/kN		基本额定静载荷 C_{0r}/kN		极限转速 /(r/min)		原轴承代号	
		d	D	B	r min	r_1 min	E_w N型	E_w NF型	d_a min	D_a min	r_a max	r_b max	N型	NF型	N型	NF型	脂润滑	油润滑		
N204E	NF204	20	47	14	1	0.6	41.5	40	25	42	1	0.6	25.8	12.5	24.0	11.0	12000	16000	2204E	12204
N205E	NF205	25	52	15	1	0.6	46.5	45	30	47	1	0.6	27.5	14.2	26.8	12.8	10000	14000	2205E	12205
N206E	NF206	30	62	16	1	0.6	55.5	53.5	36	56	1	0.6	36.0	19.5	35.5	18.2	8500	11000	2206E	12206
N207E	NF207	35	72	17	1.1	0.6	64	61.8	42	64	1	0.6	46.5	28.5	48.0	28.0	7500	9500	2207E	12207

（续）

轴承代号		尺寸/mm					安装尺寸/mm						基本额定动载荷 C_r/kN		基本额定静载荷 C_{0r}/kN		极限转速 /(r/min)		原轴承代号	
					r min	r_1 min	E_w N型	E_w NF型	d_a min	D_a min	r_a max	r_b max	N型	NF型	N型	NF型	脂润滑	油润滑		
N型	NF型	d	D	B																

(0) 2 尺寸系列

N型	NF型	d	D	B	r min	r_1 min	E_w N型	E_w NF型	d_a min	D_a min	r_a max	r_b max	Cr N型	Cr NF型	C0r N型	C0r NF型	脂润滑	油润滑		
N208E	NF208	40	80	18	1.1	1.1	71.5	70	47	72	1	1	51.5	37.5	53.0	38.2	7000	9000	2208E	12208
N209E	NF209	45	85	19	1.1	1.1	76.5	75	52	77	1	1	58.5	39.8	63.8	41.0	6300	8000	2209E	12209
N210E	NF210	50	90	20	1.1	1.1	81.5	80.4	57	83	1	1	61.2	43.2	69.2	48.5	6000	7500	2210E	12210
N211E	NF211	55	100	21	1.5	1.5	90	88.5	64	91	1.5	1	80.2	52.8	95.5	60.2	5300	6700	2211E	12211
N212E	NF212	60	110	22	1.5	1.5	100	97	69	100	1.5	1	89.8	62.8	102	73.5	5000	6300	2212E	12212
N213E	NF213	65	120	23	1.5	1.5	108.5	105.5	74	108	1.5	1.5	102	73.2	118	87.5	4500	5600	2213E	12213
N214E	NF214	70	125	24	1.5	1.5	113.5	110.5	79	114	1.5	1.5	112	73.2	135	87.5	4300	5300	2214E	12214
N215E	NF215	75	130	25	1.5	1.5	118.5	118.3	84	120	1.5	1.5	125	89.0	155	110	4000	5000	2215E	12215
N216E	NF216	80	140	26	2	2	127.3	125	90	128	2	2	132	102	165	125	3800	4800	2216E	12216
N217E	NF217	85	150	28	2	2	136.5	135.5	95	137	2	2	158	115	192	145	3600	4500	2217E	12217
N218E	NF218	90	160	30	2	2	145	143	100	146	2	2	172	142	215	178	3400	4300	2218E	12218
N219E	NF219	95	170	32	2.1	2.1	154.5	151.5	107	155	2.1	2.1	208	152	262	190	3200	4000	2219E	12219
N220E	NF220	100	180	34	2.1	2.1	163	160	112	164	2.1	2.1	235	168	302	212	3000	3800	2220E	12220

(0) 3 尺寸系列

N型	NF型	d	D	B	r min	r_1 min	E_w N型	E_w NF型	d_a min	D_a min	r_a max	r_b max	Cr N型	Cr NF型	C0r N型	C0r NF型	脂润滑	油润滑		
N304E	NF304	20	52	15	1.1	0.6	45.5	44.5	26.5	47	1	0.6	29.0	18.0	25.5	15.0	11000	15000	2304E	12304
N305E	NF305	25	62	17	1.1	1.1	54	53	31.5	55	1	1	38.5	25.5	35.8	22.5	9000	12000	2305E	12305

（续）

轴承代号		尺寸/mm						安装尺寸/mm				基本额定动载荷 C_r/kN		基本额定静载荷 C_{0r}/kN		极限转速 /(r/min)		原轴承代号
		d	D	B	r min	r_1 min	E_W N型 / NF型	d_a min	D_a min	r_a max	r_b max	N型	NF型	N型	NF型	脂润滑	油润滑	

(0) 3 尺寸系列

N306E	NF306	30	72	19	1.1	1.1	62.5 / 62	37	64	1	1	49.2	33.5	48.2	31.5	8000	10000	12306 / 2306E
N307E	NF307	35	80	21	1.5	1.1	70.2 / 68.2	44	71	1.5	1	62.0	41.0	63.2	39.2	7000	9000	12307 / 2307E
N308E	NF308	40	90	23	1.5	1.5	80 / 77.5	49	80	1.5	1.5	76.8	48.8	77.8	47.5	6300	8000	12308 / 2308E
N309E	NF309	45	100	25	1.5	1.5	88.5 / 86.5	54	89	1.5	1.5	93.0	66.8	98.0	66.8	5600	7000	12309 / 2309E
N310E	NF310	50	110	27	2	2	97 / 95	60	98	2	2	105	76.0	112	79.5	5300	6700	12310 / 2310E
N311E	NF311	55	120	29	2	2	106.5 / 104.5	65	107	2	2	128	97.8	138	105	4800	6000	12311 / 2311E
N312E	NF312	60	130	31	2.1	2.1	115 / 113	72	116	2.1	2.1	142	118	155	128	4500	5600	12312 / 2312E
N313E	NF313	65	140	33	2.1	2.1	124.5 / 121.5	77	125	2.1	2.1	170	125	188	135	4000	5000	12313 / 2313E
N314E	NF314	70	150	35	2.1	2.1	133 / 130	82	134	2.1	2.1	195	145	220	162	3800	4800	12314 / 2314E
N315E	NF315	75	160	37	2.1	2.1	143 / 139.5	87	143	2.1	2.1	228	165	260	188	3600	4500	12315 / 2315E
N316E	NF316	80	170	39	2.1	2.1	151 / 147	92	151	2.1	2.1	245	175	282	200	3400	4300	12316 / 2316E
N317E	NF317	85	180	41	3	3	160 / 156	99	160	2.5	2.5	280	212	332	242	3200	4000	12317 / 2317E
N318E	NF318	90	190	43	3	3	169.5 / 165	104	169	2.5	2.5	298	228	348	265	3000	3800	12318 / 2318E
N319E	NF319	95	200	45	3	3	177.5 / 173.5	109	178	2.5	2.5	315	245	380	288	2800	3600	12319 / 2319E
N320E	NF320	100	215	47	3	2.1	191.5 / 185.5	114	190	2.5	2.5	365	282	425	340	2600	3200	12320 / 2320E

(0) 4 尺寸系列

| N406 | | 30 | 90 | 23 | 1.5 | 1.5 | 73 / — | 39 | — | 1.5 | 1.5 | 57.2 | | 53.0 | | 7000 | 9000 | 2406 |

·135·

（续）

轴承代号	尺寸/mm					E_w		安装尺寸/mm				基本额定动载荷 C_r/kN		基本额定静载荷 C_{0r}/kN		极限转速/(r/min)		原轴承代号
	d	D	B	r min	r_1 min	N型	NF型	d_a min	D_a min	r_a max	r_b max	N型	NF型	N型	NF型	脂润滑	油润滑	
（0）4尺寸系列																		
N407	35	100	25	1.5	1.5	83		44	—	1.5		70.8		68.2		6000	7500	2407
N408	40	110	27	2	2	92		50	—	2		90.5		89.8		5600	7000	2408
N409	45	120	29	2	2	100.5		55	—	2		102		100		5000	6300	2409
N410	50	130	31	2.1	2.1	110.8		62	—	2.1		120		120		4800	6000	2410
N411	55	140	33	2.1	2.1	117.2		67	—	2.1		128		132		4300	5300	2411
N412	60	150	35	2.1	2.1	127		72	—	2.1		155		162		4000	5000	2412
N413	65	160	37	2.1	2.1	135.3		77	—	2.1		170		178		3800	4800	2413
N414	70	180	42	3	3	152		84	—	2.5		215		232		3400	4300	2414
N415	75	190	45	3	3	160.5		89	—	2.5		250		272		3200	4000	2415
N416	80	200	48	3	3	170		94	—	2.5		285		315		3000	3800	2416
N417	85	210	52	4	4	179.5		103	—	3		312		345		2800	3600	2417
N418	90	225	54	4	4	191.5		108	—	3		352		392		2400	3200	2418
N419	95	240	55	4	4	201.5		113	—	3		378		428		2200	3000	2419
N420	100	250	58	4	4	211		118	—	3		418		480		2000	2800	2420
22尺寸系列																		
N2204E	20	47	18	1	0.6	41.5		25	42	1	0.6	30.8		30.0		12000	16000	2504E
N2205E	25	52	18	1	0.6	46.5		30	47	1	0.6	32.8		33.8		11000	14000	2505E
N2206E	30	62	20	1	0.6	55.5		36	56	1	0.6	45.5		48.0		8500	11000	2506E

（续）

22 尺寸系列

轴承代号	尺寸/mm					E_w		安装尺寸/mm				基本额定动载荷 C_r/kN		基本额定静载荷 C_{0r}/kN		极限转速/(r/min)		原轴承代号
	d	D	B	r min	r_1 min	N 型	NF 型	d_a min	D_a min	r_a max	r_b max	N 型	NF 型	N 型	NF 型	脂润滑	油润滑	
N2207E	35	72	23	1.1	0.6	64		42	64	1	0.6	57.5		63.0		7500	9500	2507E
N2208E	40	80	23	1.1	1.1	71.5		47	72	1	1	67.5		75.2		7000	9000	2508E
N2209E	45	85	23	1.1	1.1	76.5		52	77	1	1	71.0		82.0		6300	8000	2509E
N2210E	50	90	23	1.1	1.1	81.5		57	83	1	1	74.2		88.8		6000	7500	2510E
N2211E	55	100	25	1.5	1.1	90		64	91	1.5	1	94.8		118		5300	6700	2511E
N2212E	60	110	28	1.5	1.5	100		69	100	1.5	1.5	122		152		5000	6300	2512E
N2213E	65	120	31	1.5	1.5	108.5		74	108	1.5	1.5	142		180		4500	5600	2513E
N2214E	70	125	31	1.5	1.5	113.5		79	114	1.5	1.5	148		192		4300	5300	2514E
N2215E	75	130	31	1.5	1.5	118.5		84	120	1.5	1.5	155		205		4000	5000	2515E
N2216E	80	140	33	2	2	127.3		90	128	2	2	178		242		3800	4800	2516E
N2217E	85	150	36	2	2	136.5		95	137	2	2	205		272		3600	4500	2517E
N2218E	90	160	40	2	2	145		100	146	2	2	230		312		3400	4300	2518E
N2219E	95	170	43	2.1	2.1	154.5		107	155	2.1	2.1	275		368		3200	4000	2519E
N2220E	100	180	46	2.1	2.1	163		112	164	2.1	2.1	318		440		3000	3800	2520E

注：① 同表 11-1 中注①。
② r_{min}、r_{1min} 分别为 r、r_1 的单向最小倒角尺寸；r_{amax}、r_{bmax} 分别为 r_a、r_b 的单向最大倒角尺寸。
③ 后缀带 E 为加强型圆柱滚子轴承，应优先选用。

表 11－3　角接触球轴承（GB/T 292—2007）

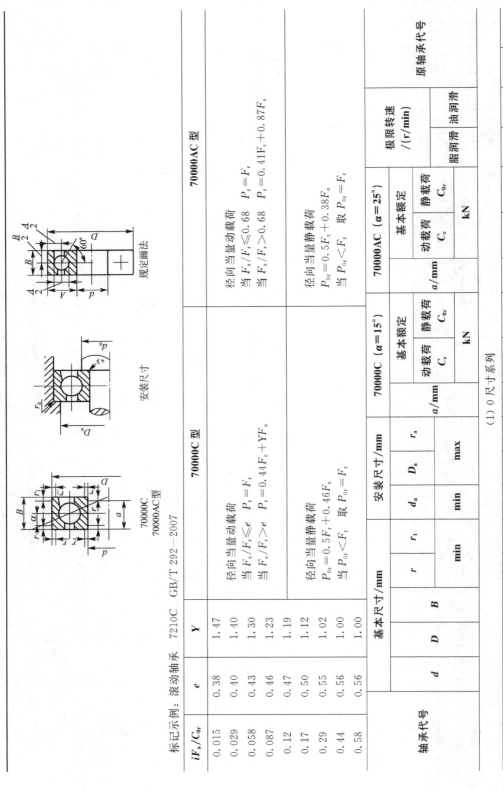

70000C
70000AC型　　GB/T 292—2007

70000C型

70000AC型

规定画法

安装尺寸

标记示例：滚动轴承　7210C　GB/T 292—2007

iF_a/C_{0r}	e	Y
0.015	0.38	1.47
0.029	0.40	1.40
0.058	0.43	1.30
0.087	0.46	1.23
0.12	0.47	1.19
0.17	0.50	1.12
0.29	0.55	1.02
0.44	0.56	1.00
0.58	0.56	1.00

70000C 型

径向当量动载荷
当 $F_a/F_r \leqslant e$　$P_r=F_r$
当 $F_a/F_r > e$　$P_r=0.44F_r+YF_a$

径向当量静载荷
$P_{0r}=0.5F_r+0.46F_a$
取 $P_{0r}<F_r$　取 $P_{0r}=F_r$

70000AC 型

径向当量动载荷
当 $F_a/F_r \leqslant 0.68$　$P_r=F_r$
当 $F_a/F_r > 0.68$　$P_r=0.41F_r+0.87F_a$

径向当量静载荷
$P_{0r}=0.5F_r+0.38F_a$
取 $P_{0r}<F_r$　取 $P_{0r}=F_r$

(1) 0 尺寸系列

轴承代号		基本尺寸/mm					安装尺寸/mm			70000C（α=15°）			70000AC（α=25°）			极限转速/(r/min)		原轴承代号	
					r	r_1	d_a	D_a	r_a	基本额定		a/mm	基本额定		a/mm				
7000C	7000AC	d	D	B	min	min	min	max	max	动载荷 C_r	静载荷 C_{0r}		动载荷 C_r	静载荷 C_{0r}		脂润滑	油润滑	7000C	7000AC
										kN	kN		kN	kN					
7000C	7000AC	10	26	8	0.3	0.15	12.4	23.6	0.3	4.92	2.25	6.4	4.75	2.12	8.2	19000	28000	36100	46100

（续）

轴承代号	基本尺寸/mm					安装尺寸/mm			70000C (α=15°)			70000AC (α=25°)			极限转速/(r/min)		原轴承代号	
	d	D	B	r min	r₁ min	dₐ min	Dₐ max	rₐ max	a/mm	C_r 动载荷	C_{0r} 静载荷	a/mm	C_r 动载荷	C_{0r} 静载荷	脂润滑	油润滑		
										kN			kN					
7001C / 7001AC	12	28	8	0.3	0.15	14.4	25.6	0.3	6.7	5.42	2.65	8.7	5.20	2.55	18000	26000	36101	46101
7002C / 7002AC	15	32	9	0.3	0.15	17.4	29.6	0.3	7.6	2.25	3.42	10	5.95	3.25	17000	24000	36102	46102
7003C / 7003AC	17	35	10	0.3	0.15	19.4	32.6	0.3	8.5	6.60	3.85	11.1	6.30	3.68	16000	22000	36103	46103
7004C / 7004AC	20	42	12	0.6	0.15	25	37	0.6	10.2	10.5	6.08	13.2	10.0	5.78	14000	19000	36104	46104
7005C / 7005AC	25	47	12	0.6	0.15	30	42	0.6	10.8	11.5	7.45	14.4	11.2	7.08	12000	17000	36105	46105
7006C / 7006AC	30	55	13	1	0.3	36	49	1	12.2	15.2	10.2	16.4	14.5	9.85	9500	14000	36106	46106
7007C / 7007AC	35	62	14	1	0.3	41	56	1	13.5	19.5	14.2	18.3	18.5	13.5	8500	12000	36107	46107
7008C / 7008AC	40	68	15	1	0.3	46	62	1	14.7	20.0	15.2	20.1	19.0	14.5	8000	11000	36108	46108
7009C / 7009AC	45	75	16	1	0.3	51	69	1	16	25.8	20.5	21.9	25.8	19.5	7500	10000	36109	46109
7010C / 7010AC	50	80	16	1	0.3	56	74	1	16.7	26.5	22.0	23.2	25.2	21.0	6700	9000	36110	46110
7011C / 7011AC	55	90	18	1.1	0.6	62	83	1	18.7	37.2	30.5	25.9	35.2	29.2	6000	8000	36111	46111
7012C / 7012AC	60	95	18	1.1	0.6	67	88	1	19.4	38.2	32.8	27.1	36.2	31.5	5600	7500	36112	46112
7013C / 7013AC	65	100	18	1.1	0.6	72	93	1	20.1	40.0	35.5	28.2	38.0	33.8	5300	7000	36113	46113
7014C / 7014AC	70	110	20	1.1	0.6	77	103	1	22.1	48.2	43.5	30.9	45.8	41.5	5000	6700	36114	46114
7015C / 7015AC	75	115	20	1.1	0.6	82	108	1	22.7	49.5	46.5	32.2	46.8	44.2	4800	6300	36115	46115

（1）0 尺寸系列

（续）

轴承代号	基本尺寸/mm					安装尺寸/mm			70000C（α=15°）				70000AC（α=25°）				极限转速/(r/min)		原轴承代号	
	d	D	B	r min	r₁ min	dₐ min	Dₐ max	rₐ max	a/mm	基本额定 动载荷 Cr	静载荷 C0r	kN	a/mm	基本额定 动载荷 Cr	静载荷 C0r	kN	脂润滑	油润滑		
										C_r	C_{0r}			C_r	C_{0r}					

(1) 0 尺寸系列

轴承代号	d	D	B	r	r₁	dₐ	Dₐ	rₐ	a/mm	C_r	C_{0r}	a/mm	C_r	C_{0r}	脂润滑	油润滑	原轴承代号
7016C / 7016AC	80	125	22	1.5	0.6	89	116	1.5	24.7	58.5	55.8	34.9	55.5	53.2	4500	6000	36116 / 46116
7017C / 7017AC	85	130	22	1.5	0.6	94	121	1.5	25.4	62.5	60.2	36.1	59.2	57.2	4300	5600	36117 / 46117
7018C / 7018AC	90	140	24	1.5	0.6	99	131	1.5	27.4	71.5	69.8	38.8	67.5	66.5	4000	5300	36118 / 46118
7019C / 7019AC	95	145	24	1.5	0.6	104	136	1.5	28.1	73.5	73.2	40	69.5	69.8	3800	5000	36119 / 46119
7020C / 7020AC	100	150	24	1.5	0.6	109	141	1.5	28.7	79.2	78.5	41.2	75	74.8	3800	5000	36120 / 46120

(0)2 尺寸系列

轴承代号	d	D	B	r	r₁	dₐ	Dₐ	rₐ	a/mm	C_r	C_{0r}	a/mm	C_r	C_{0r}	脂润滑	油润滑	原轴承代号
7200C / 7200AC	10	30	9	0.6	0.15	15	25	0.6	7.2	5.82	2.95	9.2	5.58	2.82	18000	26000	36200 / 46200
7201C / 7201AC	12	32	10	0.6	0.15	17	27	0.6	8	7.35	3.52	10.2	7.10	3.35	17000	24000	36201 / 46201
7202C / 7202AC	15	35	11	0.6	0.15	20	30	0.6	8.9	8.68	4.62	11.4	8.35	4.40	16000	22000	36202 / 46202
7203C / 7203AC	17	40	12	0.6	0.3	22	35	0.6	9.9	10.8	5.95	12.8	10.5	5.65	15000	20000	36203 / 46203
7204C / 7204AC	20	47	14	1	0.3	26	41	1	11.5	14.5	8.22	14.9	14.0	7.82	13000	18000	36204 / 46204
7205C / 7205AC	25	52	15	1	0.3	31	46	1	12.7	16.5	10.5	16.4	15.8	9.88	11000	16000	36205 / 46205
7206C / 7206AC	30	62	16	1	0.3	36	56	1	14.2	23.0	15.0	18.7	22.0	14.2	9000	13000	36206 / 46206
7207C / 7207AC	35	72	17	1.1	0.6	42	65	1	15.7	30.5	20.0	21	29.0	19.2	8000	11000	36207 / 46207
7208C / 7208AC	40	80	18	1.1	0.6	47	73	1	17	36.8	25.8	23	35.2	24.5	7500	10000	36208 / 46208

（续）

轴承代号	基本尺寸/mm					安装尺寸/mm			70000C（α=15°）			70000AC（α=25°）			极限转速/(r/min)		原轴承代号	
				r	r_1	d_a	D_a	r_a		基本额定			基本额定		脂润滑	油润滑		
	d	D	B	min	min	min	max	max	a/mm	动载荷 C_r	静载荷 C_{0r}	a/mm	动载荷 C_r	静载荷 C_{0r}				
										kN			kN					
(0)2 尺寸系列																		
7209C / 7209AC	45	85	19	1.1	0.6	52	78	1	18.2	38.5	28.5	24.7	36.8	27.2	6700	9000	36209	46209
7210C / 7210AC	50	90	20	1.1	0.6	57	83	1	19.4	42.8	32.0	26.3	40.8	30.5	6300	8500	36210	46210
7211C / 7211AC	55	100	21	1.5	0.6	64	91	1.5	20.9	52.8	40.5	28.6	50.5	38.5	5600	7500	36211	46211
7212C / 7212AC	60	110	22	1.5	0.6	69	101	1.5	22.4	61.0	48.5	30.8	58.2	46.2	5300	7000	36212	46212
7213C / 7213AC	65	120	23	1.5	0.6	74	111	1.5	24.2	69.8	55.2	33.5	66.5	52.5	4800	6300	36213	46213
7214C / 7214AC	70	125	24	1.5	0.6	79	116	1.5	25.3	70.2	60.0	35.1	69.2	57.5	4500	6000	36214	46214
7215C / 7215AC	75	130	25	1.5	0.6	84	121	1.5	26.4	79.2	65.8	36.6	75.2	63.0	4300	5600	36215	46215
7216C / 7216AC	80	140	26	2	1	90	130	2	27.7	89.5	78.2	38.9	85.0	74.5	4000	5300	36216	46216
7217C / 7217AC	85	150	28	2	1	95	140	2	29.9	99.8	85.0	41.6	94.8	81.5	3800	5000	36217	46217
7218C / 7218AC	90	160	30	2	1	100	150	2	31.7	122	105	44.2	118	100	3600	4800	36218	46218
7219C / 7219AC	95	170	32	2.1	1.1	107	158	2.1	33.8	135	115	46.9	128	108	3400	4500	36219	46219
7220C / 7220AC	100	180	34	2.1	1.1	112	168	2.1	35.8	148	128	49.7	142	122	3200	4300	36220	46220
(0)3 尺寸系列																		
7301C / 7301AC	12	37	12	1	0.3	18	31	1	8.6	8.10	5.22	12	8.08	4.88	16000	22000	36301	46301
7302C / 7302AC	15	42	13	1	0.3	21	36	1	9.6	9.38	5.95	13.5	9.08	5.58	15000	20000	36302	46302

（续）

（0）3 尺寸系列

轴承代号		基本尺寸/mm					安装尺寸/mm			70000C（α=15°）			70000AC（α=25°）			极限转速/(r/min)		原轴承代号	
		d	D	B	r min	r₁ min	dₐ min	Dₐ max	rₐ max	a/mm	基本额定 动载荷 Cr (kN)	静载荷 C0r (kN)	a/mm	基本额定 动载荷 Cr (kN)	静载荷 C0r (kN)	脂润滑	油润滑		
7303C	7303AC	17	47	14	1	0.3	23	41	1	10.4	12.8	8.62	14.8	11.5	7.08	14000	19000	36303	46303
7304C	7304AC	20	52	15	1.1	0.6	27	45	1	11.3	14.2	9.68	16.8	13.8	9.10	12000	17000	36304	46304
7305C	7305AC	25	62	17	1.1	0.6	32	55	1	13.1	21.5	15.8	19.1	20.8	14.8	9500	14000	36305	46305
7306C	7306AC	30	72	19	1.1	0.6	37	65	1	15	26.5	19.8	22.2	25.2	18.5	8500	12000	36306	46306
7307C	7307AC	35	80	21	1.5	0.6	44	71	1.5	16.6	34.2	26.8	24.5	32.8	24.8	7500	10000	36307	46307
7308C	7308AC	40	90	23	1.5	0.6	49	81	1.5	18.5	40.2	32.3	27.5	38.5	30.5	6700	9000	36308	46308
7309C	7309AC	45	100	25	1.5	0.6	54	91	1.5	20.2	49.2	39.8	30.2	47.5	37.2	6000	8000	36309	46309
7310C	7310AC	50	110	27	2	1	60	100	2	22	53.5	47.2	33	55.5	44.5	5600	7500	36130	46310
7311C	7311AC	55	120	29	2	1	65	110	2	23.8	70.5	60.5	35.8	67.2	56.8	5000	6700	36311	46311
7312C	7312AC	60	130	31	2.1	1.1	72	118	2.1	25.6	80.5	70.2	38.7	77.8	65.8	4800	6300	36312	46312
7313C	7313AC	65	140	33	2.1	1.1	77	128	2.1	27.4	91.5	80.5	41.5	89.8	75.5	4300	5600	36313	46313
7314C	7314AC	70	150	35	2.1	1.1	82	138	2.1	29.2	102	91.5	44.3	98.5	86.0	4000	5300	36314	46314
7315C	7315AC	75	160	37	2.1	1.1	87	148	2.1	31	112	105	47.2	108	97.0	3800	5000	36315	46315
7316C	7316AC	80	170	39	2.1	1.1	92	158	2.1	32.8	122	118	50	118	108	3600	4800	36316	46316
7317C	7317AC	85	180	41	3	1.1	99	166	2.5	34.6	132	128	52.8	125	122	3400	4500	36317	46317

（续）

轴承代号		基本尺寸/mm					安装尺寸/mm			70000C (α=15°)			70000AC (α=25°)			极限转速/(r/min)		原轴承代号
70000C	70000AC	d	D	B	r	r₁	d_a	D_a	r_a	a/mm	动载荷 C_r	静载荷 C_0r	a/mm	动载荷 C_r	静载荷 C_0r	脂润滑	油润滑	
					min	min	min	max	max		kN	kN		kN	kN			
(0)3 尺寸系列																		
7318C	7318AC	90	190	43	3	1.1	104	176	2.5	36.4	142	142	55.6	135	135	3200	4300	36318 / 46318
7319C	7319AC	95	200	45	3	1.1	109	186	2.5	38.2	152	158	58.5	145	148	3000	4000	36319 / 46319
7320C	7320AC	100	215	47	3	1.1	114	201	2.5	40.2	162	175	61.9	165	178	2600	3600	36320 / 46320
(0)4 尺寸系列																		
	7406AC	30	90	23	1.5	0.6	39	81	1				26.1	42.5	32.2	7500	10000	46406
	7407AC	35	100	25	1.5	0.6	44	91	1.5				29	53.8	42.5	6300	8500	46407
	7408AC	40	110	27	2	1	50	100	2				31.8	62.0	49.5	6000	8000	46408
	7409AC	45	120	29	2	1	55	110	2				34.6	66.8	52.8	5300	7000	46409
	7410AC	50	130	31	2.1	1.1	62	118	2.1				37.4	76.5	64.2	5000	6700	46410
	7412AC	60	150	35	2.1	1.1	72	138	2.1				43.1	102	90.8	4300	5600	46412
	7414AC	70	180	42	3	1.1	84	166	2.5				51.5	125	125	3600	4800	46414
	7416AC	80	200	48	3	1.1	94	186	2.5				58.1	152	162	3200	4300	46416

注：表中 C_r 值，对 (1)0、(0)2 系列为真空脱气轴承钢的负荷能力，对 (0)3、(0)4 系列为电炉轴承钢的负荷能力。

表 11-4 单列圆锥滚子轴承（GB/T 297—1994）

径向当量动载荷：
当 $\dfrac{F_a}{F_r} \leqslant e$，$P_r = F_r$
当 $\dfrac{F_a}{F_r} > e$，$P_r = 0.4F_r + YF_a$

径向当量静载荷：
$P_{0r} = F_r$
$P_{0r} = 0.5F_r + Y_0 F_a$
取上列两式计算结果的较大值

标记示例：滚动轴承 30310 GB/T 297—1994

30000型　简化画法　安装尺寸

轴承代号	尺寸/mm								安装尺寸/mm									计算系数			基本额定		极限转速/(r/min)		原轴承代号
	d	D	T	B	C	r min	r_1 min	$a \approx$	d_a min	d_b max	D_a min	D_a max	D_b min	a_1 min	a_2 min	r_a max	r_b max	e	Y	Y_0	动载荷 C_r	静载荷 C_{0r}	脂润滑	油润滑	
																					kN				
02 尺寸系列																									
30203	17	40	13.25	12	11	1	1	9.9	23	23	34	34	37	2	2.5	1	1	0.35	1.7	1	20.8	21.8	9000	12000	7203E
30204	20	47	15.25	14	12	1	1	11.2	26	27	40	41	43	2	3.5	1	1	0.35	1.7	1	28.2	30.5	8000	10000	7204E
30205	25	52	16.25	15	13	1	1	12.5	31	31	44	46	48	2	3.5	1	1	0.37	1.6	0.9	32.2	37.0	7000	9000	7205E
30206	30	62	17.25	16	14	1	1	13.8	36	37	53	56	58	2	3.5	1	1	0.37	1.6	0.9	43.2	50.5	6000	7500	7206E
30207	35	72	18.25	17	15	1.5	1.5	15.3	42	44	62	65	67	3	3.5	1.5	1.5	0.37	1.6	0.9	54.2	63.5	5300	6700	7207E
30208	40	80	19.75	18	16	1.5	1.5	16.9	47	49	69	73	75	3	4	1.5	1.5	0.37	1.6	0.9	63.0	74.0	5000	6300	7208E
30209	45	85	20.75	19	16	1.5	1.5	18.6	52	53	74	78	80	3	5	1.5	1.5	0.4	1.5	0.8	67.8	83.5	4500	5600	7209E
30210	50	90	21.75	20	17	1.5	1.5	20	57	58	79	83	86	3	5	1.5	1.5	0.42	1.4	0.8	73.2	92.0	4300	5300	7210E
30211	55	100	22.75	21	18	2	1.5	21	64	64	88	91	95	4	5	2	1.5	0.4	1.5	0.8	90.8	115	3800	4800	7211E

（续）

轴承代号	尺寸/mm								安装尺寸/mm									计算系数			基本额定		极限转速/(r/min)		原轴承代号
	d	D	T	B	C	r min	r_1 min	a≈	d_a min	d_b max	D_a min	D_a max	D_b min	a_1 min	a_2 min	r_a max	r_b max	e	Y	Y_0	动载荷 C_r	静载荷 C_{0r}	脂润滑	油润滑	
																					kN				
02 尺寸系列																									
30212	60	110	23.75	22	19	2	1.5	22.3	69	69	96	101	103	4	5	2	1.5	0.4	1.5	0.8	102	130	3600	4500	7212E
30213	65	120	24.75	23	20	2	1.5	23.8	74	77	106	111	114	4	5	2	1.5	0.4	1.5	0.8	120	152	3200	4000	7213E
30214	70	125	26.25	24	21	2	1.5	25.8	79	81	110	116	119	4	5.5	2	1.5	0.42	1.4	0.8	132	175	3000	3800	7214E
30215	75	130	27.25	25	22	2	1.5	27.4	84	85	115	121	125	4	5.5	2	1.5	0.44	1.4	0.8	138	185	2800	3600	7215E
30216	80	140	28.25	26	22	2.5	2	28.1	90	90	124	130	133	4	6	2.1	1.5	0.42	1.4	0.8	160	212	2600	3400	7216E
30217	85	150	30.5	28	24	2.5	2	30.3	95	96	132	140	142	5	6.5	2.1	2	0.42	1.4	0.8	178	238	2400	3200	7217E
30218	90	160	32.5	30	26	2.5	2	32.3	100	102	140	150	151	5	6.5	2.1	2	0.42	1.4	0.8	200	270	2200	3000	7218E
30219	95	170	34.5	32	27	3	2.5	34.2	107	108	149	158	160	5	7.5	2.5	2.1	0.42	1.4	0.8	228	308	2000	2800	7219E
30220	100	180	37	34	29	3	2.5	36.4	112	114	157	168	169	5	8	2.5	2.1	0.42	1.4	0.8	255	350	1900	2600	7220E
03 尺寸系列																									
30302	15	42	14.25	13	11	1	1	9.6	21	22	36	36	38	2	3.5	1	1	0.29	2.1	1.2	22.8	21.5	9000	12000	7302E
30303	17	47	15.25	14	12	1	1	10.4	23	25	40	41	43	3	3.5	1	1	0.29	2.1	1.2	28.2	27.2	8500	11000	7303E
30304	20	52	16.25	15	13	1.5	1.5	11.1	27	28	44	45	48	3	3.5	1.5	1.5	0.3	2	1.1	33.0	33.2	7500	9500	7304E
30305	25	62	18.25	17	15	1.5	1.5	13	32	34	54	55	58	3	3.5	1.5	1.5	0.3	2	1.1	46.8	48.0	6300	8000	7305E
30306	30	72	20.75	19	16	2	1.5	15.3	37	40	62	65	66	3	5	2	1.5	0.31	1.9	1.1	59.0	63.0	5600	7000	7306E
30307	35	80	22.75	21	18	2	1.5	16.8	44	45	70	71	74	3	5	2	1.5	0.31	1.9	1.1	75.2	82.5	5000	6300	7307E

（续）

轴承代号	尺寸/mm								安装尺寸/mm									计算系数			基本额定 动载荷 C_r / kN	静载荷 C_{0r} / kN	极限转速/(r/min) 脂润滑	油润滑	原轴承代号
	d	D	T	B	C	r min	r_1 min	$a\approx$	d_a min	d_b max	D_a min	D_a max	D_b min	a_1 min	a_2 min	r_a max	r_b max	e	Y	Y_0					
03 尺寸系列																									
30308	40	90	25.25	23	20	2	1.5	19.5	49	52	77	81	84	3	5.5	2	1.5	0.35	1.7	1	90.8	108	4500	5600	7308E
30309	45	100	27.25	25	22	2	1.5	21.3	54	59	86	91	94	3	5.5	2	1.5	0.35	1.7	1	108	130	4000	5000	7309E
30310	50	110	29.25	27	23	2.5	2	23	60	65	95	100	103	4	6.5	2	2	0.35	1.7	1	130	158	3800	4800	7310E
30311	55	120	31.5	29	25	2.5	2	24.9	65	70	104	110	112	4	6.5	2.5	2	0.35	1.7	1	152	188	3400	4300	7311E
30312	60	130	33.5	31	26	3	2.5	26.6	72	76	112	118	121	5	7.5	2.5	2.1	0.35	1.7	1	170	210	3200	4000	7312E
30313	65	140	36	33	28	3	2.5	28.7	77	83	122	128	131	5	8	2.5	2.1	0.35	1.7	1	195	242	2800	3600	7313E
30314	70	150	38	35	30	3	2.5	30.7	82	89	130	138	141	5	8	2.5	2.1	0.35	1.7	1	218	272	2600	3400	7314E
30315	75	160	40	37	31	3	2.5	32	87	95	139	148	150	5	9	2.5	2.1	0.35	1.7	1	252	318	2400	3200	7315E
30316	80	170	42.5	39	33	3	2.5	34.4	92	102	148	158	160	5	9.5	2.5	2.1	0.35	1.7	1	278	352	2200	3000	7316E
30317	85	180	44.5	41	34	4	3	35.9	99	107	156	166	168	6	10.5	3	2.5	0.35	1.7	1	305	388	2000	2800	7317E
30318	90	190	46.5	43	36	4	3	37.5	104	113	165	176	178	6	10.5	3	2.5	0.35	1.7	1	342	440	1900	2600	7318E
30319	95	200	49.5	45	38	4	3	40.1	109	118	172	186	185	6	11.5	3	2.5	0.35	1.7	1	370	478	1800	2400	7319E
30320	100	215	51.5	47	39	4	3	42.2	114	127	184	201	199	6	12.5	3	2.5	0.35	1.7	1	405	525	1600	2000	7320E
22 尺寸系列																									
32206	30	62	21.25	20	17	1	1	15.6	36	36	52	56	58	3	4.5	1	1	0.37	1.6	0.9	51.8	63.8	6000	7500	7506E
32207	35	72	24.25	23	19	1.5	1.5	17.9	42	42	61	65	68	3	5.5	1.5	1.5	0.37	1.6	0.9	70.5	89.5	5300	6700	7507E

（续）

轴承代号	尺寸/mm								安装尺寸/mm									计算系数			基本额定		极限转速/(r/min)		原轴承代号
	d	D	T	B	C	r min	r_1 min	$a\approx$	d_a min	d_b max	D_a min	D_a max	D_b min	a_1 min	a_2 min	r_a max	r_b max	e	Y	Y_0	动载荷 C_r kN	静载荷 C_{0r} kN	脂润滑	油润滑	
22 尺寸系列																									
32208	40	80	24.75	23	19	1.5	1.5	18.9	47	48	73	75	68	3	6	1.5	1.5	0.37	1.6	0.9	77.8	97.2	5000	6300	7508E
32209	45	85	24.75	23	19	1.5	1.5	20.1	52	53	78	81	73	3	6	1.5	1.5	0.4	1.5	0.8	80.8	105	4500	5600	7509E
32210	50	90	24.75	23	19	1.5	1.5	21	57	57	83	86	78	3	6	1.5	1.5	0.42	1.4	0.8	82.8	108	4300	5300	7510E
32211	55	100	26.75	25	21	2	1.5	22.8	64	62	91	96	87	4	6	2	1.5	0.4	1.5	0.8	108	142	3800	4800	7511E
32212	60	110	29.75	28	24	2	1.5	25	69	68	101	105	95	4	6	2	1.5	0.4	1.5	0.8	132	180	3600	4500	7512E
32213	65	120	32.75	31	27	2	1.5	27.3	74	75	111	115	104	4	6	2	1.5	0.4	1.5	0.8	160	222	3200	4000	7513E
32214	70	125	33.25	31	27	2	1.5	28.8	79	79	116	120	108	4	6.5	2	1.5	0.42	1.4	0.8	168	238	3000	3800	7514E
32215	75	130	33.25	31	27	2	1.5	30	84	84	121	126	115	4	6.5	2	1.5	0.44	1.4	0.8	170	242	2800	3600	7515E
32216	80	140	35.25	33	28	2.5	2	31.4	90	89	130	135	122	5	7.5	2.1	2	0.42	1.4	0.8	198	278	2600	3400	7516E
32217	85	150	38.5	36	30	2.5	2	33.9	95	95	140	143	130	5	8.5	2.1	2	0.42	1.4	0.8	228	325	2400	3200	7717E
32218	90	160	42.5	40	34	2.5	2	36.8	100	101	150	153	138	5	8.5	2.1	2	0.42	1.4	0.8	270	395	2200	3000	7518E
32219	95	170	45.5	43	37	3	2.5	39.2	107	106	158	163	145	5	8.5	2.5	2.1	0.42	1.4	0.8	302	448	2000	2800	7519E
32220	100	180	49	46	39	3	2.5	41.9	112	113	168	172	154	5	10	2.5	2.1	0.42	1.4	0.8	340	512	1900	2600	7520E
23 尺寸系列																									
32303	17	47	20.25	19	16	1	1	12.3	23	24	41	43	39	3	4.5	1	1	0.29	2.1	1.2	35.2	36.2	8500	11000	7603E
32304	20	52	22.25	21	18	1.5	1.5	13.6	27	26	45	48	43	3	4.5	1.5	1.5	0.3	2	1.1	42.8	46.2	7500	9500	7604E
32305	25	62	25.25	24	20	1.5	1.5	15.9	32	32	55	58	52	3	5.5	1.5	1.5	0.3	2	1.1	61.5	68.8	6300	8000	7605E

（续）

23 尺寸系列

轴承代号	尺寸/mm							安装尺寸/mm										计算系数			基本额定		极限转速/(r/min)		原轴承代号
	d	D	T	B	C	r min	r_1 min	$a\approx$	d_a min	d_b max	D_a min	D_a max	D_b min	a_1 min	a_2 min	r_a max	r_b max	e	Y	Y_0	动载荷 C_r	静载荷 C_{0r}	脂润滑	油润滑	
																					kN				
32306	30	72	28.75	27	23	1.5	1.5	18.9	37	38	59	65	66	4	6	1.5	1.5	0.31	1.9	1.1	81.5	96.5	5600	7000	7606E
32307	35	80	32.75	31	25	2	1.5	20.4	44	43	66	71	74	4	8.5	2	1.5	0.31	1.9	1.1	99.0	118	5000	6300	7607E
32308	40	90	35.25	33	27	2	1.5	23.3	49	49	73	81	83	4	8.5	2	1.5	0.35	1.7	1	115	148	4500	5600	7608E
32309	45	100	38.25	36	30	2	1.5	25.6	54	56	82	91	93	4	8.5	2	1.5	0.35	1.7	1	145	188	4000	5000	7609E
32310	50	110	42.25	40	33	2.5	2	28.2	60	61	90	100	102	5	9.5	2	2	0.35	1.7	1	178	235	3800	4800	7610E
32311	55	120	45.5	43	35	2.5	2	30.4	65	66	99	110	111	5	10	2.5	2	0.35	1.7	1	202	270	3400	4300	7611E
32312	60	130	48.5	46	37	3	2.5	32	72	72	107	118	122	6	11.5	2.5	2.1	0.35	1.7	1	228	302	3200	4000	7612E
32313	65	140	51	48	39	3	2.5	34.32	77	79	117	128	131	6	12	2.5	2.1	0.35	1.7	1	260	350	2800	3600	7613E
32314	70	150	54	51	42	3	2.5	36.5	82	84	125	138	141	6	12	2.5	2.1	0.35	1.7	1	298	408	2600	3400	7614E
32315	75	160	58	55	45	3	2.5	39.4	87	91	133	148	150	7	13	2.5	2.1	0.35	1.7	1	348	482	2400	3200	7615E
32316	80	170	61.5	58	48	3	2.5	42.1	92	97	142	158	160	7	13.5	2.5	2.1	0.35	1.7	1	388	542	2200	3000	7616E
32317	85	180	63.5	60	49	4	3	43.5	99	102	150	166	168	8	14.5	3	2.5	0.35	1.7	1	422	592	2000	2800	7617E
32318	90	190	67.5	64	53	4	3	46.2	104	107	157	176	178	8	14.5	3	2.5	0.35	1.7	1	478	682	1900	2600	7618E
32319	95	200	71.5	67	55	4	3	49	109	114	166	186	187	8	16.5	3	2.5	0.35	1.7	1	515	738	1800	2400	7619E
32320	100	215	77.5	73	60	4	3	52.9	114	122	177	201	201	8	17.5	3	2.5	0.35	1.7	1	600	872	1600	2000	7620E

注：同表11-1中注①、②。

表 11-5　角接触轴承的轴向游隙

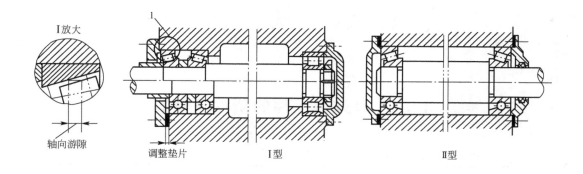

角接触轴承轴向游隙

轴承公称内径 d/mm		允许轴向游隙的范围/μm						Ⅱ 型轴承间允许的距离(大概值)
		接触角 α=15°				α=25°及 α=40°		
		Ⅰ 型		Ⅱ 型		Ⅰ 型		
大于	至	最小	最大	最小	最大	最小	最大	
≤30		20	40	30	50	10	20	8d
30	50	30	50	40	70	15	30	7d
50	80	40	70	50	100	20	40	6d
80	120	50	100	60	150	30	50	5d

圆锥滚子轴承轴向游隙

轴承公称内径 d/mm		允许轴向游隙的范围/μm						Ⅱ 型轴承间允许的距离(大概值)
		接触角 α=10°~16°				α=25°~29°		
		Ⅰ 型		Ⅱ 型		Ⅰ 型		
大于	至	最小	最大	最小	最大	最小	最大	
≤30		20	40	40	70	—	—	14d
30	50	40	70	50	100	20	40	12d
50	80	50	100	80	150	30	50	11d
80	120	80	150	120	200	40	70	10d

第12章 联 轴 器

12.1 有弹性元件的挠性联轴器

表 12-1 LX 型弹性柱销联轴器(GB/T 5014—2003)

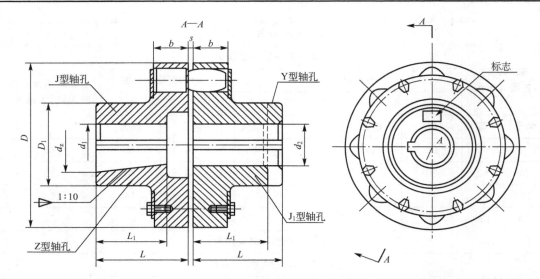

型号	公称转矩 T_n/(N·m)	许用转速 $[n]$ /(r/min)	轴孔直径 d_1、d_2、d_z	轴孔长度			D	D_1	b	s	转动惯量 J/(kg·m²)	质量 m/kg
				Y型 L	J、J_1、Z型 L_1	Z型 L						
LX1	250	8500	12	32	27	—	90	40	20	2.5	0.002	2
			14									
			16	42	30	42						
			18									
			19									
			20	52	38	52						
			22									
			24									
LX2	560	6300	20	52	38	52	120	55	28	2.5	0.009	5
			22									

（续）

型号	公称转矩 T_n/(N·m)	许用转速 [n]/(r/min)	轴孔直径 d_1、d_2、d_z	轴孔长度			D	D_1	b	s	转动惯量 J/(kg·m²)	质量 m/kg
				Y 型	J、J₁、Z 型							
				L	L_1	L						
LX2	560	6300	24	52	38	52	120	55	28	2.5	0.009	5
			25	62	44	62						
			28									
			30									
			32	82	60	82						
			35									
LX3	1250	4750	30	82	60	82	160	75	36	2.5	0.026	8
			32									
			35									
			38									
			40	112	84	112						
			42									
			45									
			48									
LX4	2500	3870	40	112	84	112	195	100	45	3	0.109	22
			42									
			45									
			48									
			50									
			55									
			56									
			60	142	107	142						
			63									
LX5	3150	3450	50	112	84	112	220	120	45	3	0.191	30
			55									
			56									
			60	142	107	142						
			63									
			65									
			70									
			71									
			75									
LX6	6300	2720	60	142	107	142	280	140	56	4	0.543	53
			63									

（续）

型号	公称转矩 T_n/(N·m)	许用转速 [n] /(r/min)	轴孔直径 d_1、d_2、d_z	轴孔长度			D	D_1	b	s	转动惯量 J/(kg·m²)	质量 m/kg
				Y 型	J、J_1、Z 型							
				L	L_1	L						
LX6	6300	2720	65	142	107	142	280	140	56	4	0.543	53
			70									
			71									
			75									

注：① Y—长圆柱形轴孔。
　　② J—有沉孔的短圆柱形轴孔。
　　③ J_1—无沉孔的短圆柱形轴孔。
　　④ Z—有沉孔的锥形轴孔。

表 12-2　LT 型弹性套柱销联轴器 (GB/T 4323—2002)

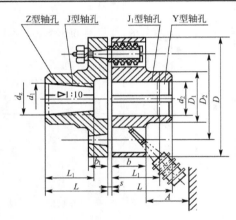

标记示例：

例 1　LT6 联轴器 40×112 GB/T 4323—2002

主动端 d_1＝40mm，Y 型轴孔 L＝112mm　A 型键槽
从动端 d_2＝40mm，Y 型轴孔 L＝112mm　A 型键槽

例 2　LT3 联轴器 $\dfrac{ZC\ 16\times30}{JB\ 18\times30}$ GB/T 4323—2002

主动端 d_z＝16mm，Z 型轴孔 L_1＝30mm　C 型键槽
从动端 d_2＝18mm，J 型轴孔 L_1＝30mm　B 型键槽

型号	公称转矩 T_n	许用转速 [n]		轴孔直径 d_1、d_2、d_z		轴孔长度			$L_{推荐}$	D	A	质量	转动惯量	许用安装补偿	
		铁	钢	铁	钢	Y 型	J、J_1、Z 型							ΔY	Δα
						L	L_1	L							
	(N·m)	(r/min)		mm							kg	(kg·m²)	mm	
LT1	6.3	6600	8800	9		20	14		25	71	18	0.82	0.0005	0.1	45′
				10，11		25	17	—							
				12	12，14	32	20								
LT2	16	5500	7600	12，14					35	80		1.20	0.0008		
				16	16，18，19	42	30	42							
LT3	31.5	4700	6300	16，18，19					38	95	35	2.20	0.0023		
				20	20，22	52	38	52							
LT4	63	4200	5700	20，22，24					40	106		2.84	0.0037		
				—	25，28	62	44	62							

（续）

型号	公称转矩 T_n (N·m)	许用转速 $[n]$ (r/min) 铁	钢	轴孔直径 d_1、d_2、d_z 铁	钢	轴孔长度 Y型 L	J、J₁、Z型 L_1	Z型 L	$L_{推荐}$	D	A	质量 kg	转动惯量 (kg·m²)	ΔY mm	$\Delta \alpha$
LT5	125	3600	4600	25，28		62	44	62		50	130	6.05	0.012		45′
				30，32	30，32，35	82	60	82							
LT6	250	3300	3800	32，35，38						55	160	45	9.75	0.028	0.15
				40	40，42										
LT7	500	2800	3600	40，42，45	40，42，45，48	112	84	112		65	190		14.01	0.055	
LT8	710	2400	3000	45，48，50，55						70	224		23.12	0.340	30′
				—	56										
				—	60，63	142	107		142			65			0.2
LT9	1000	2100	2850	50，55，56		112	84			80	250		30.69	0.213	
				60，63											
				65，70，71		142	107	142							

注：① 优先选用 $L_{推荐}$ 轴孔长度。
　　② 质量、转动惯量按材料为钢、最大轴孔、$L_{推荐}$ 的近似值。
　　③ 联轴器许用运转补偿量为安装补偿量的 1 倍。
　　④ 联轴器短时过载不得超过公称转矩的 2 倍。

表 12-3　LM 型梅花形弹性联轴器（GB/T 5272—2002）

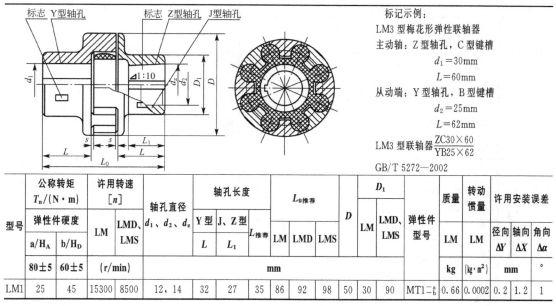

标志 Y型轴孔　标志 Z型轴孔　J型轴孔

标记示例：
LM3 型梅花形弹性联轴器
主动轴：Z 型轴孔，C 型键槽
　　　　$d_1 = 30\text{mm}$
　　　　$L = 60\text{mm}$
从动端：Y 型轴孔，B 型键槽
　　　　$d_2 = 25\text{mm}$
　　　　$L = 62\text{mm}$
LM3 型联轴器 $\dfrac{ZC30 \times 60}{YB25 \times 62}$
GB/T 5272—2002

型号	公称转矩 $T_n/(\text{N·m})$ 弹性件硬度 a/H_A	b/H_D	许用转速 $[n]$ LM	LMD、LMS	轴孔直径 d_1、d_2、d_z	轴孔长度 Y型 L	J、Z型 L_1	$L_{推荐}$	$L_{0推荐}$ LM	LMD	LMS	D	D_1 LM	LMD、LMS	弹性件型号	质量 LM	转动惯量 LM	许用安装误差 径向 ΔY	轴向 ΔX	角向 $\Delta \alpha$
	80±5	60±5	(r/min)		mm											kg	(kg·m²)	mm		°
LM1	25	45	15300	8500	12，14	32	27	35	86	92	98	50	30	90	MT1$^{a}_{b}$	0.66	0.0002	0.2	1.2	1

（续）

型号	公称转矩 $T_n/(N \cdot m)$ 弹性件硬度 a/H_A	公称转矩 $T_n/(N \cdot m)$ 弹性件硬度 b/H_D	许用转速 [n] LM	许用转速 [n] LMD、LMS	轴孔直径 d_1、d_2、d_z	轴孔长度 Y型 L	轴孔长度 J、Z型 L_1	$L_{推荐}$	$L_{0推荐}$ LM	$L_{0推荐}$ LMD	$L_{0推荐}$ LMS	D	D_1 LM	D_1 LMD、LMS	弹性件型号	质量 LM	转动惯量 LM	许用安装误差 径向 ΔY	许用安装误差 轴向 ΔX	许用安装误差 角向 Δα
	80±5	60±5	(r/min)		mm											kg	(kg·m²)	mm		°
LM1	25	45	15300	8500	16, 18, 19	42	30	35	86	92	98	50	30	90	MT1$_b^a$	0.66	0.0002	0.2	1.2	
					20, 22, 24	52	38													
					25	62	44													
LM2	50	100	12000	7600	16, 18, 19	42	30	38	95	101.5	108	60	44	100	MT2$_b^a$	0.93	0.0004	0.3	1.3	
					20, 22, 24	52	38													
					25, 28	62	44													
					30	82	60													
LM3	100	200	10900	6900	20, 22, 24	52	38	40	103	110	117	70	48	110	MT3$_b^a$	1.41	0.0009		1.5	
					25, 27	62	44													1
					30, 32	82	60													
LM4	140	280	9000	6200	32, 24	52	38	45	114	122	130	85	60	125	MT4$_b^a$	2.18	0.002	0.4	2	
					25, 28	62	44													
					30, 32, 35, 38	82	60													
					40	112	84													
LM5	350	400	7300	5000	25, 28	62	44	50	127	138.5	150	105	72	150	MT5$_b^a$	3.60	0.005		2.5	
					30, 32, 35, 38	82	60													
					40, 42, 45	112	84													
LM6	400	710	6100	4100	30, 32, 35, 38	82	60	55	143	155	167	125	90	185	MT6$_b^a$	6.07	0.0114			
					40, 42, 45, 48	112	84												3	
LM7	630	1120	5300	3700	35*, 38*	82	60	60	159	172	185	145	104	205	MT7$_b^a$	9.09	0.0232	0.5		
					40*, 42*, 45, 48, 50, 55	112	84													0.7
LM8	1120	2240	4500	3100	45*, 48*, 50, 55, 56	112	84	70	181	195	209	170	130	240	MT8$_b^a$	13.56	0.0468		3.5	
					60, 63, 65	142	107													
LM9	1800	3550	3800	2800	50*, 55*, 56*	112	84	80	208	224	240	200	156	270	MT9$_b^a$	21.40	0.1041	0.7	4	
					60, 63, 65, 70, 71, 75	142	107													

（续）

型号	公称转矩 T_n/(N·m)		许用转速 $[n]$		轴孔直径 d_1、d_2、d_z	轴孔长度		L_0推荐				D	D_1		弹性件型号	质量	转动惯量	许用安装误差		
	弹性件硬度		LM	LMD LMS		Y型	J、Z型	L推荐	LM	LMD	LMS	LM	LM	LMD、LMS		LM	LM	径向 ΔY	轴向 ΔX	角向 Δα
	a/H_A	b/H_D				L	L_1													
	80±5	60±5	(r/min)		mm											kg	(kg·m²)	mm		°
LM9	1800	3550	3800	2800	80	172	132	80	208	224	240	200	156	270	MT9^a_b	21.40	0.1041		4	0.7
LM10	2800	5600	3300	2500	60*，63*，65*，70，71，75	142	107	90	230	248	268	230	180	305	MT10^a_b	32.03	0.2105	0.7	4.5	0.5
					80，89，90，95	172	132													
					100	212	167													

注：* 号轴孔直径可用于 Z 型轴孔。

12.2　刚性联轴器

表 12-4　凸缘联轴器（GB/T 5843—2003）

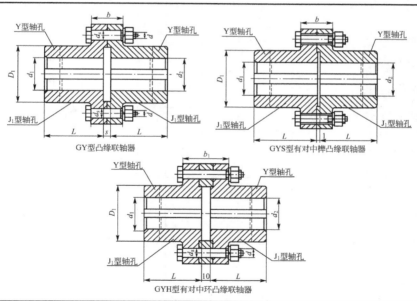

GY型凸缘联轴器　　GYS型有对中榫凸缘联轴器　　GYH型有对中环凸缘联轴器

型号	公称转矩 T_n	许用转速 $[n]$	轴孔直径 d_1、d_2	轴孔长度 L		D	D_1	b	b_1	s	转动惯量	质量
				Y型	J_1型							
	(N·m)	(r/min)	mm								(kg·m²)	kg
GY1 GYS1 GYH1	25	12000	12	32	27	80	30	26	42	6	0.0008	1.16
			14									

（续）

型号	公称转矩 T_n	许用转速 $[n]$	轴孔直径 d_1、d_2	轴孔长度 L		D	D_1	b	b_1	s	转动惯量	质量
				Y 型	J_1 型							
	(N·m)	(r/min)	mm								(kg·m²)	kg
GY1 GYS1 GYH1	25	12000	16			80	30	26	42	6	0.0008	1.16
			18	42	30							
			19									
GY2 GYS2 GYH2	63	10000	16			90	40	28	44	6	0.0015	1.72
			18	42	30							
			19									
			20									
			22	52	38							
			24									
			25	62	44							
GY3 GYS3 GYH3	112	9500	20			100	45	30	46	6	0.0025	0.38
			22	52	38							
			24									
			25	62	44							
			28									
GY4 GYS4 GYH4	224	9000	25	62	44	105	55	32	48	6	0.003	3.15
			28									
			30									
			32	82	60							
			35									
GY5 GYS5 GYH5	500	8000	30			120	68	36	52	8	0.007	5.43
			32	82	60							
			35									
			38									
			40	112	84							
			42									
GY6 GYS6 GYH6	900	6800	38	82	60	140	80	40	56	8	0.015	7.59
			40									
			42									
			45	112	84							
			48									
			50									

（续）

型号	公称转矩 T_n	许用转速 $[n]$	轴孔直径 d_1、d_2	轴孔长度 L		D	D_1	b	b_1	s	转动惯量	质量
				Y 型	J₁ 型							
	(N·m)	(r/min)			mm						(kg·m²)	kg
GY7 GYS7 GYH7	1600	6000	48 50 55 56	112	84	160	100	40	56	8	0.031	13.1
			60 63	142	107							
GY8 GYS8 GYH8	3150	4800	60 63 65 70 71 75	142	107	200	130	50	68	10	0.103	27.5
			80	172	132							
GY9 GYS9 GYH9	6300	3600	75	142	107	260	160	66	84	10	0.319	47.8
			80 85 90 95	172	132							
			100	212	167							
GY10 GYS10 GYH10	10000	3200	90 95	172	132	300	200	72	90	10	0.720	82.0
			100 110 120 125	212	167							
GY11 GYS11 GYH11	25000	2500	120 125	212	167	380	260	80	98	10	2.278	162.2
			130 140 150	252	202							
			160	302	242							

（续）

型号	公称转矩 T_n	许用转速 $[n]$	轴孔直径 d_1、d_2	轴孔长度 L		D	D_1	b	b_1	s	转动惯量	质量
				Y 型	J₁ 型							
	（N·m）	（r/min）		mm							（kg·m²）	kg
GY12 GYS12 GYH12	50000	2000	150	252	202	460	320	92	112	12	5.923	285.6
			160									
			170	302	242							
			180									
			190	353	282							
			200									

12.3　无弹性元件的挠性联轴器

表 12-5　金属滑块联轴器（JB/ZQ 4384—1997）

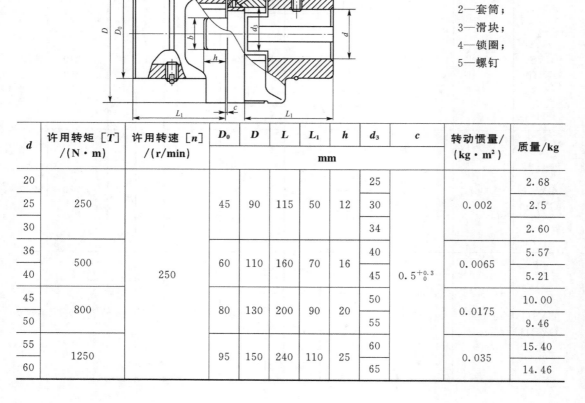

1—半联轴器；
2—套筒；
3—滑块；
4—锁圈；
5—螺钉

d	许用转矩 $[T]$ /(N·m)	许用转速 $[n]$ /(r/min)	D_0	D	L	L_1	h	d_3	c	转动惯量/ (kg·m²)	质量/kg
			mm								
20								25			2.68
25	250		45	90	115	50	12	30		0.002	2.5
30								34			2.60
36	500		60	110	160	70	16	40	$0.5^{+0.3}_{0}$	0.0065	5.57
40		250						45			5.21
45	800		80	130	200	90	20	50		0.0175	10.00
50								55			9.46
55	1250		95	150	240	110	25	60		0.035	15.40
60								65			14.46

（续）

d	许用转矩 $[T]$ /(N·m)	许用转速 $[n]$ /(r/min)	D_0	D	L	L_1	h	d_3	c	转动惯量/ (kg·m²)	质量/kg
					mm						
65	2000		105	170	275	125	30	70	$0.5^{+0.3}_{0}$	0.063	22.41
70								75			21.29
75	3200	250	115	190	310	140	34	80		0.125	31.50
80								85			29.80
85	5000		130	210	355	160	38	90	$1.0^{+0.5}_{0}$	0.225	44.77
90								95			42.46
95	8000		140	240	395	180	42	100		0.40	59.44
100								105			57.02

注：半联轴器和十字滑块材料一般为 45 钢或铸钢 ZG310 - 570，表面淬火 46～60HRC。套筒用 Q235A。

表 12 - 6　夹布胶木滑块联轴器

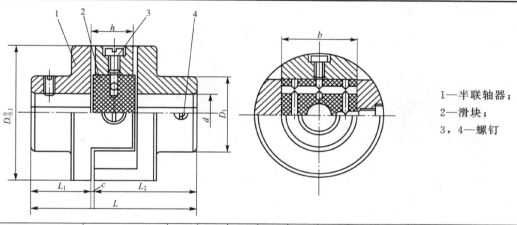

1—半联轴器；

2—滑块；

3，4—螺钉

d	许用转矩 $[T]$ /(N·m)	许用转速 $[n]$ /(r/min)	$D^{0}_{-0.1}$	D_1	L	L_1	L_2	b	h	c	转动惯量/ (kg·m²)	质量/kg
						mm						
20	40	7000	80	50	104	40	62	45		2	0.0018	2.3
22	50								20			
25	80	5700	100	60	124	50	72	53		2	0.0038	4.1
28	110											3.9
30	130											7.4
32	160	4700	120	75	149	60	87	65	25	2	0.012	7.2
35	210											7
40	320	3800	150	90	180	75	107	75	30	2	0.035	13.3
45	450											12.9

（续）

d	许用转矩 $[T]$ /(N·m)	许用转速 $[n]$ /(r/min)	$D_{-0.1}^{0}$	D_1	L	L_1	L_2	b	h	c	转动惯量/ (kg·m²)	质量/kg
						mm						
50	500	3200	180	110	224	90	132	90	40	2	0.09	22.7
55	665											22.5
60	865	2600	220	130	254	100	152	110	50	2	0.243	38.2
65	1100											37.2
70	1370	2200	250	150	274	110	162	130		2	0.41	57
75	1690											56
80	2040	1800	290	170	304	120	182	150	60	2	0.875	83
85	2450											82
90	2910	1700	330	190	344	140	202	170		2	1.50	115
95	3430											109

注：表中转矩是用一个键时的值，两个键时采用 H7/r6、H7/n6 配合，许用转矩可较表值大 1.3～1.8 倍。

表 12-7　尼龙滑块联轴器（JB/ZQ 4384—2006）

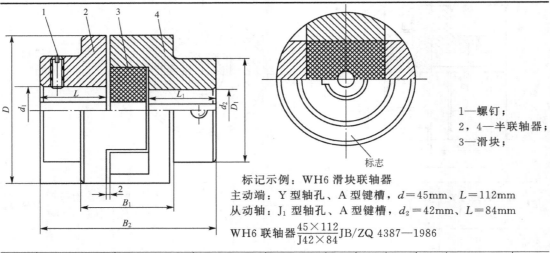

1—螺钉；
2，4—半联轴器；
3—滑块

标记示例：WH6 滑块联轴器
主动端：Y 型轴孔、A 型键槽，$d=45$mm、$L=112$mm
从动轴：J_1 型轴孔、A 型键槽，$d_2=42$mm、$L=84$mm

WH6 联轴器 $\dfrac{45 \times 112}{J42 \times 84}$ JB/ZQ 4387—1986

型号	许用转矩 $[T]$ /(N·m)	许用转速 $[n]$ /(r/min)	轴孔直径 d_1、d_2	轴孔长度		D	D_1	B_1	B_2	转动惯量 /(kg·m²)	质量 /kg
				Y	J_1						
				L	L_1						
				mm							
WH1	16	10000	10，11	25	22	40	30	52	67	0.0007	0.6
			12，14	32	27				81		
WH2	31.5	8200	12，14	32	27	50	32	56	86	0.0038	1.5
			16，18	42	30				106		

（续）

型号	许用转矩 $[T]$ /(N·m)	许用转速 $[n]$ /(r/min)	轴孔直径 d_1、d_2	轴孔长度 Y — L	轴孔长度 J_1 — L_1	D	D_1	B_1	B_2	转动惯量 /(kg·m²)	质量 /kg
									mm		
WH3	63	7000	18，19 20，22	42 52	30 38	70	40	60	106 126	0.0063	1.8
WH4	160	5700	20，22，24 25，28	52 62	38 44	80	50	64	126 146	0.013	2.5
WH5	280	4700	25，28 30，32，35	62 82	44 60	100	70	75	151 191	0.045	5.8
WH6	500	3800	30，32，35，38 40，42，45	82 112	60 84	120	80	90	201 261	0.12	9.5
WH7	900	3200	40，42，45，48 50，55	112	84	150	100	120	266	0.43	25
WH8	1800	2400	50，55，60，63，65，70	112 142	84 107	190	120	150	276 336	1.98	55
WH9	3550	1800	65，70，75 80，85	142 172	107 132	250	150	180	346 406	4.9	85
WH10	5000	1500	80，85，90，95 100	172 212	132 167	330	190	180	406 486	7.5	120

注：① 适用于控制器和油泵装置或其他传递转矩较小的场合。

② 表中联轴器质量和转动惯量是按最小轴孔直径和最大长度计算的近似值。

③ 装配时两轴的许用补偿量：轴向 $\Delta x = 1 \sim 2mm$；径向 $\Delta y < 0.2mm$；角向 $\Delta \alpha < 0°40'$。

④ 联轴器的工作温度为 $-20 \sim +70℃$。

⑤ 半联轴器材料：$d \leqslant 45mm$，采用 Q235A；$d > 45mm$，采用 HT150。

第13章　润滑装置、密封件和减速器附件

13.1　润 滑 装 置

表 13-1　直通式压注油杯型式与尺寸(JB/T 7940.1—1995)　　　　　(mm)

d	H	h	h_1	S		钢球(GB/T 308—2002)
				基本尺寸	极限偏差	
M6	13	8	6	8		
M8×1	16	9	6.5	10	0 −0.22	3
M10×1	18	10	7	11		

标记示例:
油杯 M10×1 JB/T 7940.1—1995

表 13-2　接头式压注油杯型式与尺寸(JB/T 7940.2—1995)　　　　　(mm)

d	d_1	α	S		直通式压注油杯(JB/T 7940.1—1995)
			基本尺寸	极限偏差	
M6	3				
M8×1	4	45°, 90°	11	0 −0.22	M6
M10×1	5				

标记示例:
油杯 45°M10×1 JB/T 7940.2—1995

表 13 - 3　旋盖式油杯(JB/T 7940.3—1995)

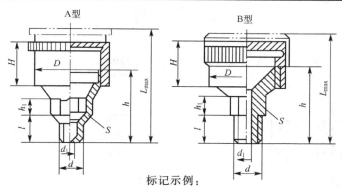

标记示例：

最小容量25cm³，A 型旋盖式油杯：

油杯 A25　JB/T 7940.3—1995

最小容量/cm³	d	l	H	h	h_1	d_1	D		L_{max}	S	
							A 型	B 型		基本尺寸	极限偏差
1.5	M8×1	8	14	22	7	3	16	18	33	10	0 −0.22
3	M10×1		15	23	8	4	20	22	35	13	
6			17	26			26	28	40		
12	M14×1.5	12	20	30			32	34	47	18	0 −0.27
18			22	32			36	40	50		
25			24	34	10	5	41	44	55		
50	M16×1.5		30	44			51	54	70	21	0 −0.33
100			38	52			68	68	85		
200	M24×1.5	16	48	64	16	6	—	86	105	30	—

表 13 - 4　压配式压注油杯(JB/T 7940.4—1995)　　　　　　(mm)

	d		H	钢球(按 GB/T 308—2002)	d		H	钢球(按 GB/T 308—2002)
	基本尺寸	极限偏差			基本尺寸	极限偏差		
	6	+0.040 +0.028	6	4	16	+0.063 +0.045	20	11
	8	+0.049 +0.034	10	5	25	+0.085 +0.064	30	13
	10	+0.058 +0.040	12	6				

与 d 相配孔的极限偏差按 H8

标记示例：

$d=6$mm，压配式压注油杯：

油杯　6　JB/T 7940.4—1995

13.2 密 封 件

表 13 - 5　毡封圈及槽的型式及尺寸（JB/ZQ 4606—1997）　　　　　　（mm）

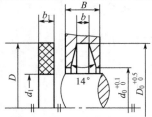

标记示例

轴径 $d=40$mm 的毡圈记为：

毡圈 40 JB/ZQ 4606—1997

轴径	毡封圈			槽					轴径	毡封圈			槽				
d	D	d_1	b_1	D_0	d_0	b	B_{min}		d	D	d_1	b_1	D_0	d_0	b	B_{min}	
							钢	铸铁								钢	铸铁
16	29	14	6	28	16	5	10	12	120	142	118	10	140	122	8	15	18
20	33	19		32	21				125	147	123		145	127			
25	39	24	7	38	26	6			130	152	128		150	132			
30	45	29		44	31				135	157	133		155	137			
35	49	34		48	36				140	162	138		160	143			
40	53	39		52	41				145	167	143		165	148			
45	61	44	8	60	46	7	12	15	150	172	148		170	153			
50	69	49		68	51				155	177	153		175	158			
55	74	53		72	56				160	182	158	12	180	163	10	18	20
60	80	58		78	61				165	187	163		185	168			
65	84	63		85	66				170	192	168		190	173			
70	90	68		88	71				175	197	173		195	178			
75	94	73		92	77				180	202	178		200	183			
80	102	78	9	100	82	8	15	16	185	207	183		205	188			
85	107	83		105	87				190	212	188		210	193			
90	112	88		110	92				195	217	193	14	215	198	12	20	22
95	117	93		115	97				200	222	198		220	203			
100	122	98		120	102				210	232	208		230	213			
105	127	103	10	125	107				220	242	213		240	223			
110	132	108		130	112				230	252	223		250	233			
115	137	118		135	117				240	262	238		260	243			

注：毡圈材料有半粗羊毛毡和细羊毛毡，粗毛毡适用于速度 $v \leqslant 3$m/s，优质细毛毡适用 $v \leqslant 10$m/s。

表 13-6　内包骨架旋转轴唇形密封圈(GB/T 1387.1—1992)　　　　(mm)

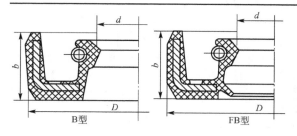

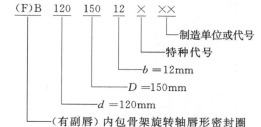

d 轴基本尺寸	D				极限偏差	b 基本宽度及极限偏差	d 轴基本尺寸	D			极限偏差	b 基本宽度及极限偏差
	基本外径							基本外径				
10	22	25					38	55	58	62		
12	24	25	30				40	55	(60)	62		
15	26	30	35				42	55	62	(65)		
16	(28)	30	(35)				45	62	65	70		
18	30	35	(40)			7 ± 0.3	50	68	(70)	72		8 ± 0.3
20	35	40	(45)		$+0.30$		52	72	75	78		
22	35	40	47		$+0.15$		55	72	(75)	80	$+0.35$	
25	40	47	52*				60	80	85	(90)	$+0.20$	
28	40	47	52				65	85	90	(95)		
30	42	47	(50)	52*			70	90	95	(100)		10 ± 0.3
32	45	47	52*			8 ± 0.3	75	95	100			
35	50	52*	55*				80	100	(105)	110		

注：① 有"*"号的基本外径的极限偏差为 $^{+0.35}_{0.20}$。

② 括号代表该数字在正常设计时不选取，特殊时，例外。

内包骨架旋转轴唇形密封圈槽的尺寸及安装示例

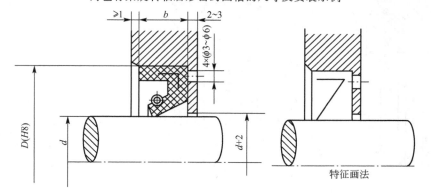

特征画法

表 13 - 7　液压气动用 O 形橡胶密封圈（GB 3452.1—2005）　　　　　　　　　　　　　　（mm）

标记示例：
O 形圈 32.5×2.65—A—N—GB/T 3452.1—2005
（内径 d_1=32.5mm，截面直径 d_2=2.65mm，G 系列 N 级 O 形密封圈）

沟槽尺寸（GB/T 3452.3—2005）

d_2	$b^{+0.25}_{0}$	$h^{+0.10}_{0}$	d_3 偏差值	r_1	r_2
1.8	2.4	1.38	0 / -0.04	0.2~0.4	0.1~0.3
2.65	3.6	2.07	0 / -0.05	0.4~0.8	0.1~0.3
3.55	4.8	2.74	0 / -0.06	0.4~0.8	0.1~0.3
5.3	7.1	4.19	0 / -0.07	0.8~1.2	0.1~0.3
7.0	9.5	5.67	0 / -0.09	0.8~1.2	0.1~0.3

d_1 尺寸	公差 ±	1.8±0.08	2.65±0.09	3.55±0.10
13.2	0.21	*		
14	0.22	*	*	
15	0.22	*	*	
16	0.23	*	*	
17	0.24	*	*	
18	0.25	*	*	*
19	0.25	*	*	*
20	0.26	*	*	*
21.2	0.27	*	*	*
22.4	0.28	*	*	*
23.6	0.29	*	*	*
25	0.30	*	*	*
25.8	0.31	*	*	*
26.5	0.31	*	*	*
28.0	0.32	*	*	*
30.0	0.34	*	*	*
31.5	0.35	*	*	*
32.5	0.36	*	*	*

d_1 尺寸	公差 ±	1.8±0.08	2.65±0.09	3.55±0.10	5.3±0.13
33.5	0.36	*	*	*	
34.5	0.37	*	*	*	
35.5	0.38	*	*	*	
36.5	0.38	*	*	*	
37.5	0.39	*	*	*	
38.7	0.40	*	*	*	
40	0.41	*	*	*	
41.2	0.42	*	*	*	
42.5	0.43	*	*	*	
43.7	0.44	*	*	*	
45	0.44	*	*	*	*
46.2	0.45	*	*	*	*
47.5	0.46	*	*	*	*
48.7	0.47	*	*	*	*
50	0.48	*	*	*	*
51.5	0.49	*	*	*	*
53	0.50	*	*	*	*
54.5	0.51	*	*	*	*

d_1 尺寸	公差 ±	2.65±0.09	3.55±0.10	5.3±0.13
56	0.52	*	*	*
58	0.54	*	*	*
60	0.55	*	*	*
61.5	0.56	*	*	*
63	0.57	*	*	*
65	0.58	*	*	*
67	0.60	*	*	*
69	0.61	*	*	*
71	0.63	*	*	*
73	0.64	*	*	*
75	0.65	*	*	*
77.5	0.67	*	*	*
80	0.69	*	*	*
82.5	0.71	*	*	*
85	0.72	*	*	*
87.5	0.74	*	*	*
90	0.76	*	*	*
92.5	0.77	*	*	*

d_1 尺寸	公差 ±	2.65±0.09	3.55±0.10	5.35±0.13	7±0.15
95	0.79	*	*	*	*
97.5	0.81	*	*	*	*
100	0.82	*	*	*	*
103	0.85	*	*	*	*
106	0.87	*	*	*	*
109	0.89	*	*	*	*
112	0.91	*	*	*	*
115	0.93	*	*	*	*
118	0.95	*	*	*	*
122	0.97	*	*	*	*
125	0.99	*	*	*	*
128	1.01	*	*	*	*
132	1.04	*	*	*	*
136	1.07	*	*	*	*
140	1.09	*	*	*	*
145	1.13	*	*	*	*
150	1.16	*	*	*	*
155	1.19	*	*	*	*

* 为可选规格。

13.3　减速器附件

表 13-8　窥视孔及盖板　　　　　　　　　　　　　　　　　　（mm）

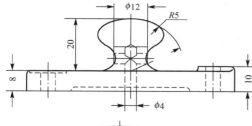

减速器中心距 a、a_Σ		l_1	l_2	b_1	b_2	d		盖厚 δ	R
						直径	孔数		
单级	a≤150	90	75	70	55	7	4	4	5
	a≤250	120	105	90	75	7	4	4	5
	a≤350	180	165	140	125	7	8	4	5
	a≤450	200	180	180	160	11	8	4	10
	a≤500	220	200	200	180	11	8	4	10
双级	a_Σ≤250	140	125	120	105	7	4	4	5
	a_Σ≤425	180	165	140	125	7	8	4	5
	a_Σ≤500	220	190	160	130	11	8	4	15
	a_Σ≤650	270	240	180	150	11	8	6	15

表 13-9　简易通气器

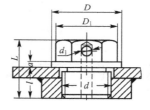

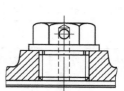

（mm）

d	D	D_1	S	L	l	a	d_1
M10×1	13	11.5	10	16	8	2	3
M12×1.25	16	16.5	14	19	10	2	4
M16×1.5	22	19.6	17	23	12	2	5
M20×1.5	30	25.4	22	28	15	4	6
M22×1.5	32	25.4	22	29	15	4	7
M27×1.5	38	31.2	27	34	18	4	8
M30×2	42	36.9	32	36	18	4	8
M33×2	45	36.9	32	38	20	4	8
M36×3	50	41.6	36	46	25	5	8

注：S 为螺母扳手宽度。

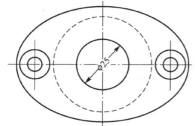

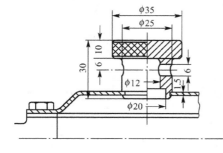

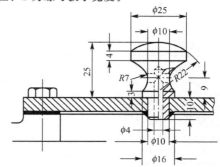

表 13 - 10　带过滤网的通气器

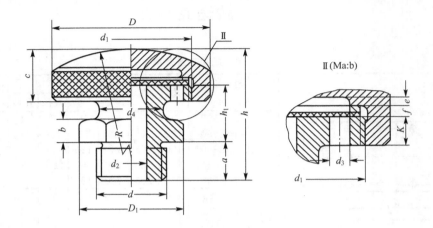

（mm）

d	d_1	d_2	d_3	d_4	D	h	a	b	c	h_1	R	D_1	S	K	e	f
M18	M32×1.5	10	5	16	40	36	10	6	14	17	40	26.9	19	5	2	2
M24	M48×1.5	12	5	22	55	52	15	8	20	25	85	41.6	36	8	2	2
M36	M64×2	20	8	30	75	64	20	12	24	30	180	57.7	50	10	2	2

注：表中符号 S 为螺母扳手宽度。

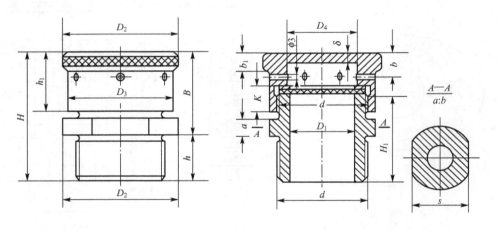

（mm）

d	D_1	B	h	H	D_2	H_1	a	δ	K	b	h_1	b_1	D_3	D_4	s	孔数
M27×1.5	15	≈30	15	≈45	36	32	6	4	10	8	22	6	32	18	30	6
M36×2	20	≈40	20	≈60	48	42	8	4	12	11	29	8	42	24	41	6
M48×3	30	≈45	25	≈70	62	52	10	5	15	13	32	10	56	36	50	8

表 13 - 11　压配式圆形油标(JB/T 7941.1—1995)　　　　　　　　　　(mm)

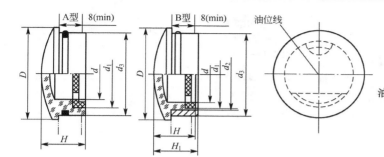

标记示例：

视孔 $d = 32$、A 型压配式图形油标：

油标　A32　JB/T 7941.1—1995

d	D	d_1		d_2		d_3		H	H_1	O 形橡胶密封圈（按 GB/T 3452.1—2005）
		基本尺寸	极限偏差	基本尺寸	极限偏差	基本尺寸	极限偏差			
12	22	12	−0.050 −0.160	17	−0.050 −0.160	20	−0.065 −0.195	14	16	15×2.65
16	27	18		22	−0.065 −0.195	25				20×2.65
20	34	22	−0.065 −0.195	28		32		16	18	25×3.55
25	40	28		34	−0.080 −0.240	38	−0.080 −0.240			31.5×3.55
32	48	35	−0.080 −0.240	41		45		18	20	38.7×3.55
40	58	45		51		55				48.7×3.55
50	70	55	−0.100 −0.290	61	−0.100 −0.290	65	−0.100 −0.290	22	24	—
63	85	70		76		80				

注：① 与 d_1 相配合的孔极限偏差按 H11。

　　② A 型用 O 形橡胶密封圈，沟槽尺寸按 GB/T 3452.3—2005，B 型用密封圈由制造厂设计选用。

表 13 - 12　长形油标(JB/T 7941.3—1995)　　　　　　　　　　(mm)

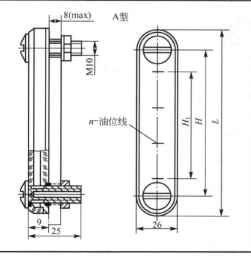

H		H_1	L	n（条数）
基本尺寸	极限偏差			
80	±0.17	40	110	2
100		60	130	3
125	±0.20	80	155	4
160		120	190	6

O 形橡胶密封圈(GB 3452.1—2005)	10×2.65
六角螺母(GB/T 6172—2000)	M10
弹性垫圈(GB/T 861.1—1987)	10

标记示例：

油标 A80 JB/T 7941.3—1995（$H = 80$，A 型长形油标）

说明：O 形橡胶密封圈沟槽尺寸按 GB 3452.3—2005 的规定

注：B 型长形油标见 JB/T 7941.3—1995。

表 13－13　管状油标（JB/T 7941.4—1995）　　　　　　（mm）

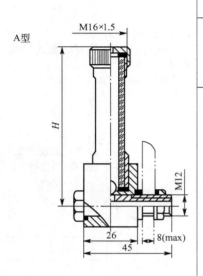

A型

M16×1.5

M12

26
45
8(max)

	H	O 形橡胶密封圈（GB/T 3452.1—1992）	六角螺母（GB/T 6172—2000）	弹性垫圈（GB/T 861.1—1987）
	80、100、125、160、200			
		11.8×2.65	M12	12

标记示例：
油标 A200 JB/T 7941.4—1995（$H=200$，A 型管状油标）

注：B 型长形油标见 JB/T 7941.4—1995。

表 13－14　杆 式 油 标　　　　　　（mm）

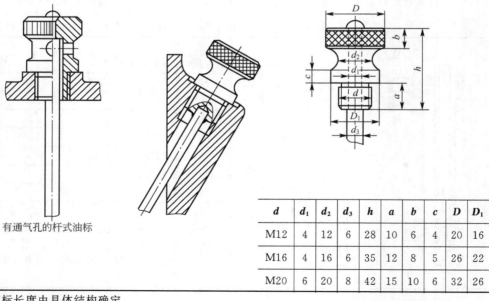

有通气孔的杆式油标

d	d_1	d_2	d_3	h	a	b	c	D	D_1
M12	4	12	6	28	10	6	4	20	16
M16	4	16	6	35	12	8	5	26	22
M20	6	20	8	42	15	10	6	32	26

注：油标长度由具体结构确定。

表 13-15　外六角螺塞(JB/ZQ 4450—2006)、皮封油圈、纸封油圈　　　　(mm)

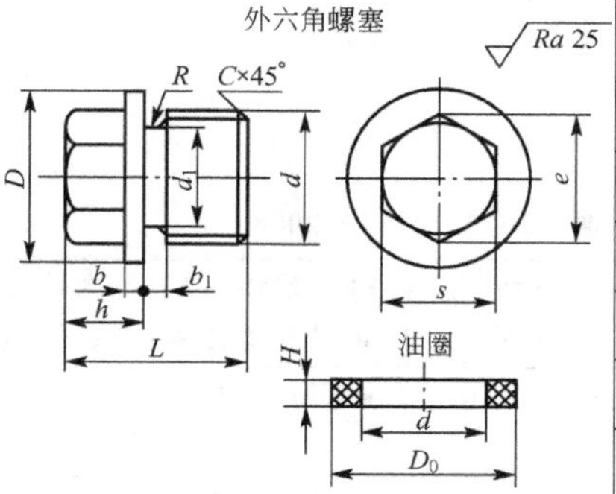

外六角螺塞

油圈

d	d_1	D	e	s	L	h	b	b_1	R	C	D_0	H 纸圈	H 皮圈
M10×1	8.5	18	12.7	11	20	10				0.7	18		
M12×1.25	10.2	22	15	13	24		3					2	
M14×1.5	11.8	23	20.8	18	25	12		3		1.0	22	2	2
M18×1.5	15.8	28	24.2	21	27						25		
M20×1.5	17.8	30			30	15			1		30		
M22×1.5	19.8	32	27.7	24							32		
M24×2	21	34	31.2	27	32	16	4			1.5	35	3	2.5
M27×2	24	38	34.6	30	35	17		4			40		
M30×2	27	42	39.3	34	38	18					45		

标记示例：螺塞　　M20×1.5　　JB/ZQ 4450—1997
　　　　　　油圈　　30×20　　(D_0=30、d=20 的纸封油圈)
　　　　　　油圈　　30×20　　(D_0=30、d=20 的皮封油圈)

材料：纸封油圈—石棉橡胶纸；皮封油圈—工业用革；螺塞—Q235

第 14 章　电　动　机

14.1　Y 系列三相异步电动机技术数据

表 14 - 1　Y 系列三相异步电动机的型号及相关数据（JB/T 10391—2008）

电动机型号	额定功率/kW	满载转速/(r/min)	起动转矩 额定转矩	最大转矩 额定转矩	电动机型号	额定功率/kW	满载转速/(r/min)	起动转矩 额定转矩	最大转矩 额定转矩
同步转速 3000r/min，2 极					同步转速 1000r/min，6 极				
Y801 - 2	0.75	2830	2.2	2.3	Y200L2 - 6	22	970	1.8	2.0
Y802 - 2	1.1	2830	2.2	2.3	Y225M - 6	30	980	1.7	2.0
Y90S - 2	1.5	2840	2.2	2.3	Y250M - 6	37	980	1.8	2.0
Y90L - 2	2.2	2840	2.2	2.3	Y280S - 6	45	980	1.8	2.0
Y100L - 2	3	2880	2.2	2.3	Y280M - 6	55	980	1.8	2.0
Y112M - 2	4	2890	2.2	2.3	同步转速 1500r/min，4 极				
Y132S1 - 2	5.5	2900	2.0	2.3	Y801 - 4	0.55	1390	2.4	2.3
Y132S2 - 2	7.5	2900	2.0	2.3	Y802 - 4	0.75	1390	2.3	2.3
Y160M1 - 2	11	2930	2.0	2.3	Y90S - 4	1.1	1400	2.3	2.3
Y160M2 - 2	15	2930	2.0	2.3	Y90L - 4	1.5	1400	2.3	2.3
Y160L - 2	18.5	2930	2.0	2.2	Y100L1 - 4	2.2	1430	2.2	2.3
Y180M - 2	22	2940	2.0	2.2	Y100L2 - 4	3	1430	2.2	2.3
Y200L1 - 2	30	2950	2.0	2.2	Y112M - 4	4	1440	2.2	2.3
Y200L2 - 2	37	2950	2.0	2.2	Y132S - 4	5.5	1440	2.2	2.3
Y225M - 2	45	2970	2.0	2.2	Y132M - 4	7.5	1440	2.2	2.3
Y250M - 2	55	2970	2.0	2.2	Y160M - 4	11	1460	2.2	2.3
同步转速 1000r/min，6 极					Y160L - 4	15	1460	2.2	2.3
Y90S - 6	0.75	910	2.0	2.2	Y180M - 4	18.5	1470	2.0	2.2
Y90L - 6	1.1	910	2.0	2.2	Y180L - 4	22	1470	2.0	2.2
Y100L - 6	1.5	940	2.0	2.2	Y200L - 4	30	1470	2.0	2.2
Y112M - 6	2.2	940	2.0	2.2	Y225S - 4	37	1480	1.9	2.2
Y132S - 6	3	960	2.0	2.2	Y225M - 4	45	1480	1.9	2.2
Y132M1 - 6	4	960	2.0	2.2	Y250M - 4	55	1480	2.0	2.2
Y132M2 - 6	5.5	960	2.0	2.2	Y280S - 4	75	1480	1.9	2.2
Y160M - 6	7.5	970	2.0	2.0	Y280M - 4	90	1480	1.9	2.2
Y160L - 6	11	970	2.0	2.0	同步转速 750r/min，8 极				
Y180L - 6	15	970	1.8	2.0	Y132S - 8	2.2	710	2.0	2.0
Y200L1 - 6	18.5	970	1.8	2.0	Y132M - 8	3	710	2.0	2.0

（续）

电动机型号	额定功率/kW	满载转速/(r/min)	起动转矩 额定转矩	最大转矩 额定转矩	电动机型号	额定功率/kW	满载转速/(r/min)	起动转矩 额定转矩	最大转矩 额定转矩
同步转速 750r/min，8 极					同步转速 750r/min，8 极				
Y160M1-8	4	720	2.0	2.0	Y225S-8	18.5	730	1.7	2.0
Y160M2-8	5.5	720	2.0	2.0	Y225M-8	22	730	1.8	2.0
Y160L-8	7.5	720	2.0	2.0	Y250M-8	30	730	1.8	2.0
Y180L-8	11	730	1.7	2.0	Y280S-8	37	740	1.8	2.0
Y200L-8	15	730	1.8	2.0	Y280M-8	45	740	1.8	2.0

注：Y 系列电动机的型号由 4 部分组成：第一部分拼音字母 Y 表示异步电动机；第二部分数字表示
机座中心高（机座不带底脚时，与机座带底脚时相同）；第三部分英文字母为机座长度代号（S—
短机座，M—中机座，L—长机座），字母后的数字为铁心长度代号；第四部分横线后的数字为
电动机的极数。例如，电动机型号 Y132S—4 表示异步电动机，机座中心高为 132mm，短机座，
极数为 4。

14.2　Y 系列三相异步电动机的外形及安装尺寸

表 14-2　B3 型、机座带底角和端盖无凸缘的 Y 系列三相异步
电动机的外形及安装尺寸（JB/T 9616—1999）

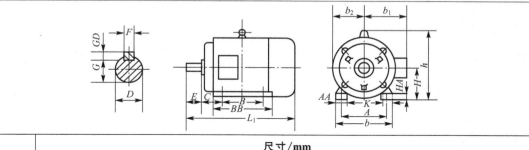

型号					D		E		F×GD		G		K	b	b₁	b₂	h	AA	BB	HA	L₁	
	H	A	B	C	2极	4、6、8、10极	2极	4、6、8、10极	2极	4、6、8、10极	2极	4、6、8、10极									2极	4、6、8、10极
Y180	80	125	100	50		19		40		6×6		15.5	10	160	150	85	170	34	130	10		285
Y90S	90	140	100	56		24		50		8×7		20	10	180	155	90	190	36	130	12		310
Y90L	90	140	125	56		24		50		8×7		20	10	180	155	90	190	36	155	12		335
Y100L	100	160	140	63		28		60		8×7		24	12	205	180	105	245	40	176	14		380
Y112M	112	190	140	70		28		60		8×7		24	12	245	190	115	265	50	180	15		400
Y132S	132	216	140	89		38		80		10×8		33	12	280	210	135	315	60	200	18		475

（续）

型号	尺寸/mm																					
					D		E		$F \times GD$		G										L_1	
	H	A	B	C	2极	4、6、8、10极	2极	4、6、8、10极	2极	4、6、8、10极	2极	4、6、8、10极	K	b	b_1	b_2	h	AA	BB	HA	2极	4、6、8、10极
Y132M	132	216	178	89	38		80		10×8		33		12	280	210	135	315	60	238	18	515	
Y160M	160	254	210	108	42		110		12×8		37		15	325	255	165	385	70	270	20	600	
Y160L	160	254	254	108	42		110		12×8		37		15	325	255	165	385	70	314	20	645	
Y180M	180	279	241	121	48		110		14×9		42.5		15	355	285	180	430	70	311	22	670	
Y180L	180	279	279	121	48		110		14×9		42.5		15	355	285	180	430	70	349	22	710	
Y200L	200	318	305	133	55		110		16×10		49		19	395	310	200	475	70	379	25	775	
Y225S	225	356	286	149	55	60	110	140	16×10	18×11	49	53	19	435	345	225	530	75	368	28		820
Y225M	225	356	311	149	55	60	110	140	16×10	18×11	49	53	19	435	345	225	530	75	393	28	815	845
Y250M	250	406	349	168	60	65	140		18×11		53	58	24	490	385	250	575	80	455	30	930	
Y280S	280	457	368	190	65	75	140		18×11	20×12	58	67.5	24	545	410	280	640	85	530	35	1000	
Y280M	280	475	419	190	65	75	140		18×11	20×12	58	67.5	24	545	410	280	640	85	581	35	1000	

第 15 章　极限与配合、几何公差、表面结构及传动件的精度

15.1　极限与配合

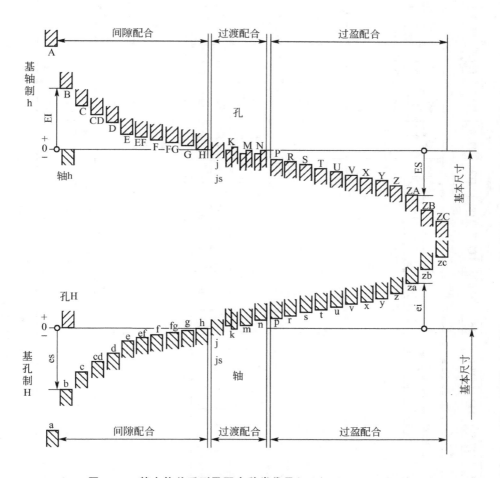

图 15.1　基本偏差系列及配合种类代号(GB/T 1800.2—2009)

表 15-1　标准公差值(GB/T 1800.3—1998)

基本尺寸/mm		标准公差等级																	
		IT1	IT2	IT3	IT4	IT5	IT6	IT7	IT8	IT9	IT10	IT11	IT12	IT13	IT14	IT15	IT16	IT17	IT18
大于	至	μm											mm						
—	3	0.8	1.2	2	3	4	6	10	14	25	40	60	0.1	0.14	0.25	0.4	0.6	1	1.4
3	6	1	1.5	2.5	4	5	8	12	18	30	48	75	0.12	0.18	0.3	0.48	0.75	1.2	1.8
6	10	1	1.5	2.5	4	6	9	15	22	36	58	90	0.15	0.22	0.36	0.58	0.9	1.5	2.2
10	18	1.2	2	3	5	8	11	18	27	43	70	110	0.18	0.27	0.43	0.7	1.1	1.8	2.7
18	30	1.5	2.5	4	6	9	13	21	33	52	84	130	0.21	0.33	0.52	0.84	1.3	2.1	3.3
30	50	1.5	2.5	4	7	11	16	25	39	62	100	160	0.25	0.39	0.62	1	1.6	2.5	3.9
50	80	2	3	5	8	13	19	30	46	74	120	190	0.3	0.46	0.74	1.2	1.9	3	4.6
80	120	2.5	4	6	10	15	22	35	54	87	140	220	0.35	0.54	0.87	1.4	2.2	3.5	5.4
120	180	3.5	5	8	12	18	25	40	63	100	160	250	0.4	0.63	1	1.6	2.5	4	6.3
180	250	4.5	7	10	14	20	29	46	72	115	185	290	0.46	0.72	1.15	1.85	2.9	4.6	7.2
250	315	6	8	12	16	23	32	52	81	130	210	320	0.52	0.81	1.3	2.1	3.2	5.2	8.1
315	400	7	9	13	18	25	36	57	89	140	230	360	0.57	0.89	1.4	2.3	3.6	5.7	8.9
400	500	8	10	15	20	27	40	63	97	155	250	400	0.63	0.97	1.55	2.5	4	6.3	9.7
500	630	9	11	16	22	32	44	70	110	175	280	440	0.7	1.1	1.75	2.8	4.4	7	11
630	800	10	13	18	25	36	50	80	125	200	320	500	0.8	1.25	2	3.2	5	8	12.5
800	1000	11	15	21	28	40	56	90	140	230	360	560	0.9	1.4	2.3	3.6	5.6	9	14
1000	1250	13	18	24	33	47	66	105	165	260	420	660	1.05	1.65	2.6	4.2	6.6	10.5	16.5
1250	1600	15	21	29	39	55	78	125	195	310	500	780	1.25	1.95	3.1	5	7.8	12.5	19.5
1600	2000	18	25	35	46	65	92	150	230	370	600	920	1.5	2.3	3.7	6	9.2	15	23
2000	2500	22	30	41	55	78	110	175	280	440	700	1100	1.75	2.8	4.4	7	11	17.5	28
2500	3150	26	36	50	68	96	135	210	330	540	860	1350	2.1	3.3	5.4	8.6	13.5	21	33

注：① 基本尺寸大于 500mm 的 IT1 至 IT5 的标准公差数值为试行的。

② 基本尺寸小于或等于 1mm 时，无 IT14 至 IT18。

③ 标准公差分为 20 个等级，即 IT01, IT00, IT1, …, IT18。

表 15 - 2　轴的极限偏差值(GB/T 1800.3—1998)　　　　　　　(μm)

公差带	等级	基本尺寸/mm 大于～至							
		10～18	18～30	30～50	50～80	80～120	120～180	180～250	250～315
d	7	−50 −68	−65 −86	−80 −105	−100 −130	−120 −155	−145 −185	−170 −216	−190 −242
	8	−50 −77	−65 −98	−80 −119	−100 −146	−120 −174	−145 −208	−170 −242	−190 −271
	▼9	−50 −93	−65 −117	−80 −142	−100 −174	−120 −207	−145 −245	−170 −285	−190 −320
	10	−50 −120	−65 −149	−80 −180	−100 −220	−120 −260	−145 −305	−170 −355	−190 −400
d	6	−32 −43	−40 −53	−50 −66	−60 −79	−72 −94	−85 −110	−100 −129	−110 −142
	7	−32 −50	−40 −61	−50 −75	−60 −90	−72 −107	−85 −125	−100 −146	−110 −162
	8	−32 −59	−40 −73	−50 −89	−60 106	−72 −126	−85 −148	−100 −172	−110 −191
	9	−32 −75	−40 −92	−50 −112	−60 −134	−72 −159	−85 −185	−100 −215	−110 −240
f	6	−16 −27	−20 −33	−25 −41	−30 −49	−36 −58	−43 −68	−50 −79	−56 −88
	▼7	−16 −34	−20 −41	−25 −50	−30 −60	−36 −71	−43 −83	−50 −96	−56 −108
	8	−16 −43	−20 −53	−25 −64	−30 −76	−36 −90	−43 −106	−50 −122	−56 −137
	9	−16 −59	−20 −72	−25 −87	−30 −104	−36 −123	−43 −143	−50 −165	−56 −186
g	5	−6 −14	−7 −16	−9 −20	−10 −23	−12 −27	−14 −32	−15 −35	−17 −40
	▼6	−6 −17	−7 −20	−9 −25	−10 −29	−12 −34	−14 −39	−15 −44	−17 −49
	7	−6 −24	−7 −28	−9 −34	−10 −40	−12 −47	−14 −54	−15 −61	−17 −69
	8	−6 −33	−7 −40	−9 −48	−10 −56	−12 −66	−14 −77	−15 −87	−17 −98
h	5	0 −8	0 −9	0 −11	0 −13	0 −15	0 −18	0 −20	0 −23
	▼6	0 −11	0 −13	0 −16	0 −19	0 −22	0 −25	0 −29	0 −32
	▼7	0 −18	0 −21	0 −25	0 −30	0 −35	0 −40	0 −46	0 −52
	8	0 −27	0 −33	0 −39	0 −46	0 −54	0 −63	0 −72	0 −81
	▼9	0 −43	0 −52	0 −62	0 −74	0 −87	0 −100	0 −115	0 −130
	10	0 −70	0 −84	0 −100	0 −120	0 −140	0 −160	0 −185	0 −210

（续）

公差带	等级	基本尺寸/mm 大于~至														
		10~18	18~30	30~50	50~65	65~80	80~100	100~120	120~140	140~160	160~180	180~200	200~225	225~250	250~280	280~315
J	5	+5 -3	+5 -4	+6 -5	+6 -7	+6 -7	+6 -9	+6 -9	+7 -11	+7 -11	+7 -11	+7 -13	+7 -13	+7 -16	+7 -16	+7 -16
	6	+8 -3	+9 -4	+11 -5	+12 -7	+12 -7	+13 -9	+13 -9	+14 -11	+14 -11	+14 -11	+16 -13	+16 -13	—	—	—
	7	+12 -6	+13 -8	+15 +10	+18 -12	+18 -12	+20 -15	+20 -15	+22 -18	+22 -18	+22 -18	+25 -21	+25 -21	—	—	—
js	5	±4	±4.5	±5.5	±6.5	±6.5	±7.5	±7.5	±9	±9	±9	±10	±10	±11.5	±11.5	±11.5
	6	±5.5	±6.5	±8	±9.5	±9.5	±11	±11	±12.5	±12.5	±12.5	±14.5	±14.5	±16	±16	±16
	7	±9	±10	±12	±15	±15	±17	±17	±20	±20	±20	±23	±23	±26	±26	±26
k	5	+9 +1	+11 +2	+13 +2	+15 +2	+15 +2	+18 +3	+18 +3	+21 +3	+21 +3	+21 +3	+24 +4	+24 +4	+27 +4	+27 +4	+27 +4
	▼6	+12 +1	+15 +2	+18 +2	+25 +3	+25 +3	+28 +3	+28 +3	+33 +4	+33 +4	+33 +4	+36 +4	+36 +4			
	7	+19 +1	+23 +2	+27 +2	+32 +2	+32 +2	+38 +3	+38 +3	+43 +3	+43 +3	+43 +3	+50 +4	+50 +4	+56 +4	+56 +4	+56 +4
m	5	+15 +7	+17 +8	+20 +9	+24 +11	+24 +11	+28 +13	+28 +13	+33 +15	+33 +15	+33 +15	+37 +17	+37 +17	+43 +20	+43 +20	+43 +20
	6	+18 +7	+21 +8	+25 +9	+30 +11	+30 +11	+35 +13	+35 +13	+40 +15	+40 +15	+40 +15	+46 +17	+46 +17	+52 +20	+52 +20	+52 +20
	7	+25 +7	+29 +8	+34 +9	+41 +11	+41 +11	+48 +13	+48 +13	+55 +15	+55 +15	+55 +15	+63 +17	+63 +17	+72 +20	+72 +20	+72 +20
n	5	+20 +12	+24 +15	+28 +17	+33 +20	+33 +20	+38 +23	+38 +23	+45 +27	+45 +27	+45 +27	+51 +31	+51 +31	+57 +34	+57 +34	+57 +34
	▼6	+23 +12	+28 +15	+33 +17	+39 +20	+39 +20	+45 +23	+45 +23	+52 +27	+52 +27	+52 +27	+60 +31	+60 +31	+66 +34	+66 +34	+66 +34
	7	+30 +12	+36 +15	+42 +17	+50 +20	+50 +20	+58 +23	+58 +23	+67 +27	+67 +27	+67 +27	+77 +31	+77 +31	+86 +34	+86 +34	+86 +34
p	5	+26 +18	+31 +22	+37 +26	+45 +32	+45 +32	+52 +37	+52 +37	+61 +43	+61 +43	+61 +43	+70 +50	+70 +50	+79 +56	+79 +56	+79 +56
	▼6	+29 +18	+35 +22	+43 +26	+51 +32	+51 +32	+59 +37	+59 +37	+68 +43	+68 +43	+68 +43	+79 +50	+79 +50	+88 +56	+88 +56	+88 +56
	7	+36 +18	+43 +22	+51 +26	+62 +32	+62 +32	+72 +37	+72 +37	+83 +43	+83 +43	+83 +43	+96 +50	+96 +50	+108 +56	+108 +56	+108 +56
r	5	+31 +23	+37 +28	+45 +34	+54 +41	+56 +43	+66 +51	+69 +54	+81 +63	+83 +65	+86 +68	+97 +77	+100 +80	+104 +84	+117 +94	+121 +98
	6	+34 +23	+41 +28	+50 +34	+60 +41	+62 +43	+73 +51	+76 +54	+88 +63	+90 +65	+93 +68	+106 +77	+109 +80	+133 +84	+126 +94	+130 +98
	7	+41 +23	+49 +28	+59 +34	+71 +41	+73 +43	+86 +51	+89 +54	+103 +63	+105 +65	+108 +68	+123 +77	+126 +80	+130 +84	+146 +94	+150 +98

注：标注▼者为优先公差等级，应优先选用。

表 15 - 3　孔的极限偏差值(GB/T 1800. 3—1998)　　　　　　　(μm)

公差带	等级	基本尺寸/mm 大于~至							
		10~18	18~30	30~50	50~80	80~120	120~180	180~250	250~315
D	8	+77 +50	+98 +65	+119 +80	+146 +100	+174 +120	+208 +145	+242 +170	+271 +190
	▼9	+93 +50	+117 +65	+142 +80	+174 +100	+207 +120	+245 +145	+285 +170	+320 +190
	10	+120 +50	+149 +65	+180 +80	+220 +100	+260 +120	+305 +145	+355 +170	+400 +190
	11	+160 +50	+195 +65	+240 +80	+290 +100	+340 +120	+395 +145	+460 +170	+510 +190
E	7	+50 +32	+61 +40	+75 +50	+90 +60	+107 +72	+125 +85	+146 +100	+162 +110
	8	+59 +32	+73 +40	+89 +50	+106 +60	+126 +72	+145 +85	+172 +100	+191 +110
	9	+75 +32	+92 +40	+112 +50	+134 +60	+159 +72	+185 +85	+215 +100	+240 +110
	10	+102 +32	+124 +40	+150 +50	+180 +60	+212 +72	+245 +85	+285 +100	+320 +110
F	6	+27 +16	+33 +20	+41 +25	+49 +30	+58 +36	+68 +43	+79 +50	+88 +56
	7	+34 +16	+41 +20	+50 +25	+60 +30	+71 +36	+83 +43	+96 +50	+108 +56
	▼8	+43 +16	+53 +20	+64 +25	+76 +30	+90 +36	+106 +43	+122 +50	+137 +56
	9	+59 +16	+72 +20	+87 +25	+104 +30	+123 +36	+143 +43	+165 +50	+186 +56
G	6	+17 +6	+20 +7	+25 +9	+29 +10	+34 +12	+39 +14	+44 +15	+49 +17
	▼7	+24 +6	+28 +7	+34 +9	+40 +10	+47 +12	+54 +14	+61 +15	+19 +17
	8	+33 +6	+40 +7	+48 +9	+56 +10	+66 +12	+77 +14	+87 +15	+98 +17

（续）

公差带	等级	基本尺寸/mm 大于～至							
		10～18	18～30	30～50	50～80	80～120	120～180	180～250	250～315
H	6	+11 0	+13 0	+16 0	+19 0	+22 0	+25 0	+29 0	+32 0
	▼7	+18 0	+21 0	+25 0	+30 0	+35 0	+40 0	+46 0	+52 0
	▼8	+27 0	+33 0	+39 0	+46 0	+54 0	+63 0	+72 0	+81 0
	▼9	+43 0	+52 0	+62 0	+74 0	+87 0	+100 0	+115 0	+130 0
	10	+70 0	+84 0	+100 0	+120 0	+140 0	+160 0	+185 0	+210 0
	▼11	+110 0	+130 0	+160 0	+190 0	+220 0	+250 0	+290 0	+320 0
J	7	+10 −8	+12 −9	+14 −11	+18 −12	+22 −13	+26 −14	+30 −16	+36 −16
	8	+15 −12	+20 −13	+24 −15	+28 −18	+34 −20	+41 −22	+47 −25	+55 −26
js	6	±5.5	±6.5	±8	±9.5	±11	±12.5	±14.5	±16
	7	±9	±10	±12	±15	±17	±20	±23	±26
	8	±13	±16	±19	±23	±27	±31	±36	±40
K	6	+2 −9	+2 −11	+3 −13	+4 −15	+4 −18	+4 −21	+5 −24	+5 −27
	▼7	+6 −12	+6 −15	+7 −18	+9 −21	+10 −25	+12 −28	+13 −33	+16 −36
	8	+8 −19	+10 −23	+12 −27	+14 −32	+16 −38	+20 −43	+22 −50	+25 −56
N	6	−9 −20	−11 −24	−12 −28	−14 −33	−16 −38	−20 −45	−22 −51	−25 −57
	▼7	−5 −23	−7 −28	−8 −33	−9 −39	−10 −45	−12 −52	−14 −60	−14 −66
	8	−3 −30	−3 −36	−3 −42	−4 −50	−4 −58	−4 −67	−5 −77	−5 −86
P	6	−15 −26	−18 −31	−21 −37	−26 −45	−30 −52	−36 −61	−41 −70	−47 −79
	▼7	−11 −29	−14 −35	−17 −42	−21 −51	−24 −59	−28 −68	−33 −79	−36 −88

注：标注▼者为优先公差等级，应优先选用。

表 15-4　基孔制优先、常用配合（GB/T 1801—2009）

基本尺寸至 500mm 的基孔制优先、常用配合：

轴：间隙配合（a～h）　过渡配合（js～n）　过盈配合（p～z）

基准孔	a	b	c	d	e	f	g	h	js	k	m	n	p	r	s	t	u	v	x	y	z
H6						$\frac{H6}{f5}$	$\frac{H6}{g5}$	$\frac{H6}{h5}$	$\frac{H6}{js5}$	$\frac{H6}{k5}$	$\frac{H6}{m5}$	$\frac{H6}{n5}$	$\frac{H6}{p5}$	$\frac{H6}{r5}$	$\frac{H6}{s5}$	$\frac{H6}{t5}$				$\frac{H6}{y6}$	$\frac{H6}{z5}$
H7						$\frac{H7}{f6}$	▲$\frac{H7}{g6}$	▲$\frac{H7}{h6}$	$\frac{H7}{js6}$	▲$\frac{H7}{k6}$	$\frac{H7}{m6}$	▲$\frac{H7}{n6}$	▲$\frac{H7}{p6}$	$\frac{H7}{r6}$	▲$\frac{H7}{s6}$	$\frac{H7}{t6}$	▲$\frac{H7}{u6}$	$\frac{H7}{v6}$	$\frac{H7}{x6}$		
H8					$\frac{H8}{e7}$	▲$\frac{H8}{f7}$		▲$\frac{H8}{h7}$	$\frac{H8}{js7}$	$\frac{H8}{k7}$	$\frac{H8}{m7}$	$\frac{H8}{n7}$	$\frac{H8}{p7}$	$\frac{H8}{r7}$	$\frac{H8}{s7}$	$\frac{H8}{t7}$	$\frac{H8}{u7}$				
H8				$\frac{H8}{d8}$	$\frac{H8}{e8}$	$\frac{H8}{f8}$		$\frac{H8}{h8}$													
H9			$\frac{H9}{c9}$	▲$\frac{H9}{d9}$	$\frac{H9}{e9}$	$\frac{H9}{f9}$		▲$\frac{H9}{h9}$													
H10			$\frac{H10}{c10}$	$\frac{H10}{d10}$				$\frac{H10}{h10}$													
H11	$\frac{H11}{a11}$	$\frac{H11}{b11}$	▲$\frac{H11}{c11}$	$\frac{H11}{d11}$				▲$\frac{H11}{h11}$													
H12		$\frac{H12}{b12}$						$\frac{H12}{h12}$													

注：① $\frac{H6}{n5}$、$\frac{H7}{p6}$ 在基本尺寸小于或等于 3mm 和 $\frac{H8}{r7}$ 在基本尺寸小于或等于 100mm 时，为过渡配合。

②　标注▲的配合为优先配合。

表 15−5　基轴制优先、常用配合（GB/T 1801—2009）

基本尺寸至至 500mm 的基轴制优先、常用配合：

基准轴	孔																					
	A	B	C	D	E	F	G	H	JS	K	M	N	P	R	S	T	U	V	X	Y	Z
	间隙配合								过渡配合				过盈配合								
h5						$\frac{F6}{h5}$	$\frac{G6}{h5}$	$\frac{H6}{h5}$	$\frac{JS6}{h5}$	$\frac{K6}{h5}$	$\frac{M6}{h5}$	$\frac{N6}{h5}$	$\frac{P6}{h5}$	$\frac{R6}{h5}$	$\frac{S6}{h5}$	$\frac{T6}{h5}$					
h6						$\frac{F7}{h6}$	▲$\frac{G7}{h6}$	▲$\frac{H7}{h6}$	$\frac{JS7}{h6}$	▲$\frac{K7}{h6}$	$\frac{M7}{h6}$	▲$\frac{N7}{h6}$	▲$\frac{P7}{h6}$	$\frac{R7}{h6}$	▲$\frac{S7}{h6}$	$\frac{T6}{h6}$	▲$\frac{U7}{h6}$				
h7				$\frac{E8}{h7}$	$\frac{F8}{h7}$	▲$\frac{F8}{h7}$		▲$\frac{H8}{h7}$	$\frac{JS8}{h7}$	$\frac{K8}{h7}$	$\frac{M8}{h7}$	$\frac{N8}{h7}$								
h8				$\frac{D8}{h8}$	$\frac{F8}{h8}$	$\frac{F8}{h8}$		$\frac{H8}{h8}$													
h9				▲$\frac{D9}{h9}$	$\frac{E9}{h9}$	$\frac{F9}{h9}$		▲$\frac{H9}{h9}$													
h10				$\frac{D10}{h10}$				$\frac{H10}{h10}$													
h11	▲$\frac{A11}{h11}$	$\frac{B11}{h11}$	▲$\frac{C11}{h11}$	$\frac{D11}{h11}$				▲$\frac{H11}{h11}$													
h12		$\frac{B12}{h12}$						$\frac{H12}{h12}$													

注：标注▲的配合为优先配合。

15.2　几　何　公　差

表 15-6　常用几何公差符号(GB/T 1182—2008)

公差特征项目的符号						被测要素、基准要素的标注要求及其他附加符号			
公差	特征项目	符号	公差	特征项目	符号	说明	符号	说明	符号
形状或位置	形状		位置						
	直线度	—	定向	平行度	//	被测要素的标注	直接 ↓	最大实体要求	Ⓜ
				垂直度	⊥				
	平面度	▱		倾斜度	∠		用字母 A	最小实体要求	Ⓛ
	圆度	○	定位	同轴(同心)度	◎	基准要素的标注	Ⓐ	可逆要求	Ⓡ
	圆柱度	⌭		对称度	═	基准目标的标注	⌀2/A1	延伸公差带	Ⓟ
	轮廓			位置度	⊕	理论正确尺寸	50	自由状态(非刚性零件)条件	Ⓕ
	线轮廓度	⌒	跳动	圆跳动	↗				
	面轮廓度	⌓		全跳动	⌰	包容要求	Ⓔ	全周(轮廓)	⌖

公差框格	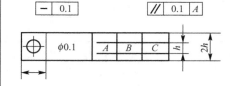	公差要求在矩形方框中给出,该方框由两格或多格组成。框格中的内容从左到右按以下次序填写: (1) 公差特征的符号; (2) 公差值; (3) 如需要,用一个或多个字母表示基准要素或基准体系。(h 为图样中采用字体的高度)

表 15 - 7 平行度、垂直度和倾斜度公差（GB/T 1184—1996） （μm）

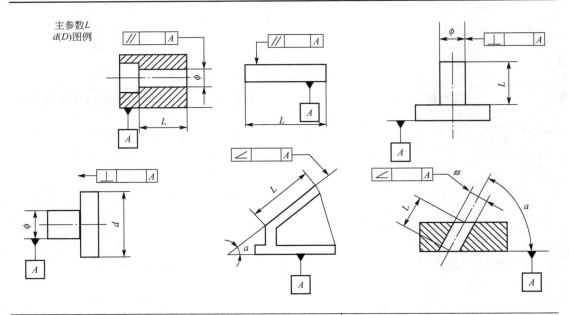

主参数L d(D)图例

公差等级	主参数 L、$d(D)$/mm										应用举例	
	大于～至											
	≤10	10～16	16～25	25～40	40～63	63～100	100～160	160～250	250～400	400～630	平行度	垂直度和倾斜度
5	5	6	8	10	12	15	20	25	30	40	用于重要轴承孔对基准面的要求，一般减速器箱体孔的中心线等	用于装 P4、P5 级轴承的箱体的凸肩，发动机轴和离合器的凸缘
6	8	10	12	15	20	25	30	40	50	60	用于一般机械中箱体孔中心线间的要求，如减速器箱体的轴承孔、7～10 级精度齿轮传动箱体孔的中心线	用于装 P6、P0 级轴承的箱体孔的中心线，低精度机床主要基准面和工作面
7	12	15	20	25	30	40	50	60	80	100		
8	20	25	30	40	50	60	80	100	120	150	用于重型机械轴承盖的端面，手动传动装置中的传动轴	用于一般导轨，普通传动箱体中的轴肩
9	30	40	50	60	80	100	120	150	200	250	用于低精度零件，重型机械滚动轴承端盖	用于花键轴肩端面，减速器箱体平面等
10	50	60	80	100	120	150	200	250	300	400		

　　注：① 主参数 L、$d(D)$ 是被测要素的长度或直径。

　　　　② 应用举例栏仅供参考。

表 15 - 8　直线度和平面度公差(GB/T 1184—1996)　　　　　　　　　(μm)

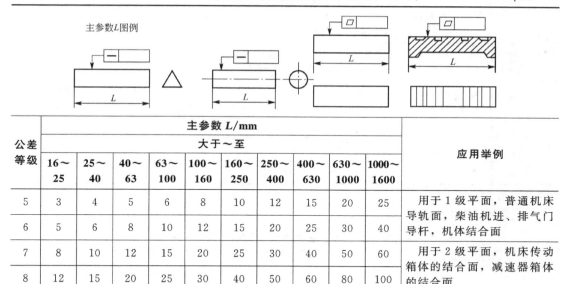

主参数L图例

公差等级	主参数 L/mm										应用举例
	大于～至										
	16～25	25～40	40～63	63～100	100～160	160～250	250～400	400～630	630～1000	1000～1600	
5	3	4	5	6	8	10	12	15	20	25	用于 1 级平面,普通机床导轨面,柴油机进、排气门导杆,机体结合面
6	5	6	8	10	12	15	20	25	30	40	
7	8	10	12	15	20	25	30	40	50	60	用于 2 级平面,机床传动箱体的结合面,减速器箱体的结合面
8	12	15	20	25	30	40	50	60	80	100	
9	20	25	30	40	50	60	80	100	120	150	用于 3 级平面,法兰的连接面,辅助机构及手动机械的支承面
10	30	40	50	60	80	100	120	150	200	250	

注：① 主参数 L 指被测要素的长度。

② 应用举例栏仅供参考。

表 15 - 9　同轴度、对称度、圆跳动和全跳动公差(GB/T 1184—1996)　　　　(μm)

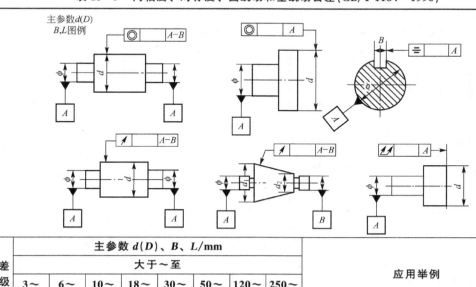

主参数d(D)
B,L图例

公差等级	主参数 d(D)、B、L/mm								应用举例
	大于～至								
	3～6	6～10	10～18	18～30	30～50	50～120	120～250	250～500	
5	3	4	5	6	8	10	12	15	用于机床轴颈、高精度滚动轴承外圈、一般精度轴承内圈、6～7 级精度齿轮轴的配合面
6	5	6	8	10	12	15	20	25	

（续）

公差等级	主参数 $d(D)$、B、L/mm								应用举例
	大于～至								
	3～6	6～10	10～18	18～30	30～50	50～120	120～250	250～500	
7	8	10	12	15	20	25	30	40	用于齿轮轴、凸轮轴、水泵轴轴颈、P0 级精度滚动轴承内圈、8～9 级精度齿轮轴的配合面
8	12	15	20	25	30	40	50	60	
9	25	30	40	50	60	80	100	120	用于 9 级精度以下齿轮轴、自行车中轴、摩托车活塞的配合面
10	50	60	80	100	120	150	200	250	

注：① 主参数 $d(D)$、B、L 为被测要素的直径、宽度及间距。

② 应用举例栏仅供参考。

表 15-10　圆度和圆柱度公差(GB/T 1184—1996)　　　　　(μm)

主参数 $d(D)$ 图例

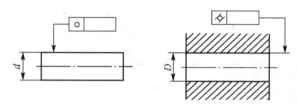

精度等级	主参数 $d(D)$/mm											应用举例
	大于～至											
	3～6	6～10	10～18	18～30	30～50	50～80	80～120	120～180	180～250	250～315	315～400	400～500	
5	1.5	1.5	2	2.5	2.5	3	4	5	7	8	9	10	安装 P6、P0 级滚动轴承的配合面，中等压力下的液压装置工作面（包括泵、压缩机的活塞和气缸），风动绞车曲轴，通用减速器轴颈、一般机床主轴
6	2.5	2.5	3	4	4	5	6	8	10	12	13	15	
7	4	4	5	6	7	8	10	12	14	16	18	20	发动机的胀圈、活塞销及连杆中装衬套的孔等，千斤顶或压力油缸活塞，水泵及减速器轴颈，液压传动系统的分配机构，拖拉机气缸体与气缸套配合面，炼胶机冷铸轧辊
8	5	6	8	9	11	13	15	18	20	23	25	27	

(续)

精度等级	主参数 d(D)/mm 大于～至												应用举例
	3～6	6～10	10～18	18～30	30～50	50～80	80～120	120～180	180～250	250～315	315～400	400～500	
9	8	9	11	13	16	19	22	25	29	32	36	40	起重机、卷扬机用的滑动轴承,带软密封的低压泵的活塞和气缸 通用机械杠杆与拉杆、拖拉机的活塞环与套筒孔
10	12	15	18	21	25	30	35	40	46	52	57	63	
11	18	22	27	33	39	46	54	63	72	81	89	97	
12	30	36	43	52	62	74	87	100	115	130	140	155	

表 15-11 轴和外壳的几何公差(GB/T 1184—1996)

基本尺寸/mm		圆柱度 t				端面圆跳动 t_1			
		轴颈		外壳孔		轴肩		外壳孔肩	
		轴承公差等级							
		0 级公差等级	6(6X)	0 级公差等级	6(6X)	0 级公差等级	6(6X)	0 级公差等级	6(6X)
大于	至	公差值/μm							
—	6	2.5	1.5	4	2.5	5	3	8	5
6	10	2.5	1.5	4	2.5	6	4	10	6
10	18	3.0	2.0	5	3.0	8	5	12	8
18	30	4.0	2.5	6	4.0	10	6	15	10
30	50	4.0	2.5	7	4.0	12	8	20	12
50	80	5.0	3.0	8	5.0	15	10	25	15
80	120	6.0	4.0	10	6.0	15	10	25	15
120	180	8.0	5.0	12	8.0	20	12	30	20
180	250	10.0	7.0	14	10.0	20	12	30	20

15.3 表面结构

1. 概述

表面结构是机件在机械加工过程中,出于刀痕、工艺系统的高频振动、材料的塑性变形、刀具与被加工表面的摩擦等原因引起的微观几何形状特性。它对机件的配合性能、耐磨性、接触刚度、抗疲劳强度、外观和密封性等都有影响。

　　1）表面结构的粗糙度基本参数及代号、数值

　　（1）轮廓算术平均偏差 Ra。它是在取样长度内轮廓偏距绝对值的算术平均值，如图 15.2 所示，用 Ra 能客观地反映表面微观几何形状。

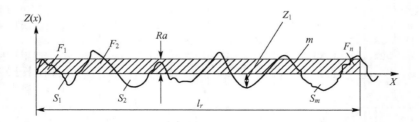

图 15.2　轮廓算术平均偏差 Ra 的评定

　　（2）轮廓最大高度 Rz。它是在一个取样长度内最大轮廓高峰和最大轮廓谷深之和的高度，如图 15.3 所示，用 Rz 表示。

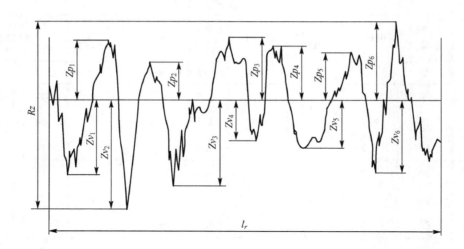

图 15.3　轮廓最大高度 Rz 的评定

　　（3）Ra、Rz 的数值见表 15-12。

表 15-12　Ra、Rz 的数值及补充系列值（GB/T 1031—2009）　　　　　（μm）

	\multicolumn{9}{c}{**Ra、Rz 的数值系列**}
Ra	0.012	0.2	3.2	50	Rz	0.025	0.4	6.3	100	1600
	0.025	0.4	6.3	100		0.05	0.8	12.5	200	—
	0.05	0.8	12.5	—		0.1	1.6	25	400	—
	0.1	1.6	25	—		0.2	3.2	50	800	—

（续）

Ra、Rz 的补充系列值

Ra	0.008	0.125	2.0	32	*Rz*	0.032	0.50	8.0	125	—
	0.010	0.160	2.5	40		0.040	0.63	10.0	160	—
	0.016	0.25	4.0	63		0.063	1.00	16.0	250	—
	0.020	0.32	5.0	80		0.080	1.25	20	320	—
	0.032	0.50	8.0	—		0.125	2.0	32	500	—
	0.040	0.63	10.0	—		0.160	2.5	40	630	—
	0.063	1.00	16.0	—		0.25	4.0	63	1000	—
	0.080	1.25	20	—		0.32	5.0	80	1250	—

注：① 在表面结构参数常用的参数范围内（*Ra* 为 0.025～6.3μm、*Rz* 为 0.1～25μm），推荐优先选用 *Ra*。

② 根据表面功能和生产的经济合理性，当选用的数值系列不能满足要求时，可选取补充系列值。

2）标注表面结构的图形符号

标注表面结构的图形符号见表 15-13。

表 15-13　标注表面结构的图形符号

		符号	意义及说明
标注表面结构的图形符号	基本图形符号	√	表示对表面结构有要求的图形符号。当不加注粗糙度参数值或有关说明（如表面处理、局部热处理状况等）时，仅适用于简化代号标注，没有补充说明时不能单独使用
	扩展图形符号	⩗	要求去除材料的图形符号。在基本图形符号上加一短横，表示指定表面是用去除材料的方法获得的，如通过机械加工获得的表面
		⟍⟋◯	不允许去除材料的图形符号。在基本图形符号上加一圆圈，表示指定表面是用不去除材料方法获得
	完整图形符号	 ⟋ √ ⟋◯　任何允许去除材料和不允许去除材料工艺	当要求标注表面结构特征的补充信息时，应在基本图形符号和扩展图形符号的长边上加一横线

表面结构的图形符号尺寸如图 15.4 所示。

图 15.4 中，d'、H_1、H_2 均与数字和字母高度 h 有关，见表 15-14。水平线长度取决于其上下所标注内容的长度。

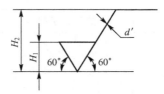

图 15.4　表面结构的图形符号尺寸

表 15－14　d'、H_1、H_2 与 h 的值的关系　　　　　　　（mm）

数字和字母高度 h(GB/T 14690—1993)	2.5	3.5	5	7	10
符号线宽 d'	0.25	0.35	0.5	0.7	1
高度 H_1	3.5	5	7	10	14
高度 H_2	7.5	10.5	15	21	30

注：H_2 或取决于标注内容所占的高度。

2. 表面结构要求在图样中的标注

1）表面结构要求

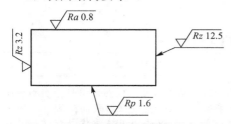

图 15.5　表面结构要求的注写方向

对每一表面一般只标注一次，并尽可能注在相应的尺寸及其公差的同一视图上。除非另有说明，所标注的表面结构要求是对完工零件表面的要求。

2）表面结构符合、代号的标注位置与方向

（1）总的原则是根据 GB/T 4458.4 规定，使表面结构的注写和读取方向与尺寸的注写和读取方向一致（图 15.5）。

（2）标注在轮廓线上或指引线上。表面结构要求可标注在轮廓线上，其符号应从材料外指向并接触表面。必要时表面结构符号也可用带箭头或黑点的指引线引出标注，如图 15.6 和图 15.7 所示。

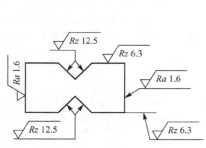

图 15.6　表面结构要求在
轮廓线上的标注

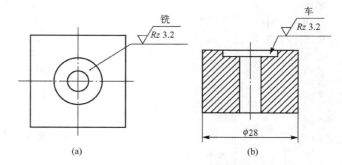

图 15.7　用指引线引出标注表面结构要求

（3）标注在特征尺寸的尺寸线上。在不致引起误解时，表面结构要求可以标注在给定的尺寸线上，如图 15.8 所示。

（4）标注在几何公差的框格上。表面结构要求可标注在几何公差的框格上方，如图 15.9（a）、（b）所示。

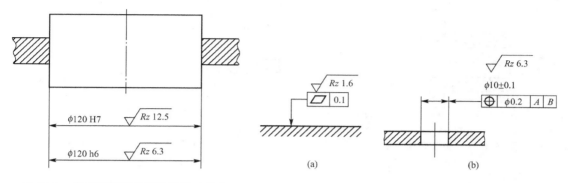

图 15.8　表面结构要求标注在尺寸线上

图 15.9　表面结构要求标注在几何公差框格的方向

（5）标注在延长线上。表面结构要求可以直接标注在延长线上，或用带箭头的指引线引出标注，如图 15.6 和图 15.10 所示。

（6）标注在圆柱和棱柱表面上。圆柱和棱柱表面的表面结构要求只标注一次，如图 15.10 所示。如果每个棱柱表面有不同的表面结构要求，则应分别单独标注，如图 15.11 所示。

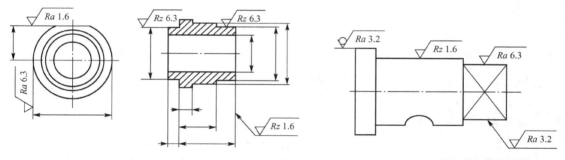

图 15.10　表面结构要求标注在圆柱特征的延长线上

图 15.11　圆柱和棱柱的表面结构要求的注法

3）表面结构要求的简化注法

（1）有相同表面结构要求的简化注法。如果在工件的多数（包括全部）表面有相同的表面结构要求，则其表面结构要求可统一标注在图样的标题栏附近。此时（除全部表面有相同要求的情况外），表面结构要求的符号后面应有如下内容。

① 在圆括号内给出无任何其他标注的基本符号，如图 15.12 所示。

② 在圆括号内给出不同的表面结构要求，如图 15.13 所示。

不同的表面结构要求直接标注在图形中，如图 15.12 和图 15.13 所示。

（2）多个表面有共同要求的注法。

① 当多个表面具有相同的表面结构要求或图纸空间有限时，可以采用简化注法。

② 用带字母的完整符号的简化注法。可用带字母的完整符号，以等式的形式在图形或标题栏附近，对有相同表面结构要求的表面进行简化标注，如图 15.14 所示。

③ 只用表面结构符号的简化注法。可用表 15-13 中的表面结构符号，以等式的形式

给出对多个表面共同的表面结构要求，如图 15.15～图 15.17 所示。

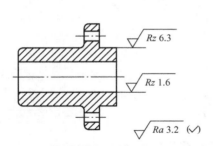

图 15.12 大多数表面有相同表面结构
要求的简化注法(一)

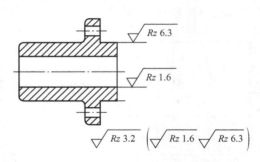

图 15.13 大多数表面有相同表面结构
要求的简化注法(二)

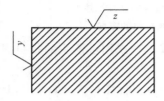

图 15.14 在图纸空间有限时的简化注法

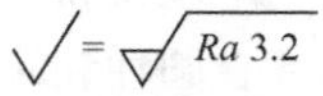

图 15.15 未指定工艺方法的多个
表面结构要求的简化标注

图 15.16 要求去除材料的多个
表面结构要求的简化标注法

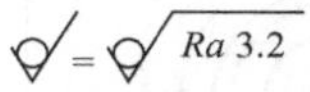

图 15.17 不允许去除材料的多个
表面结构要求的简化标注

加工方法与表面粗糙度 Ra 的关系见表 15-15。

表 15-15 加工方法与表面粗糙度 Ra 值的关系（参考） （μm）

加工方法		Ra	加工方法		Ra	加工方法		Ra
砂模铸造		80～20*	铰孔	粗铰	40～20	齿轮加工	插齿	5～1.25*
模型锻造		80～10		半粗铰，精铰	2.5～0.32*		滚齿	2.5～1.25*
车外圆	粗车	20～10	拉削	半精拉	2.5～0.63		剃齿	1.25～0.32*
	半精车	10～2.5		精拉	0.32～0.16	切螺纹	板牙	10～2.5
	精车	1.25～0.32	刨削	粗刨	20～10		铣	5～1.25*
镗孔	粗镗	40～10		精刨	1.25～0.63		磨削	2.5～0.32*
	半精镗	2.5～0.63*	钳工加工	粗锉	40～10		镗磨	0.32～0.04
	精镗	0.63～0.32		细锉	10～2.5		研磨	0.63～0.16
圆柱铣和端铣	粗铣	20～5*		刮削	2.5～0.63		精研磨	0.08～0.02
	精铣	1.25～0.63*		研磨	1.25～0.08	抛光	一般抛	1.25～0.16
钻孔，扩孔		20～5		插削	40～2.5		精抛	0.08～0.04
锪孔，锪端面		5～1.25		磨削	5～0.01*			

注：① 表中数据是对钢材加工而言。

② * 为该加工方法可达到的 Ra 极限值。

15.4　渐开线圆柱齿轮的精度

1. 精度等级及其选择

国家标准对渐开线圆柱齿轮及齿轮副规定了 13 个精度等级，第 0 级精度最高，第 12 级精度最低。

齿轮精度等级的确定见表 15-16。

表 15-16　齿轮的精度等级及其选择

精度等级		5 级 （高精密级）	6 级 （高精度级）	7 级 （比较高的精密级）	8 级 （中等精密级）	9 级 （低精度级）
加工方法		在周期性误差非常小的精密齿轮机床上范成加工	在高精度的齿轮机床上范成加工	在高精度的齿轮机床上范成加工	用范成法或仿型法加工	用任意的方法加工
齿面最终精加工		精密磨齿，大型齿轮用精密滚齿滚切后，再研磨或剃齿	精密磨齿或剃齿	不淬火的齿轮推荐用高精度的刀具切制。淬火的齿轮需要精加工（磨剃研磨）	不磨齿，必要时剃齿或研磨	不需要精加工
齿面粗糙度 Ra/μm		0.4	0.4	0.8	3.2～3.6	6.3
使用范围		精密的分度机构用齿轮[1]。用于高速，并对运行平稳性和噪声有比较高的要求的齿轮[1]，高速汽轮机用齿轮。检测 8 级或 9 级齿轮的标准齿轮	用于在高速下平稳地回转，并要求有最高效率和低噪声的齿轮[1]。分度机构用齿轮[2]，特别重要的飞机齿轮	用于高速、载荷小正反转的齿轮，如机床的进给齿轮、需要运动有配合的齿轮、中速减速齿轮、飞机齿轮、人字齿轮的中速齿轮	对精度没有特别要求的一般机械用齿轮。机床齿轮（分度机构除外）。特别不重要的飞机、汽车、拖拉机齿轮。起重机、农业机械、普通减速器用齿轮	用于对精度要求不高，并在低速下工作的齿轮
圆周速度/(m/s)	直齿轮	到20及以上	到15	到10	到6	到2

（续）

精度等级		5 级 （高精密级）	6 级 （高精度级）	7 级 （比较高的 精密级）	8 级 （中等精密级）	9 级 （低精度级）
圆周 速度/ (m/s)	斜齿 轮	到 40 及以上	到 30	到 20	到 12	到 4
效率[3]/%		99(98.5)以上	99(98.5)以上	98(97.5)以上	97(96.5)以上	96(95)以上

注：① Ⅰ 组精度可以降低 1 级。
　　② Ⅱ 组精度可以降低 1 级。
　　③ 括号内的效率是包括轴承损失的数值。

2. 检验项目的选用

考虑选用齿轮检验项目的因素很多，推荐在以下的检验组（表 15 - 17）中选取一个检验组来评定齿轮的精度等级。

表 15 - 17　推荐的齿轮检验组

检验组	检验项目	适用 等级	测量仪器
1	F_p、F_α、F_β、F_r、E_{sn} 或 E_{bn}	3～9	齿距仪、齿形仪、齿向仪、摆差测定仪、齿厚卡尺或公法线千分尺
2	F_p 与 F_{pk}、F_α、F_β、F_r、E_{sn} 或 E_{bn}	3～9	齿距仪、齿形仪、齿向仪、摆差测定仪、齿厚卡尺或公法线千分尺
3	F_p、F_{pt}、F_α、F_β、F_r、E_{sn} 或 E_{bn}	3～9	齿距仪、齿形仪、齿向仪、摆差测定仪、齿厚卡尺或公法线千分尺
4	F_j'' 与 F''、E_{sn} 或 E_{bn}	6～9	双面啮合测量仪、齿厚卡尺或公法线千分尺
5	f_{pt}、F_r、E_{sn} 或 E_{bn}	10～12	齿距仪、摆差测定仪、齿厚卡尺或公法线千分尺
6	F_i''、f_i''、F_β、E_{sn} 或 E_{bn}	3～6	单啮仪、齿向仪、齿厚卡尺或公法线千分尺

3. 齿轮各种偏差允许值

齿轮的各种偏差允许值见表 15 - 18～表 15 - 20。

4. 齿侧间隙及其检验项目

齿侧间隙是在中心距一定的情况下，用减薄轮齿齿厚的方法来获得。设计齿轮时，必须保证有足够的最小侧隙 j_{bnmin}，其值可按表 15 - 21 推荐的数据查取。

表 15—18　$\pm f_{pt}$、F_p、F_α、$f_{f\alpha}$、$f_{H\alpha}$、F_r、f'_i、F'_i、F_w 和 $\pm F_{pk}$ 偏差允许值（GB/T 10095.1~2—2008）　（μm）

分度圆直径 d/mm		模数 m_n/mm		单个齿距极限偏差 $\pm f_{pt}$				齿距累积总偏差 F_p				齿廓总偏差 F_α				齿廓形状偏差 $f_{f\alpha}$				齿廓倾斜极限偏差 $\pm f_{H\alpha}$				径向跳动公差 F_r				f'_i/K 值				公法线长度变动公差 F_w			
大于	至	大于	至	5	6	7	8	5	6	7	8	5	6	7	8	5	6	7	8	5	6	7	8	5	6	7	8	5	6	7	8	5	6	7	8
5	20	0.5	2	4.7	6.5	9.5	13	11	16	23	32	4.6	6.5	9.0	13	3.5	5.0	7.0	10	2.9	4.2	6.0	8.5	9.0	13	18	25	14	19	27	38	10	14	20	29
		2	3.5	5.0	7.5	10	15	12	17	23	33	6.5	9.5	13	19	5.0	7.0	10	14	4.2	6.0	8.5	12	9.5	13	19	27	16	23	32	45				
20	50	0.5	2	5.0	7.0	10	14	14	20	29	41	5.5	7.5	10	15	4.0	5.5	8.0	11	3.3	4.6	6.5	9.5	11	16	23	32	14	20	29	41	12	16	23	32
		2	3.5	5.5	7.5	11	15	15	21	30	42	7.0	10	14	20	5.5	8.0	11	16	4.5	6.5	9.0	13	12	17	24	34	17	24	34	48				
		3.5	6	6.0	8.5	12	17	15	22	31	44	9.0	12	18	25	7.0	9.5	14	19	5.5	8.0	11	16	12	17	25	35	19	27	38	54				
50	125	0.5	2	5.5	7.5	11	15	18	26	37	52	6.0	8.5	12	17	4.5	6.5	9.0	13	3.7	5.0	7.5	11	15	21	29	42	16	22	31	44	14	19	27	37
		2	3.5	6.0	8.5	12	17	19	27	38	53	8.0	11	16	22	6.0	8.5	12	17	5.0	7.0	10	14	15	21	30	43	18	25	36	51				
		3.5	6	6.5	9.0	13	18	19	28	39	55	9.5	13	19	27	7.5	10	15	21	6.0	8.5	12	17	16	22	31	44	20	29	40	57				
125	280	0.5	2	6.0	8.5	12	17	25	35	49	69	7.0	10	14	20	5.5	7.5	11	15	4.4	6.0	9.0	12	20	28	39	55	17	24	34	49	16	22	31	44
		2	3.5	6.5	9.0	13	18	25	35	50	70	9.0	12	18	25	7.0	9.5	14	20	5.5	8.0	11	16	20	28	40	56	19	28	39	56				
		3.5	6	7.0	10	14	20	25	36	51	72	11	15	21	30	8.0	12	16	22	6.5	9.5	13	19	20	29	41	58	22	31	44	62				
280	560	0.5	2	6.5	9.5	13	19	32	46	64	91	8.5	12	17	23	6.5	9.0	13	18	4.6	6.5	9.0	13	26	36	51	73	19	27	39	54	19	26	37	53
		2	3.5	7.0	10	14	20	33	46	65	92	10	15	21	29	8.0	11	16	22	5.5	8.0	11	15	26	37	52	74	22	31	44	62				
		3.5	6	8.0	11	16	22	33	47	66	94	12	17	24	34	9.0	13	18	26	6.5	9.5	15	21	27	38	53	75	24	34	48	68				

注：① 本表中 F_w 是根据我国的生产实践提出的，供参考。

② 将 f'_i/K 乘以 K，即得到 f'_i；当 $\varepsilon_\gamma<4$ 时，$K=0.2\left(\dfrac{\varepsilon_\gamma+4}{\varepsilon_\gamma}\right)$；当 $\varepsilon_\gamma\geqslant4$ 时，$K=0.4$。

③ $F'_i=F_p+f'_i$。

④ $\pm F_{pk}=\pm f_{pt}+1.6\sqrt{(k-1)m_n}$（5 级精度），通常取 $k=Z/8$；按相邻两级的公比 $\sqrt{2}$，可求得其他级 $\pm F_{pk}$ 值。

表 15－19　F_β、$f_{f\beta}$ 和 $f_{H\beta}$ 偏差允许值（GB/T 10095.1—2008）　（μm）

分度圆直径 d /mm		齿宽 b/mm		螺旋线总公差 F_β				螺旋线形状公差 $f_{f\beta}$ 和螺旋线倾斜极限偏差 ±$f_{H\beta}$			
大于	至	大于	至	5	6	7	8	5	6	7	8
5	20	4	10	6.0	8.5	12	17	4.4	6.0	8.5	12
		10	20	7.0	9.5	14	19	4.9	7.0	10	14
20	50	4	10	6.5	9.0	13	18	4.5	6.5	9.0	13
		10	20	7.0	10	14	20	5.0	7.0	10	14
		20	40	8.0	11	16	23	6.0	8.0	12	16
50	125	4	10	6.5	9.5	13	19	4.8	6.5	9.5	13
		10	20	7.5	11	15	21	5.5	7.5	11	15
		20	40	8.5	12	17	24	6.0	8.5	12	17
		40	80	10	14	20	28	7.0	10	14	20
125	280	4	10	7.0	10	14	20	5.0	7.0	10	14
		10	20	8.0	11	16	22	5.5	8.0	11	16
		20	40	9.0	13	18	25	6.5	9.0	13	18
		40	80	10	15	21	29	7.5	10	15	21
		80	160	12	17	25	35	8.5	12	17	25
280	560	10	20	8.5	12	17	24	6.0	8.5	12	17
		20	40	9.5	13	19	27	7.0	9.5	14	19
		40	80	11	15	22	31	8.0	11	16	22
		80	160	13	18	26	36	9.0	13	18	26
		160	250	15	21	30	43	11	15	22	30

表 15－20　F''_i 和 f''_i 偏差值（GB/T 10095.2—2008）　（μm）

分度圆直径 d /mm		模数 m_n/mm		径向综合总偏差 F''_i				一齿径向综合偏差 f''_i			
大于	至	大于	至	5	6	7	8	5	6	7	8
5	20	0.2	0.5	11	15	21	30	2.0	2.5	3.5	5.0
		0.5	0.8	12	16	23	33	2.5	4.0	5.5	7.5
		0.8	1.0	12	18	25	35	3.5	5.0	7.0	10
		1.0	1.5	14	19	27	38	4.5	6.5	9.0	13

（续）

分度圆直径 d /mm		公差项目 / 精度等级 / 模数 m_n/mm		径向综合总偏差 F_i''				一齿径向综合偏差 f_i''			
大于	至	大于	至	5	6	7	8	5	6	7	8
20	50	0.2	0.5	13	19	26	37	2.0	2.5	3.5	5.0
		0.5	0.8	14	20	28	40	2.5	4.0	5.5	7.5
		0.8	1.0	15	21	30	42	3.5	5.0	7.0	10
		1.0	1.5	16	23	32	45	4.5	6.5	9.0	13
		1.5	2.5	18	26	37	52	6.5	9.5	13	19
50	125	1.0	1.5	19	27	39	55	4.5	6.5	9.0	13
		1.5	2.5	22	31	43	61	6.5	13	44	
		2.5	4.0	25	36	51	72	10	14	20	29
		4.0	6.0	31	44	62	88	15	22	31	44
		6.0	10	40	57	80	114	24	34	48	67
125	280	1.0	1.5	24	34	48	68	4.5	6.5	9.0	13
		1.5	2.5	26	37	53	75	6.5	9.5	13	19
		2.5	4.0	30	43	61	86	10	15	21	29
		4.0	6.0	36	51	72	102	15	22	31	44
		6.0	10	45	64	90	127	24	34	48	67
280	560	1.0	1.5	30	43	61	86	4.5	6.5	9.0	13
		1.5	2.5	33	46	65	92	6.5	9.5	13	19
		2.5	4.0	37	52	73	104	10	15	21	29
		4.0	6.0	42	60	84	119	15	22	31	44
		6.0	10	51	73	103	145	24	34	48	68

表 15－21　对于中、大模数齿轮最小侧隙 j_{bnmin} 的推荐数据（GB/Z 18620.2—2008）　　　（mm）

模数 m_n	中心距 a					
	50	100	200	400	800	1600
1.5	0.09	0.11	—	—	—	
2	0.10	0.12	0.15	—	—	—
3	0.12	0.14	0.17	0.24		
5	—	0.18	0.21	0.28	—	
8	—	0.24	0.27	0.34	0.47	—
12	—	—	0.35	0.42	0.55	
18	—	—	—	0.54	0.67	0.94

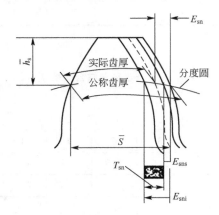

图 15.18　齿厚偏差

控制齿厚的方法有两种，即用齿厚极限偏差或用公法线平均长度极限偏差来控制齿厚。

1) 齿厚极限偏差 E_{sns} 和 E_{sni}

分度圆齿厚偏差如图 15.18 所示。当主动轮与被动轮齿厚都做成最小值，亦即做成上偏差 E_{sns} 时，可获得最小侧隙 j_{bnmin}。通常取两齿轮的齿厚上偏差相等，此时有

$$j_{bnmin} = 2 \mid E_{sns} \mid \cos\alpha_n$$

故有

$$E_{sns} = -j_{bnmin}/2\cos\alpha_n \qquad (15-1)$$

齿厚公差 T_{sn} 可按下式求得

$$T_{sn} = \sqrt{F_r^2 + b_r^2}\, 2\tan\alpha_n \qquad (15-2)$$

式中：b_r 为切齿径向进刀公差，可按表 15-22 选取。

表 15-22　切齿径向进刀公差 b_r 值

齿轮精度等级	4	5	6	7	8	9
b_r	1.26IT7	IT8	1.26IT8	IT9	1.26IT9	IT10

注：查 IT 值的主要参数为分度圆直径尺寸。

齿厚下偏差 E_{sni} 可按下式求得

$$E_{sni} = E_{sns} - T_{sn} \qquad (15-3)$$

式中：T_{sn} 为齿厚公差。显然若齿厚偏差合格，实际齿厚偏差 E_{sn} 应处于齿厚公差带内。

2) 用公法线平均长度极限偏差控制齿厚

齿轮齿厚的变化必然引起公法线长度的变化。测量公法线长度同样可以控制齿侧间隙。公法线长度的上偏差 E_{bns} 和下偏差 E_{bni} 与齿厚偏差有如下关系：

$$E_{bns} = E_{sns}\cos\alpha_n - 0.72F_r\sin\alpha_n \qquad (15-4)$$

$$E_{bni} = E_{sni}\cos\alpha_n + 0.72F_r\sin\alpha_n \qquad (15-5)$$

3) 公法线长度

齿厚改变时，齿轮的公法线长度也随之改变。可以通过测量公法线长度控制齿厚。公法线长度测量不以齿顶圆为测量基准，测量方法简单，测量精度较高，在生产中应用广泛。

公法线长度的计算公式见表 15-23。

表 15-23　公法线长度的计算公式

项目		代号	直齿轮	斜齿轮
标准齿轮	跨测齿数	K	$K = \dfrac{\alpha z}{180°} + 0.5$ 四舍五入成整数	$K = \dfrac{\alpha z'}{180°} + 0.5$ $z' = z\dfrac{\text{invdt}}{\text{inv}\alpha_n}$ 四舍五入成整数
	公法线长度	W	$W = W' m$ $W' = \cos\alpha\,[\pi(K-0.5) + z\,\text{inv}\alpha]$	$W_n = W' m_n$ $W' = \cos\alpha_n\,[\pi(K-0.5) + z'\,\text{inv}\alpha_n]$

（续）

项目		代号	直齿轮	斜齿轮
变位齿轮	跨测齿数	K	$K=\dfrac{z}{\pi}\left[\dfrac{1}{\cos\alpha}\sqrt{\left(1-\dfrac{2x}{z}\right)^2-\cos^2\alpha}\right.$ $\left.-\dfrac{2x}{z}\tan\alpha-\text{inv}\alpha\right]+0.5$ 四舍五入成整数	$K=\dfrac{z'}{\pi}\left[\dfrac{1}{\cos\alpha_n}\sqrt{\left(1-\dfrac{2x_n}{z'}\right)^2-\cos^2\alpha_n}\right.$ $\left.-\dfrac{2x_n}{z}\tan\alpha_n-\text{inv}\alpha_n\right]+0.5$ $z'=z\dfrac{\text{inv}\alpha_1}{\text{inv}\alpha_n}$ 四舍五入成整数
	公法线长度	W	$W=(W'+\Delta W')m$ $W'=\cos\alpha\left[\pi(K-0.5)+z\text{inv}\alpha\right]$ $\Delta W'=2z\sin\alpha$	$W_n=(W'+\Delta W')m_n$ $W'=\cos\alpha_n\left[\pi(K-0.5)+z'\text{inv}\alpha_n\right]$ $z'=z\dfrac{\text{inv}\alpha_t}{\text{inv}\alpha_n}$ $\Delta W'=2x_n\sin\alpha_n$

注：$\alpha=20°$ 标准圆柱齿轮的跨测齿数 K 和公法线长度 W^* 可在表 15-25 中查出。

5. 齿厚和公法线长度

表 15-24　标准齿轮分度圆弦齿厚和弦齿高（$m=m_n=1$，$a=a_n=20°$，$h_a^*=h_{an}^*=1$）　（mm）

齿数 z（或 z_v）	分度圆弦齿厚 $\bar{s}^*$	分度圆弦齿高 $\bar{h}_n^*$	齿数 z（或 z_v）	分度圆弦齿厚 $\bar{s}^*$	分度圆弦齿高 $\bar{h}_n^*$
8	1.5607	1.0769	33	1.5702	1.0187
9	1.5628	1.0684	34	1.5702	1.0181
10	1.5643	1.0616	35	1.5703	1.0176
11	1.5655	1.0560	36	1.5703	1.0171
12	1.5663	1.0513	37	1.5703	1.0167
13	1.5670	1.0474	38	1.5703	1.0162
14	1.5675	1.0440	39	1.5704	1.0158
15	1.5679	1.0411	40	1.5704	1.0154
16	1.5683	1.0385	41	1.5704	1.0150
17	1.5686	1.0363	42	1.5704	1.0147
18	1.5688	1.0342	43	1.5704	1.0143
19	1.5690	1.0324	44	1.5705	1.0140
20	1.5692	1.0308	45	1.5705	1.0137
21	1.5693	1.0294	46	1.5705	1.0134
22	1.5695	1.0280	47	1.5705	1.0131
23	1.5696	1.0268	48	1.5705	1.0128
24	1.5697	1.0257	49	1.5705	1.0126
25	1.5698	1.0247	50	1.5705	1.0123
26	1.5698	1.0237	51	1.5705	1.0121
27	1.5699	1.0228	52	1.5706	1.0119
28	1.5700	1.0220	53	1.5706	1.0116
29	1.5700	1.0213	54	1.5706	1.0114
30	1.5701	1.0206	55	1.5706	1.0112
31	1.5701	1.0199	56	1.5706	1.0110
32	1.5702	1.0193	57	1.5706	1.0108

（续）

齿数 z（或 z_v）	分度圆弦齿厚 $\bar{s}^*$	分度圆弦齿高 $\bar{h}_n^*$	齿数 z（或 z_v）	分度圆弦齿厚 $\bar{s}^*$	分度圆弦齿高 $\bar{h}_n^*$
58	1.5706	1.0106	100	1.5707	1.0062
59	1.5706	1.0105	101	1.5707	1.0061
60	1.5706	1.0103	102	1.5707	1.0060
61	1.5706	1.0101	103	1.5707	1.0060
62	1.5706	1.0099	104	1.5707	1.0059
63	1.5706	1.0098	105	1.5707	1.0059
64	1.5706	1.0096	106	1.5707	1.0058
65	1.5706	1.0095	107	1.5707	1.0058
66	1.5706	1.0093	108	1.5707	1.0057
67	1.5707	1.0092	109	1.5707	1.0057
68	1.5707	1.0091	110	1.5707	1.0056
69	1.5707	1.0089	111	1.5707	1.0056
70	1.5707	1.0088	112	1.5707	1.0055
71	1.5707	1.0087	113	1.5707	1.0055
72	1.5707	1.0086	114	1.5707	1.0054
73	1.5707	1.0084	115	1.5707	1.0054
74	1.5707	1.0083	116	1.5707	1.0053
75	1.5707	1.0082	117	1.5707	1.0053
76	1.5707	1.0081	118	1.5707	1.0052
77	1.5707	1.0080	119	1.5708	1.0052
78	1.5707	1.0079	120	1.5708	1.0051
79	1.5707	1.0078	121	1.5708	1.0051
80	1.5707	1.0077	122	1.5708	1.0051
81	1.5707	1.0076	123	1.5708	1.0050
82	1.5707	1.0075	124	1.5708	1.0050
83	1.5707	1.0074	125	1.5708	1.0049
84	1.5707	1.0073	126	1.5708	1.0049
85	1.5707	1.0073	127	1.5708	1.0049
86	1.5707	1.0072	128	1.5708	1.0048
87	1.5707	1.0071	129	1.5708	1.0048
88	1.5707	1.0070	130	1.5708	1.0047
89	1.5707	1.0069	131	1.5708	1.0047
90	1.5707	1.0069	132	1.5708	1.0047
91	1.5707	1.0068	133	1.5708	1.0046
92	1.5707	1.0067	134	1.5708	1.0046
93	1.5707	1.0066	135	1.5708	1.0046
94	1.5707	1.0066	140	1.5708	1.0044
95	1.5707	1.0065	145	1.5708	1.0043
96	1.5707	1.0064	150	1.5708	1.0041
97	1.5707	1.0064	200	1.5708	1.0031
98	1.5707	1.0063	∞	1.5708	1.0000
99	1.5707	1.0062			

注：当 $m(m_n) \neq 1$ 时，分度圆弦齿厚 $\bar{s} = \bar{s}^* m (\bar{s}_n = \bar{s}^* m_n)$；分度圆弦齿高 $\bar{h}_n = \bar{h}_n^* m (\bar{h}_n = \bar{h}_n^* \cdot m_n)$。

表 15-25　公法线长度 W_k^*（$m=1$，$\alpha=20°$）　　　　　　　　　　（mm）

齿轮齿数 Z	跨测齿数 k	公法线长度 W_k^*	齿轮齿数 Z	跨测齿数 k	公法线长度 W_k^*	齿轮齿数 Z	跨测齿数 k	公法线长度 W_k^*	齿轮齿数 Z	跨测齿数 k	公法线长度 W_k^*	齿轮齿数 Z	跨测齿数 k	公法线长度 W_k^*
			41	5	13.8588	81	10	29.1797	121	14	41.5484	161	18	53.9171
			42	5	8728	82	10	29.1937	122	14	5624	162	19	56.8833
			43	5	8868	83	10	2077	123	14	5764	163	19	56.8972
4	2	4.4842	44	5	9008	84	10	2217	124	14	5904	164	19	9113
5	2	4.4942	45	6	16.8670	85	10	2357	125	14	6044	165	19	9253
6	2	4.5122	46	6	16.8810	86	10	2497	126	15	44.5706	166	9	9393
7	2	4.5262	47	6	8950	87	10	2637	127	15	44.5846	167	19	9533
8	2	4.5402	48	6	9090	88	19	2777	128	15	5986	168	19	9673
9	2	4.5542	49	6	9230	89	10	2917	129	15	6126	169	19	9813
10	2	4.5683	50	6	9370	90	11	32.2579	130	15	6266	170	19	9953
11	2	4.5823	51	6	9510	91	11	32.2718	131	15	6405	171	20	59.9615
12	2	5963	52	6	9660	92	11	2858	132	15	6546	172	20	59.9754
13	2	6103	53	6	9790	93	11	2998	133	15	6686	173	20	9894
14	2	6243	54	7	19.9452	94	11	3136	134	15	6826	174	20	60.0034
15	2	6383	55	7	19.9591	95	11	3279	135	16	47.6490	175	20	0174
16	2	6523	56	7	9731	96	11	3419	136	16	6627	176	20	0314
17	2	6663	57	7	9871	97	11	3559	137	16	6767	177	20	0455
18	3	7.6324	58	7	20.0011	98	11	3699	138	16	6907	178	20	0595
19	3	7.6464	59	7	0152	99	12	35.3361	139	16	7047	179	20	0735
20	3	7.6604	60	7	0292	100	12	35.3500	140	16	7187	180	21	63.0397
21	3	6744	61	7	0432	101	12	3640	141	16	7327	181	21	63.0536
22	3	6884	62	7	0572	102	12	3780	142	16	7408	182	21	0676
23	3	7024	63	8	23.0233	103	12	3920	143	16	7608	183	21	0816
24	3	7165	64	8	23.0373	104	12	4060	144	17	50.7270	184	21	0956
25	3	7305	65	8	0513	105	12	4200	145	17	50.7409	185	21	1099
26	3	7445	66	8	0653	106	12	4340	146	17	7549	186	21	1236
27	4	10.7106	67	8	0793	107	12	4481	147	17	7689	187	21	1376
28	4	10.7246	68	8	0933	108	13	38.4142	148	17	7829	188	21	1516
29	4	7386	69	8	1073	109	13	38.4282	149	17	7969	189	22	66.1179
30	4	7526	70	8	1213	110	13	4422	150	17	8109	190	22	66.1318
31	4	7666	71	8	1353	111	13	4562	151	17	8249	191	22	1458
32	4	7806	72	9	26.1015	112	13	4702	152	17	8389	192	22	1598
33	4	7946	73	9	26.1155	113	13	4842	153	18	53.8051	193	22	1738
34	4	8086	74	9	1295	114	13	4982	154	18	53.8191	194	22	1878
35	4	8226	75	9	1435	115	13	5122	155	18	8331	195	22	2018
36	5	13.7888	77	9	1575	116	13	5262	156	18	8471	196	22	2158
37	5	13.8028	77	9	1715	117	14	41.4924	157	18	8611	197	22	2298
38	5	8168	78	9	1855	118	14	41.5064	158	18	8751	198	23	69.1961
39	5	8308	79	9	1995	119	14	5204	159	18	8891	199	23	69.2101
40	5	8448	80	9	2135	120	14	5344	160	18	9031	200	23	2241

注：对标准直齿圆柱齿轮，公法线长度 $W_k = W_k^* m$；W_k^* 为 $m=1$mm、$\alpha=20°$时的公法线长度。

表 15 - 26　假想齿数系数 $K(\alpha_n = 20°)$

β	K	β	K	β	K	β	K
1°	1.000	6°	1.016	11°	1.054	16°	1.119
2°	1.002	7°	1.022	12°	1.065	17°	1.136
3°	1.004	8°	1.028	13°	1.077	18°	1.154
4°	1.007	9°	1.036	14°	1.090	19°	1.173
5°	1.011	10°	1.045	15°	1.104	20°	1.194

注：对于 β 中间值的系数 K，可按内插法求出。

表 15 - 27　公法线长度 ΔW_n^*　　　　　　　　　（mm）

$\Delta Z'$	0.00	0.01	0.02	0.03	0.04	0.05	0.06	0.07	0.08	0.09
0.0	0.0000	0.0001	0.0003	0.0004	0.0006	0.0007	0.0008	0.0010	0.0011	0.0013
0.1	0.0014	0.0015	0.0017	0.0018	0.0020	0.0021	0.0022	0.0024	0.0025	0.0027
0.2	0.0028	0.0029	0.0031	0.0032	0.0034	0.0035	0.0036	0.0038	0.0039	0.0041
0.3	0.0042	0.0043	0.0045	0.0046	0.0048	0.0049	0.0051	0.0052	0.0053	0.0055
0.4	0.0056	0.0057	0.0059	0.0060	0.0061	0.0063	0.0064	0.0066	0.0067	0.0069
0.5	0.0070	0.0071	0.0073	0.0074	0.0076	0.0077	0.0079	0.0080	0.0081	0.0083
0.6	0.0084	0.0085	0.0087	0.0088	0.0089	0.0091	0.0092	0.0094	0.0095	0.0097
0.7	0.0098	0.0099	0.0101	0.0102	0.0104	0.0105	0.0106	0.0108	0.0109	0.0111
0.8	0.0112	0.0114	0.0115	0.0116	0.0118	0.0119	0.0120	0.0122	0.0123	0.0124
0.9	0.0126	0.0127	0.0129	0.0132	0.0130	0.0133	0.0135	0.0136	0.0137	0.0139

查取示例：$\Delta Z' = 0.65$ 时，由表 15 - 27 查得 $\Delta W_n^* = 0.0091$。

6．齿轮副和轮坯的精度

表 15 - 28　中心距极限偏差 $\pm f_a$（供参考）　　　　　　　　（μm）

中心距 a/mm		齿轮精度等级	
大于	至	5、6	7、8
6	10	7.5	11
10	18	9	13.5
18	30	10.5	16.5
30	50	12.5	19.5
50	80	15	23
80	120	17.5	27
120	180	20	31.5
180	250	23	36
250	315	26	40.5
315	400	28.5	44.5
400	500	31.5	48.5

表 15 - 29　轴线平行度偏差 $f_{\Sigma\delta}$ 和 $f_{\Sigma\beta}$

轴线平行度偏差图示	$f_{\Sigma\beta}$ 和 $f_{\Sigma\delta}$ 的最大推荐值/μm
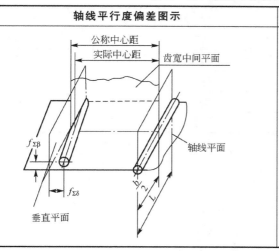	$$f_{\Sigma\beta}=0.5\left(\frac{L}{b}\right)F_{\beta}$$ $$f_{\Sigma\delta}=2f_{\Sigma\beta}$$ 式中：L 为轴承跨距（单位为 mm）； 　　　b 为齿宽（单位为 mm）

表 15 - 30　齿轮装配后接触斑点 (GB/Z 18620.4—2008)

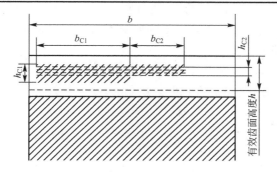

精度等级按 GB/T 10095	b_{C1} 占齿宽的百分数		h_{C1} 占齿高的百分数		b_{C2} 占齿宽的百分数		h_{C2} 占齿高的百分数	
	直齿轮	斜齿轮	直齿轮	斜齿轮	直齿轮	斜齿轮	直齿轮	斜齿轮
4 级及更高	50%		70%	50%	40%		50%	30%
5 和 6	45%		50%	40%	35%		30%	20%
7 和 8	35%		50%	40%	35%		30%	20%
9 至 12	25%		50%	40%	25%		30%	20%

注：① 本表对齿廓和螺旋线修形的齿面不适用。
　　② 本表试图描述那些通过直接测量，证明符合表列精度的齿轮副中获得的最好接触斑点，不能作为证明齿轮精度等级的可替代方法。

表 15 - 31　齿坯尺寸公差 (供参考)

齿轮精度等级		5	6	7	8	9	10	11	12
孔	尺寸公差	IT5	IT6	IT7		IT8		IT9	
轴	尺寸公差	IT5		IT6		IT7		IT8	
顶圆直径偏差	作测量基准	IT8				IT9			
	不作测量基准	公差按 IT11 给定，但不大于 $0.1m_{n}$							

注：孔、轴的几何公差按包容要求，即Ⓔ。

表 15 - 32　齿坯径向和端面圆跳动　　　　　　　　　　（μm）

分度圆直径		齿轮精度等级			
大于	至	3、4	5、6	7、8	9～12
≤125		7	11	18	28
125	400	9	14	22	36
400	800	12	20	32	50
800	1600	18	28	45	71

7. 图样标准

1）齿轮精度等级的标注示例

$$7GB/T\ 10095.1$$

表示齿轮各项偏差均应符合 GB/T 10095.1 的要求，精度均为 7 级。

$$7F_p6(F_\alpha、F_\beta)GB/T\ 10095.1$$

表示偏差 F_p、F_α 和 F_β 均应符合 GB/T 10095.1 的要求，其中 F_p 为 7 级，F_α 和 F_β 为 6 级。

$$6(F_i''、f_i'')GB/T\ 10095.2$$

表示偏差 F_i'' 和 f_i'' 均应符合 GB/T 10095.2 的要求，精度均为 6 级。

2）齿厚偏差的常用标注方法

$$S_n{}_{E_{sni}}^{E_{sns}}$$

其中，S_n 为法向公称齿厚；E_{sns} 为齿厚上偏差；E_{sni} 为齿厚下偏差。

$$W_k{}_{E_{bni}}^{E_{bns}}$$

其中，W_k 为跨 k 个齿的公法线公称长度；E_{bns} 为公法线长度上偏差；E_{bni} 为公法线长度下偏差。

15.5　圆柱蜗杆、蜗轮的精度（摘自 GB/T 10089—1988）

1. 精度等级及其选择

圆柱蜗杆、蜗轮精度国家标准对圆柱蜗杆、蜗轮和蜗杆传动规定了 12 个精度等级；第 1 级的精度最高，第 12 级的精度最低。蜗杆和配对蜗轮的精度一般取成相同等级。

按照公差的特性对传动性能的主要保证作用，将蜗杆、蜗轮和蜗杆传动的公差（或极限偏差）分成 3 个公差组。而根据使用要求不同，允许各公差组选用不同的精度等级组合。但在同一公差组中，各项公差与极限偏差应有相同的精度等级。

蜗杆、蜗轮精度应根据传动用途、使用条件、传递功率、圆周速度及其他技术要求决定。其第 Ⅱ 公差组主要根据蜗轮圆周速度决定，见表 15 - 33。

表 15 - 33　第 Ⅱ 公差组精度等级与蜗轮圆周速度关系（及供参考）

项目	第 Ⅱ 公差组精度等级		
	7	8	9
蜗轮圆周速度 v/(m/s)	≤7.5	≤3	≤1.5

2. 蜗杆、蜗轮及其传动的检测与公差

表 15－34　蜗杆、蜗轮及其传动的公差与极限偏差和各检验组的应用

检验对象	公差级	公差与极限偏差项目			检验组	适用范围
		名称	代号	数值		
蜗杆	Ⅱ	蜗杆一转螺旋线公差	f_h	表 15－35	Δf_h、Δf_{hL}	用于单头蜗杆
		蜗杆螺旋线公差	f_{hL}		Δf_{px}、Δf_{hL}	用于多头蜗杆
		蜗杆轴向齿距极限偏差	$\pm f_{px}$		Δf_{px}	用于 10～12 级精度
		蜗杆轴向齿距累积公差	f_{pxL}		Δf_{px}、Δf_{pxL}	7～9 级精度蜗杆常用此组检验
		蜗杆齿槽径向跳动公差	f_r		Δf_{px}、Δf_{pxL}、Δf_r	
	Ⅲ	蜗杆齿形公差	f_{f1}		Δf_{f1}	7～9 级精度蜗杆常用此项检验
蜗轮	Ⅰ	蜗轮切向综合公差	F_i'	F_p+f_{i2}	$\Delta F_i'$	用于 7～12 级精度。7～9 级成批大量生产常用此组检验
		蜗轮径向综合公差	F_i''	表 15－36	$\Delta F_i''$	
		蜗轮齿距累积公差	F_p		ΔF_p、ΔF_r	用于 5～12 级精度。7～9 级一般动力传动常用此组检验
		蜗轮 k 个齿距累积公差	F_{pk}		ΔF_p、ΔF_{pk}	
		蜗轮齿圈径向跳动公差	F_r		ΔF_r	用于 9～12 级精度
	Ⅱ	蜗轮一齿切向综合公差	f_i'	$0.6(f_{pt}+f_{f2})$	$\Delta f_i'$	用于 7～12 级精度。7～9 级成批大量生产常用此项检验
		蜗轮一齿径向综合公差	f_i''	表 15－36	$\Delta f_i''$	
		蜗轮齿距极限偏差	$\pm f_{pt}$		Δf_{pt}	用于 5～12 级精度。7～9 级一般动力传动常用此项检验
	Ⅲ	蜗轮齿形公差	f_{f2}		Δf_{f2}	当蜗杆副的接触斑点有要求时，Δf_{f2} 可不检验
传动	Ⅰ	蜗杆副的切向综合公差	F_{ic}'	F_p+f_{ic}'	$\Delta F_{ic}'$、$\Delta f_{ic}'$ 和接触斑点	对于 5 级和 5 级精度以下的传动，允许用 $\Delta F_i'$ 和 $\Delta f_i'$ 来代替 $\Delta F_{ic}'$ 和 $\Delta f_{ic}'$ 的检验，或以蜗杆、蜗轮相应公差组的检验组中最低结果来评定传动的第 Ⅰ、Ⅱ 公差组的精度等级
	Ⅱ	蜗杆副的一齿切向综合公差	f_{ic}'	$0.7(f_i'+f_h)$		
		蜗杆副的接触斑点		表 15－37		
	Ⅲ	蜗杆副的中心距极限偏差	$\pm f_a$		Δf_a、Δf_x、Δf_Σ	对于不可调中心距的蜗杆传动，检验接触斑点的同时，还应检验 Δf_a、Δf_x 和 Δf_Σ
		蜗杆副的中间平面极限偏差	$\pm f_x$	表 15－37		
		蜗杆副的轴交角极限偏差	$\pm f_\Sigma$			

注：对于进行 $\Delta F_{ic}'$、$\Delta f_{ic}'$ 和接触斑点检验的蜗杆传动，允许相应的第 Ⅰ、Ⅱ、Ⅲ 公差组的蜗杆、蜗轮检验组和 Δf_a、Δf_x、Δf_Σ 中任意一项误差超差。

表 15 - 35　蜗杆的公差与极限偏差　　　　　　　　　　　　（μm）

第Ⅱ公差组																						第Ⅲ公差组		
蜗杆齿槽径向跳动公差 f_r							模数 m/mm		蜗杆一转螺旋线公差 f_h			螺杆螺旋线公差 f_{hL}			蜗杆轴向齿距极限偏差 $\pm f_{px}$			蜗杆轴向齿距累积公差 f_{pxL}			蜗杆齿形公差 f_{f1}		
分度圆直径 d_1/mm		模数 m/mm		精度等级					精度等级														
大于	至	大于	至	7	8	9	大于	至	7	8	9	7	8	9	7	8	9	7	8	9	7	8	9
31.5	50	1	10	17	23	32	1	3.5	14	—	—	32	—	—	11	14	20	18	25	36	16	22	32
50	80	1	16	18	25	36	3.5	6.3	20	—	—	40	—	—	14	20	25	24	34	48	22	32	45
80	125	1	16	20	28	40	6.3	10	25	—	—	50	—	—	17	25	32	32	45	63	28	40	53
125	180	1	25	25	32	45	10	16	32	—	—	63	—	—	22	32	46	40	56	80	36	53	75

注：当蜗杆齿形角 $\alpha \neq 20°$ 时，f_r 值为本表公差值乘以 $\sin20°/\sin\alpha$。

表 15 - 36　蜗轮的公差与极限偏差　　　　　　　　　　　　（μm）

第Ⅰ公差级				第Ⅱ公差组												第Ⅲ公差级		
分度圆弧长 L/mm	蜗轮齿距累积公差 F_p 及 k 个齿距累积公差 F_{pk}			分度圆直径 d_2/mm		模数 m/mm		蜗轮径向综合公差 F_i''			蜗轮齿圈径向跳动公差 F_r			蜗轮一齿径向综合公差 f_i''			蜗轮齿距极限偏差 $\pm f_{pt}$			蜗轮齿形公差 f_{f2}		
	精度等级							精度等级															
大于 至	7	8	9	大于 至		大于 至		7	8	9	7	8	9	7	8	9	7	8	9	7	8	9

大于	至	7	8	9	大于 至	大于	至	7	8	9	7	8	9	7	8	9	7	8	9	7	8	9
11.2	20	22	32	45	≤125	1	3.5	56	71	90	40	50	63	20	28	36	14	20	28	11	14	22
20	32	28	40	56		3.5	6.3	71	90	112	50	63	80	25	36	45	18	25	36	14	20	32
32	50	32	45	63		6.3	10	80	100	125	56	71	90	28	40	50	20	28	40	17	22	36
50	80	36	50	71	大于125至400	1	3.5	63	80	100	45	56	71	22	32	40	16	22	32	13	18	28
80	160	45	63	90		3.5	6.3	80	100	125	56	71	90	25	36	50	20	28	40	16	22	36
160	315	63	90	125		6.3	10	90	112	140	63	80	100	32	45	56	22	32	45	19	28	45
315	630	90	125	180		10	16	100	125	160	71	90	112	36	50	63	25	36	50	22	32	50

注：① 查 F_p 时，取 $L=\pi d_2/2=\pi m Z_2/2$；查 F_{pk} 时，取 $L=k\pi m$（k 为 2 到小于 $Z_2/2$ 的整数）。除特殊情况外，对于 F_{pk}，k 值规定取为小于 $Z_2/6$ 的最大整数。

② 当蜗杆齿形角 $\alpha \neq 20°$ 时，F_r、F_i''、f_i'' 的值为本表对应的公差值乘以 $\sin20°/\sin\alpha$。

表 15 – 37　传动接触斑点和 $\pm f_a$、$\pm f_x$、$\pm f_\Sigma$ 的值　　　　　　　　　　（μm）

传动接触斑点的要求		第Ⅲ公差组精度等级			传动中心距 a/mm		传动中心距极限偏差 $\pm f_a$			传动中间平面极限偏差 $\pm f_x$			蜗轮齿宽 b_2/mm		传动轴交角极限偏差 $\pm f_\Sigma$ 第Ⅲ公差组精度等级		
		7	8	9	大于	至	7	8	9	7	8	9	大于	至	7	8	9
接触面积的百分比/%	沿齿高不小于	55	55	45	30	50	31	31	50	25	25	40	≤30		12	17	24
	沿齿长不小于	50	50	40	50	80	37	37	60	30	30	48	30	50	14	19	28
接触位置	接触斑点痕迹应偏于啮合端，但不允许在齿顶和啮入、啮出端的棱边接触				80	120	44	44	70	36	36	56	50	80	16	22	32
					120	180	50	50	80	40	40	64	80	120	19	24	36
					180	250	58	58	92	47	47	74	120	180	22	28	42
					250	315	65	65	105	52	52	85	180	250	25	32	48
					315	400	70	70	115	56	56	92					

注：① 采用修行齿面的蜗杆传动，接触斑点的要求可不受本表规定的限制。

　　② 加工时的有关极限偏差：f_{a0} 为加工时的中心距极限偏差，可取 $f_{a0}=0.75f_a$；f_{x0} 为加工时的中间平面极限偏差，可取 $f_{x0}=0.75f_x$；$f_{\Sigma0}$ 为加工时的轴交角极限偏差，可取 $f_{\Sigma0}=0.75f_\Sigma$。

第三篇 机械设计课程设计题目及参考图例

第16章 机械设计课程设计题目

机械设计课程设计题目应尽可能涵盖机械设计课程所学基本内容，要有一定的综合性和适当的难度，同时还应考虑使设计具有一定的创新余地。本书所列的课程设计题目，可供设计时选用。

题目1：带式运输机的传动装置设计（一）

（1）带式运输机的传动装置，如图16.1所示。

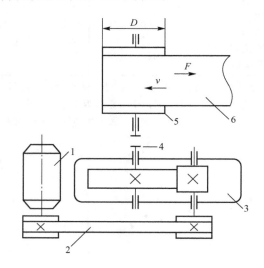

图 16.1 带式运输机的传动简图（一）
1—电动机；2—V带传动；3—单级圆柱齿轮减速器；
4—联轴器；5—滚筒；6—输送带

（2）工作机的工作参数，见表16-1。

表 16-1 原 始 数 据

工作参数	方案序号									
	1	2	3	4	5	6	7	8	9	10
运输带牵引力 F/N	1100	1150	1200	1250	1300	1350	1450	1500	1500	1400
运输带速度 v/(m/s)	1.50	1.60	1.70	1.50	1.55	1.60	1.55	1.65	1.70	1.80
滚筒直径 D/mm	250	260	270	240	250	260	250	260	280	300

（续）

工作参数	方案序号				
	11	**12**	**13**	**14**	**15**
运输带牵引力 F/N	2200	2000	1500	1500	1900
运输带速度 v/(m/s)	1.15	1.20	1.20	1.50	1.35
滚筒直径 D/mm	265	300	300	250	270

（3）工作条件：带式运输机在常温下连续单向运转，载荷平稳，空载起动，两班制工作，每班工作 8 小时，输送带工作速度的允许误差为 ±5%。

（4）使用期限及检修周期：使用期限为 10 年，每年 300 个工作日，检修周期为 3 年。

（5）生产批量：小批量生产。

题目 2：带式运输机的传动装置设计（二）

（1）带式运输机的传动装置，如图 16.2 所示。

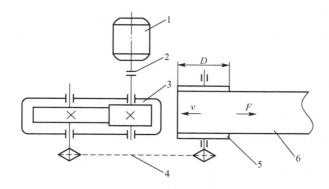

图 16.2　带式运输机的传动简图（二）

1—电动机；2—联轴器；3—单级圆柱齿轮减速器；
4—链传动；5—滚筒；6—输送带

（2）工作机的工作参数，见表 16-2。

表 16-2　原　始　数　据

工作参数	方案序号						
	1	**2**	**3**	**4**	**5**	**6**	**7**
运输带牵引力 F/N	2500	2800	2700	2600	2500	2800	2600
运输带速度 v/(m/s)	1.5	1.4	1.5	1.8	1.5	1.7	1.5
滚筒直径 D/mm	450	450	450	400	400	450	400

（3）工作条件：带式运输机在常温下连续工作、单向运转；起动载荷为名义载荷 1.25 倍，工作时有中等冲击；三班制工作，每班工作 8 小时，输送带工作速度的允许误差为 ±5%。

（4）使用期限及检修周期：使用期限为 8 年，检修周期为 3 年。

（5）生产批量：中批量生产。

题目 3：螺旋运输机的传动装置设计（一）

（1）螺旋运输机的传动装置，如图 16.3 所示。

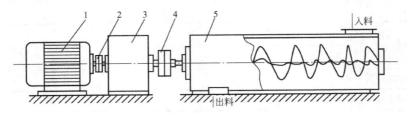

图 16.3　螺旋运输机的传动简图（一）

1—电动机；2—联轴器；3—同轴式减速器；4—联轴器；5—螺旋输送机

（2）工作机的工作参数，见表 16-3。

表 16-3　原　始　数　据

工作参数	方案序号					
	1	2	3	4	5	6
螺旋轴转矩 $T/(\text{N} \cdot \text{m})$	430	420	440	380	400	410
螺旋轴转速 $n/(\text{r/min})$	60	80	100	140	130	120

（3）工作条件：两班制工作运送砂石，每班工作 8 小时，单向运转；螺旋输送机的效率为 0.92。

（4）使用期限及检修周期：使用期限为 10 年，检修周期为 2 年。

（5）生产批量：小批量生产。

题目 4：带式运输机的传动装置设计（三）

（1）带式运输机的传动装置，如图 16.4 所示。

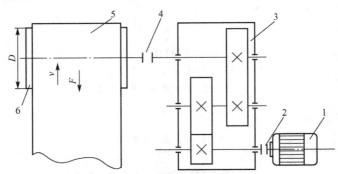

图 16.4　带式运输机的传动简图（三）

1—电动机；2—联轴器；3—二级展开式圆柱齿轮减速器；

4—联轴器；5—输送带；6—滚筒

（2）工作机的工作参数，见表 16-4。

表 16-4　原　始　数　据

工作参数	方案序号									
	1	2	3	4	5	6	7	8	9	10
运输带牵引力 F/N	1900	1800	1600	2200	2250	2500	2450	1900	2100	2000
运输带速度 $v/(\text{m/s})$	1.30	1.60	1.40	1.45	1.50	1.30	1.35	1.45	1.50	1.55
滚筒直径 D/mm	270	285	270	280	290	235	250	260	250	280

（续）

工作参数	方案序号				
	11	**12**	**13**	**14**	**15**
运输带牵引力 F/N	2000	2200	2100	1700	2200
运输带速度 v/(m/s)	1.20	1.50	1.30	1.60	1.10
滚筒直径 D/mm	300	250	265	270	270

（3）工作条件：单向连续运转，工作时有轻微振动，空载起动，两班制工作，每班工作 8 小时，输送带工作速度的允许误差为 ±5%。

（4）使用期限及检修周期：使用期限为 8 年，每年 300 个工作日，检修周期为 3 年。

（5）生产批量：小批量生产。

题目 5：螺旋运输机的传动装置设计（二）

（1）螺旋运输机的传动装置，如图 16.5 所示。

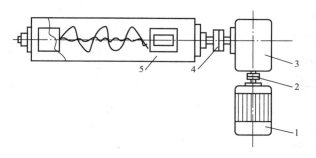

图 16.5　螺旋运输机的传动简图（二）
1—电动机；2—联轴器；3—圆锥-圆柱齿轮减速器；
4—联轴器；5—螺旋运输机

（2）工作机的工作参数，见表 16-5。

表 16-5　原 始 数 据

工作参数	方案序号					
	1	**2**	**3**	**4**	**5**	**6**
螺旋轴转矩 T/(N·m)	400	350	320	300	280	250
螺旋轴转速 n/(r/min)	60	70	85	110	130	150

（3）工作条件：三班制工作运送聚乙烯树脂砂石，每班工作 8 小时，单向运转；螺旋输送机的效率为 0.92。

（4）使用期限：使用期限为 5 年。

（5）工作环境：室内。

题目 6：链板式运输机的传动装置设计

（1）链板式运输机的传动装置，如图 16.6 所示。

（2）工作机的工作参数，见表 16-6。

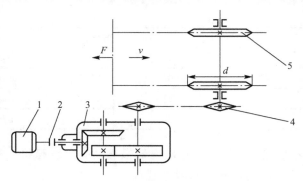

图 16.6　链板式运输机的传动简图

1—电动机；2—联轴器；3—圆锥-圆柱齿轮减速器；

4—链传动；5—输送链

表 16-6　原 始 数 据

工作参数	方案序号				
	1	**2**	**3**	**4**	**5**
运输链的牵引力 F/kN	5	6	7	8	9
运输链的速度 v/(m/s)	0.6	0.5	0.4	0.37	0.35
运输链链轮的节圆直径 d/mm	399	399	383	351	370

（3）工作条件：单向连续运转，工作时有轻微振动；两班制工作，每班工作 8 小时，链板式运输机的效率为 0.95，运输机工作轴转速的允许误差为±5％。

（4）使用期限：使用期限为 10 年，每年 300 个工作日。

（5）生产批量：小批量生产。

题目 7：带式运输机的传动装置设计（四）

（1）带式运输机的传动装置，如图 16.7 所示。

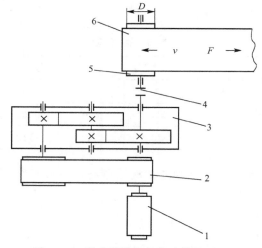

图 16.7　带式运输机的传动简图（四）

1—电动机；2—V 带传动；3—二级圆柱齿轮减速器；

4—联轴器；5—滚筒；6—运输带

（2）工作机的工作参数，见表 16－7。

表 16－7 原 始 数 据

工作参数	方案序号						
	1	2	3	4	5	6	7
运输带的牵引力 F/N	6000	6200	6500	6800	7000	7200	7500
运输带速度 v/(m/s)	0.45	0.48	0.42	0.48	0.50	0.55	0.48
滚筒直径 D/mm	335	375	400	425	450	475	375

（3）工作条件：单向连续运转，空载起动，工作时有轻微振动；两班制工作，每班工作 8 小时，运输带速度的允许误差为 ±5%。

（4）使用期限和检修周期：使用期限为 8 年，每年 300 个工作日，大修期为 3 年。

（5）生产批量：中批量生产。

题目 8：带式运输机的传动装置设计（五）

（1）带式运输机的传动装置，如图 16.8 所示。

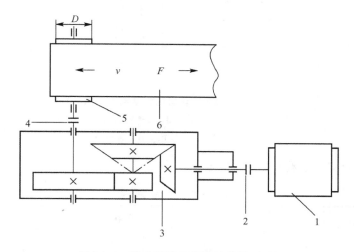

图 16.8 带式运输机的传动简图（五）

1—电动机；2—联轴器；3—圆锥-圆柱齿轮减速器；

4—联轴器；5—滚筒；6—输送带

（2）工作机的工作参数，见表 16－8。

表 16－8 原 始 数 据

工作参数	方案序号						
	1	2	3	4	5	6	7
运输带的牵引力 F/N	2000	4000	3000	2200	3800	3500	4000
运输带速度 v/(m/s)	1.40	1.50	1.10	1.80	1.30	1.00	1.20
滚筒直径 D/mm	350	325	365	355	350	335	380

（3）工作条件：单向连续运转，空载起动，工作载荷有中等冲击；两班制工作，每班工作8小时，运输带速度的允许误差为±5％。

（4）使用期限和检修周期：使用期限为8年，每年300个工作日，大修期为3年。

（5）生产批量：小批量生产。

题目9：带式运输机的传动装置设计（六）

（1）带式运输机的传动装置，如图16.9所示。

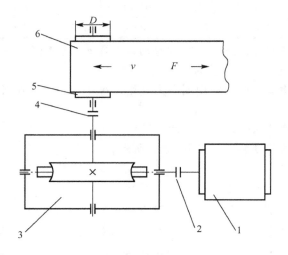

图16.9　带式运输机的传动简图（六）
1—电动机；2—联轴器；3—蜗杆减速器；
4—联轴器；5—滚筒；6—输送带

（2）工作机的工作参数，见表16-9。

表16-9　原　始　数　据

工作参数	方案序号						
	1	2	3	4	5	6	7
运输带的牵引力 F/N	2000	2500	3000	2800	3200	2200	2400
运输带速度 v/(m/s)	1.00	0.70	0.60	0.80	0.75	1.20	0.90
滚筒直径 D/mm	315	300	280	335	315	355	335

（3）工作条件：单向连续运转，空载起动，工作载荷有中等冲击；两班制工作，每班工作8小时，运输带速度的允许误差为±5％。

（4）使用期限和检修周期：使用期限为8年，每年300个工作日，大修期为3年。

（5）生产批量：小批量生产。

题目10：带式运输机的传动装置设计（七）

（1）带式运输机的传动装置，如图16.10所示。

（2）工作机的工作参数，见表16-10。

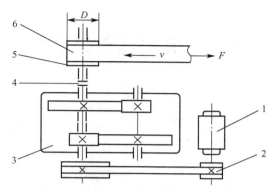

图 16.10　带式运输机的传动简图 （七）

1—电动机；2—V 带传动；3—二级圆柱齿轮减速器；

4—联轴器；5—滚筒；6—输送带

表 16－10　原 始 数 据

工作参数	方案序号									
	1	**2**	**3**	**4**	**5**	**6**	**7**	**8**	**9**	**10**
运输机工作轴转矩 $T/(\text{N} \cdot \text{m})$	1000	1050	1100	1150	1200	1250	1300	1050	1100	1150
运输带工作速度 $v/(\text{m/s})$	0.70	0.75	0.80	0.85	0.70	0.70	0.75	0.80	0.85	0.90
滚筒直径 D/mm	400	420	450	480	400	420	450	480	420	450

（3）工作条件：单向连续运转，空载起动，工作时有轻微冲击；单班制工作，每班工作 8 小时，运输带速度的允许误差为±5%。

（4）使用期限：使用期限为 8 年，每年 300 个工作日。

（5）生产批量：小批量生产。

第 17 章　课程设计参考图例

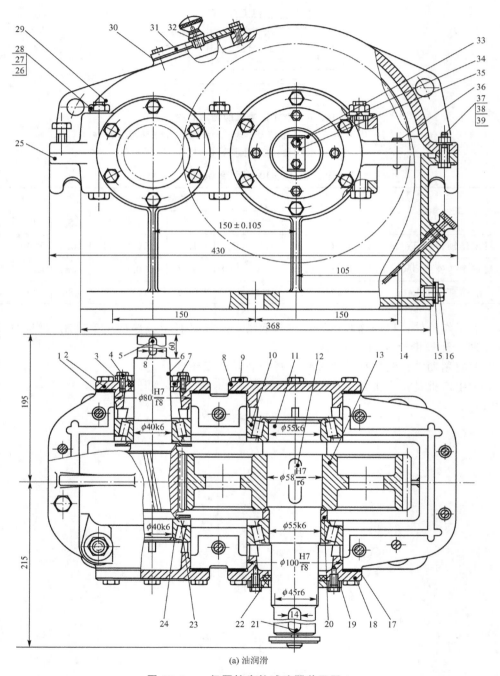

(a) 油润滑

图 17.1　一级圆柱齿轮减速器装配图 1

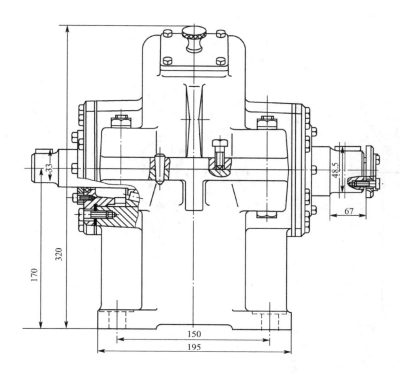

减速器特性

1. 功率：5kW；2. 高速轴转数：327r/min；3. 传动比：3.95

技术要求

1. 在装配之前，所有零件用煤油清洗，滚动轴承用汽油清洗，机体内不许有任何杂物存在。内壁涂上不被机油侵蚀的涂料两次。

2. 啮合侧隙 C_n 的大小用铅丝来检验，保证侧隙不小于 0.14mm，所用铅丝不得大于最小侧隙 4 倍。

3. 检验齿面接触斑点，按齿高方向，较宽的接触区 h_{Cl}，不少于 50%。较窄的接解区 h_{Cl} 不少于 30%；按齿长方向，较宽、较窄的接触区 b_{Cl} 与 b_{Cl} 均不少于 50%，必要时可用研磨或刮后研磨以改善接触情况。

4. 调整、固定轴承时应留有轴向间隙：$\phi40$ 时为 0.05～0.1，$\phi55$ 时为 0.08～0.15。

5. 检查减速器剖分面、各接触及密封处，均不漏油。剖分面允许涂以密封油或水玻璃，不允许使用任何填料。

6. 机座内装 L - AN68 润滑油至规定高度。

7. 表面涂灰色油漆。

（a）油润滑（续）

图 17.1　一级圆柱齿轮减速器装配图 1(续)

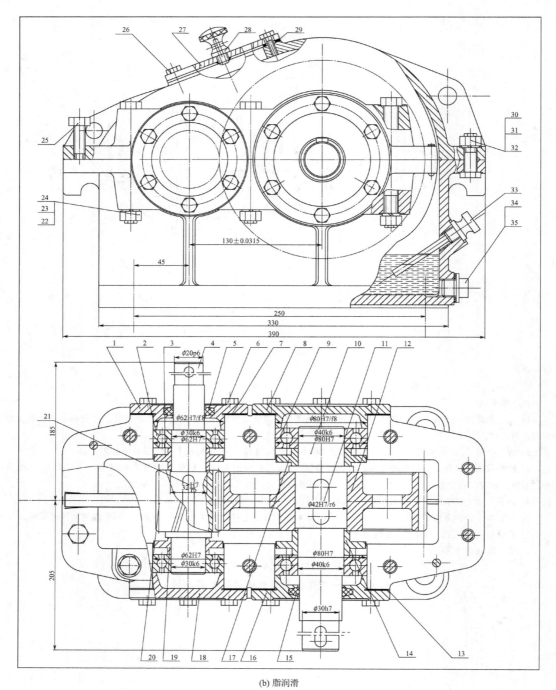

(b) 脂润滑

图 17.1　一级圆柱齿轮减速器装配图 1(续)

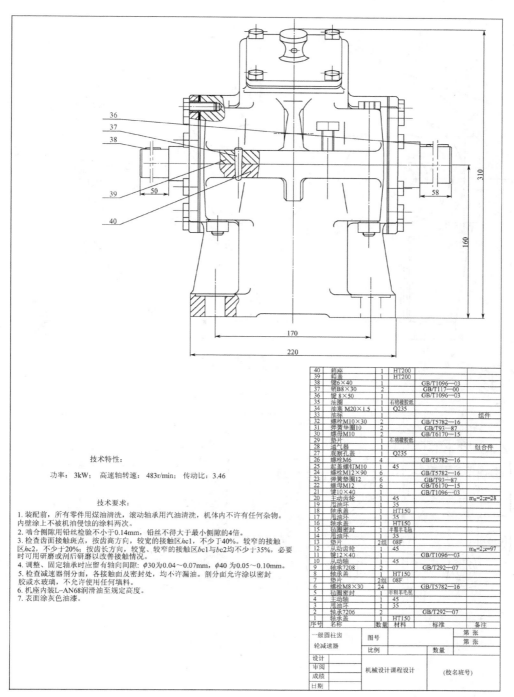

技术特性:

功率: 3kW; 高速轴转速: 483r/min; 传动比: 3.46

技术要求:

1. 装配前, 所有零件用煤油清洗, 滚动轴承用汽油清洗, 机体内不许有任何杂物。
内壁涂上不被机油侵蚀的涂料两次。
2. 啮合侧隙用铅丝检验不小于0.14mm, 铅丝不得大于最小侧隙的4倍。
3. 检查齿面接触斑点, 按齿高方向, 较宽的接触区hc_1, 不少于40%。较窄的接触
区hc_2, 不少于20%; 按齿长方向, 较宽、较窄的接触区bc_1与bc_2均不少于35%, 必要
时可用研磨或刮后研磨以改善接触情况。
4. 调整、固定轴承时应留有轴向间隙: $\phi30$为0.04~0.07mm, $\phi40$为0.05~0.10mm。
5. 检查减速器剖分面, 各接触面及密封处, 均不许漏油。剖分面允许涂以密封
胶或水玻璃, 不允许使用任何填料。
6. 机座内装L-AN68润滑油至规定高度。
7. 表面涂灰色油漆。

40	箱座	1	HT200		
39	箱盖	1	HT200		
38	键6×40	1		GB/T1096—03	
37	销B8×30	2		GB/T117—00	
36	键 8×50	1		GB/T1096—03	
35	油圈	1	石棉橡胶纸		
34	油塞 M20×1.5	1	Q235		
33	油标	1			组件
32	螺栓M10×30	2		GB/T5782—16	
31	弹簧垫圈10	2		GB/T93—87	
30	螺母M10	2		GB/T6170—15	
29	垫片	1	石棉橡胶纸		
28	通气器	1			组合件
27	观察孔盖	1	Q235		
26	螺栓M6	4		GB/T5782—16	
25	起盖螺钉M10	1	45		
24	螺栓M12×90	6		GB/T5782—16	
23	弹簧垫圈12	6		GB/T93—87	
22	螺母M12	6		GB/T6170—15	
21	键10×40	1		GB/T1096—03	
20	主动齿轮	1	45		$m_n=2;z=28$
19	甩油环	1	35		
18	轴承盖	1	HT150		
17	甩油环	1	35		
16	轴承盖	1	HT150		
15	毡圈密封	1	半粗羊毛毡		
14	甩油环	1	35		
13	垫片	2组	08F		
12	从动齿轮	1	45		$m_n=2;z=97$
11	键12×40	1		GB/T1096—03	
10	从动轴	1	45		
9	轴承7208	2		GB/T292—07	
8	轴承盖	1	HT150		
7	垫片	2组	08F		
6	螺栓M8×30	24		GB/T5782—16	
5	毡圈密封	1	半粗羊毛毡		
4	主动轴	1	45		
3	甩油环	1	35		
2	轴承7206	2		GB/T292—07	
1	轴承盖	1	HT150		
序号	名称	数量	材料	标准	备注

一级圆柱齿 轮减速器	图号			第 张
				第 张
	比例		数量	
设计				
审阅		机械设计课程设计		(校名班号)
成绩				
日期				

(b) 脂润滑 (续)

图 17.1 一级圆柱齿轮减速器装配图 1(续)

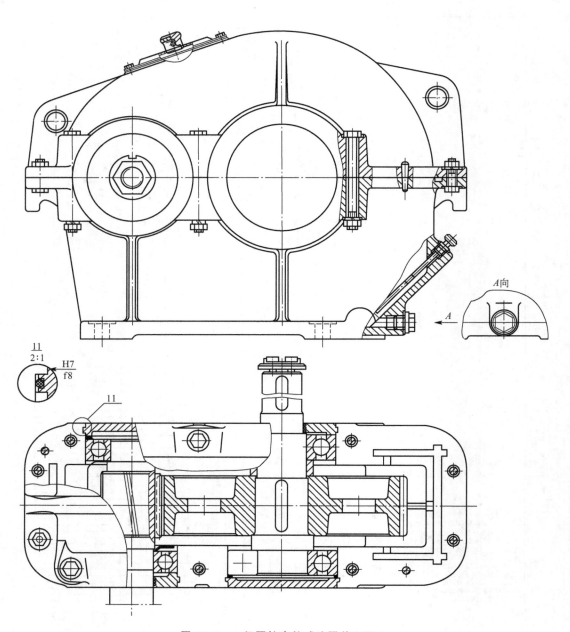

11
2:1
$\dfrac{H7}{f8}$

11

A向

A

图 17.2　一级圆柱齿轮减速器装配图 2

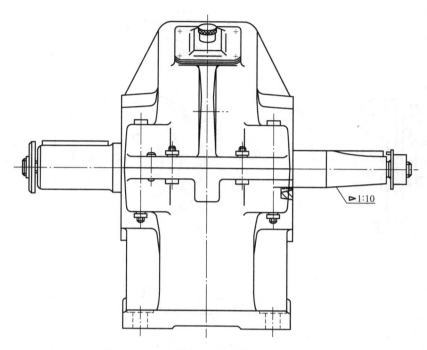

1:10

图 17.2　一级圆柱齿轮减速器装配图 2(续)

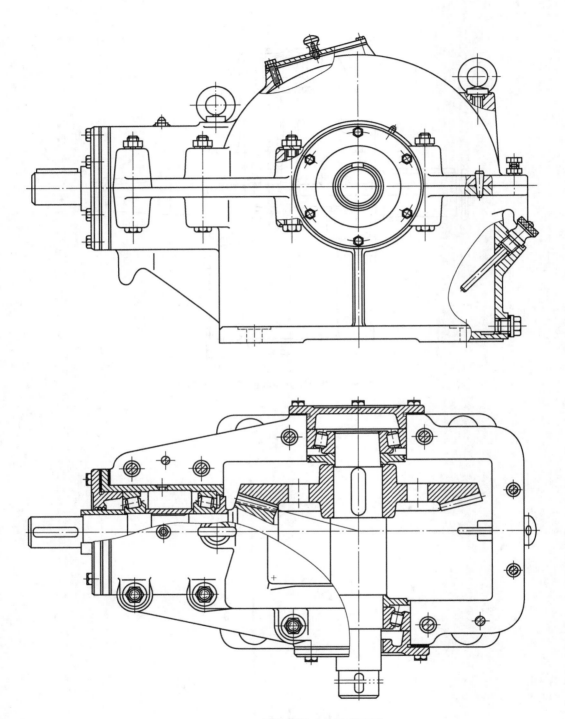

图 17.3　一级圆锥齿轮减速器装配图

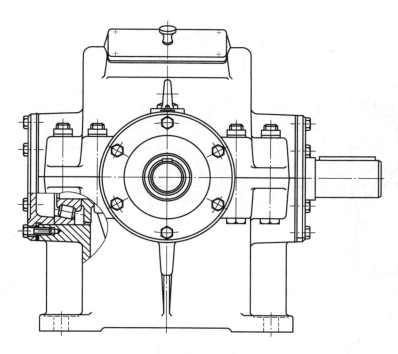

图 17.3　一级圆锥齿轮减速器装配图(续)

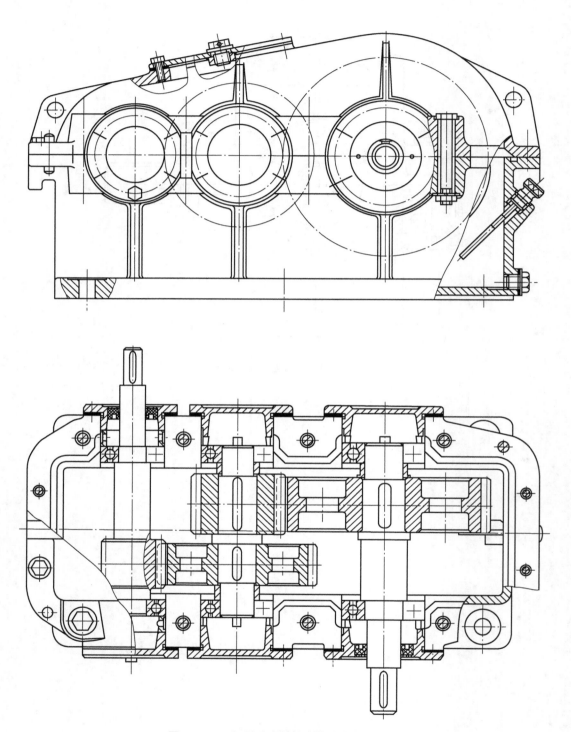

图 17.4　二级展开式圆柱齿轮减速器装配图

拆去窥视孔盖

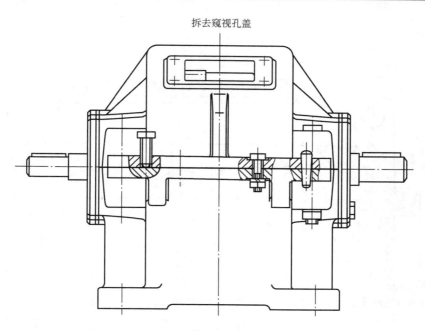

图 17.4　二级展开式圆柱齿轮减速器装配图(续)

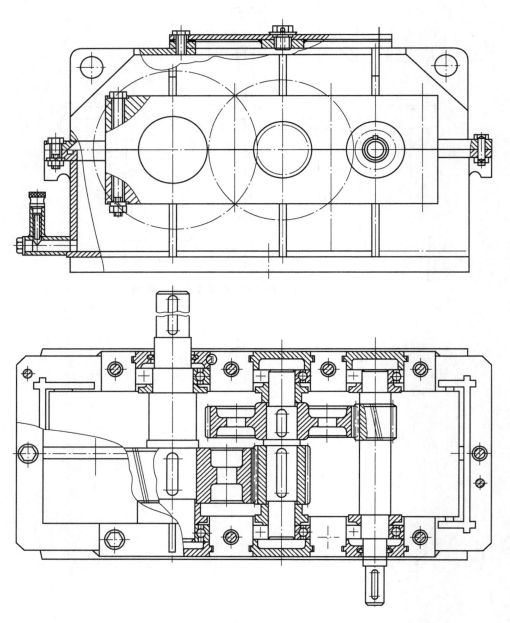

图 17.5 二级展开式圆柱齿轮减速器装配图（焊接机体）

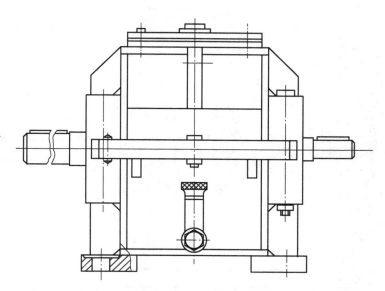

图 17.5　二级展开式圆柱齿轮减速器装配图（焊接机体）（续）

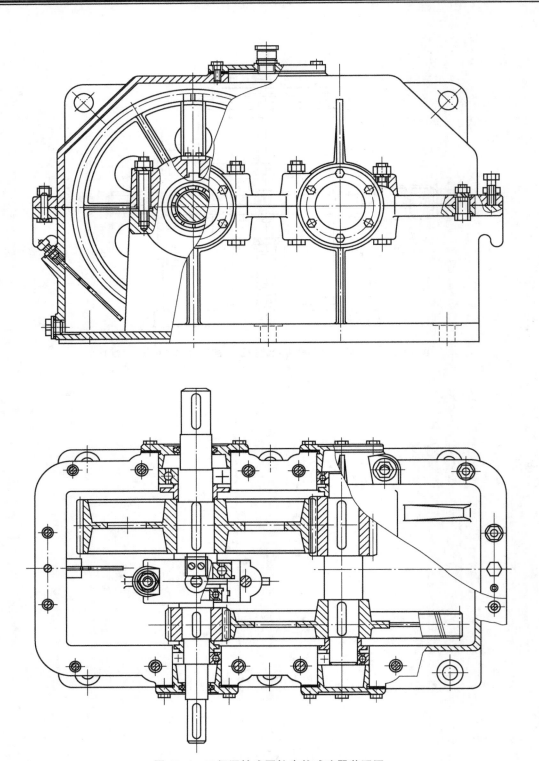

图 17.6　二级同轴式圆柱齿轮减速器装配图

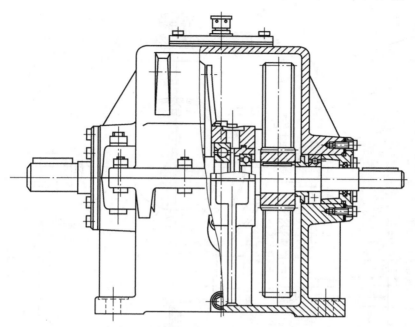

图 17.6　二级同轴式圆柱齿轮减速器装配图(续)

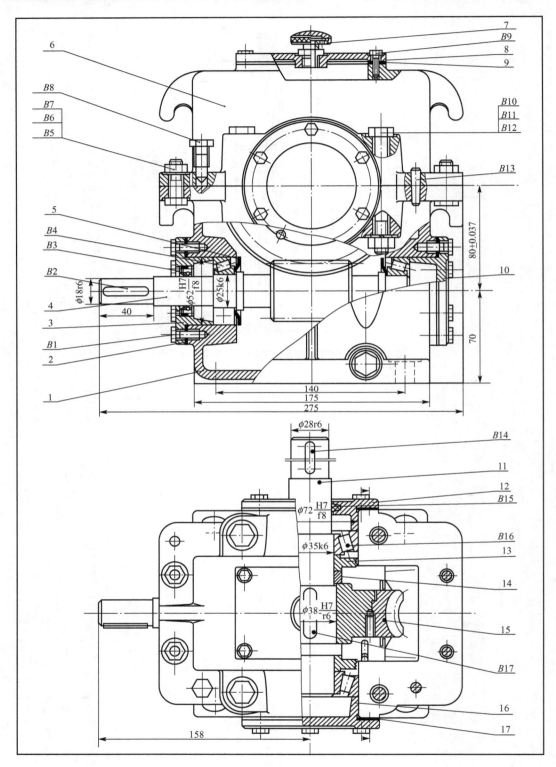

图 17.7　一级蜗杆减速器装配图

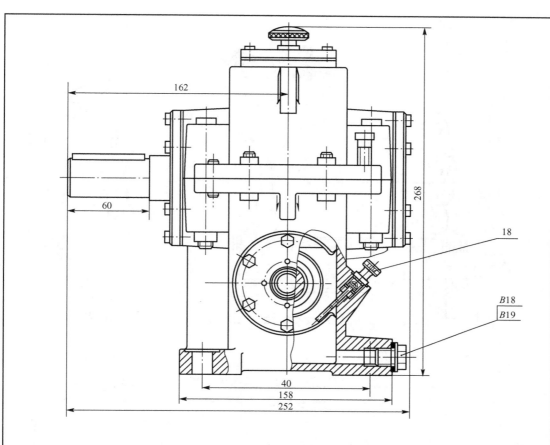

技术特性

主动轴功率P_1/kW	主动轴转速n_1/(r/min)	传动比i	传动效率n
0.56	1390	30	0.72

技术要求

1. 装配前滚动轴承用汽油清洗，其余所有零件用煤油清洗；
2. 各配合、密封、螺纹连接处涂润滑脂；
3. 保证传动最小法向侧隙i_{nmin}=0.074mm；
4. 接触斑点按齿高不得小于55%，按齿长不得小于50%；
5. 蜗杆轴承的轴向游隙为0.04~0.071mm，蜗轮轴承的
   轴向游隙为0.05~0.1mm；
6. 装配成后进行空负荷试验；
7. 未加工外表面涂天蓝色油漆，内表面涂红色耐油漆。

18	油尺	1	Q235A		组合件
17	调垫片	2组	08F		
16	轴承端盖	1	HT150		
15	蜗轮	1			组合件
14	套筒	1	Q235A		
13	挡油板	2	HT150		
12	轴承端盖	1	HT150		
11	轴	1	45		
10	轴承端盖	1	HT150		
9	垫片	1	石棉橡胶纸		
8	窥视孔盖	1	HT150		
7	通气器	1			组合件
6	机盖	1	HT200		
5	挡油板	1	08F		
4	蜗杆	1	45		
3	轴承端盖	1	HT150		
2	调整垫片	2组	08F		
1	机座	1	HT200		
序号	名称	数量	材料		备注

蜗杆减速器	图号			第1张 共26张
	比例	1:1	数量	
设计 (姓名)		机械设计课程设计		(校名班号)
审阅 (姓名)				
成绩				
日期				

图 17.7　一级蜗杆减速器装配图(续)

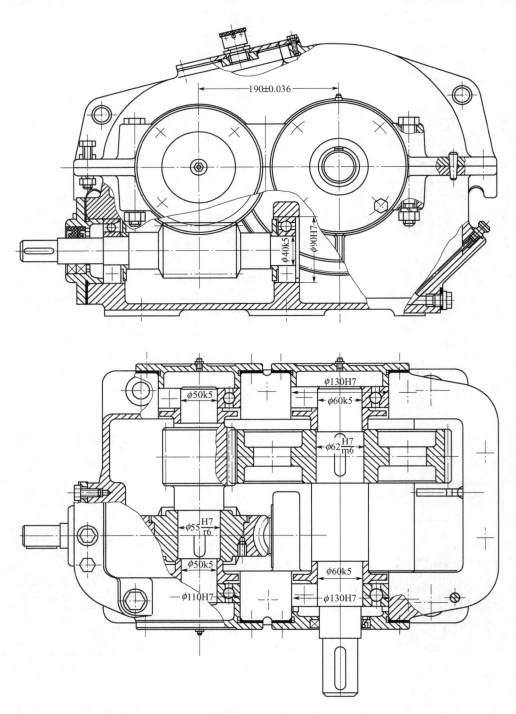

图 17.8 二级蜗杆圆柱齿轮减速器装配图

拆去窥视孔盖

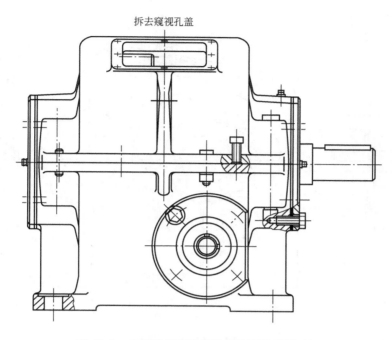

图 17.8　二级蜗杆圆柱齿轮减速器装配图(续)

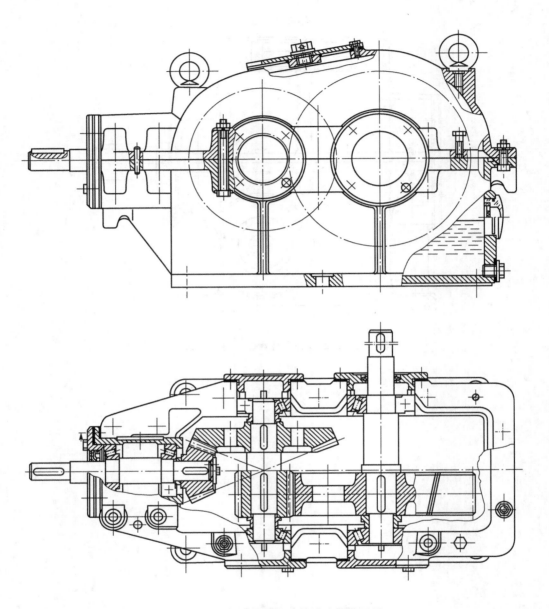

图 17.9　二级圆锥圆柱齿轮减速器装配图

拆去窥视孔盖

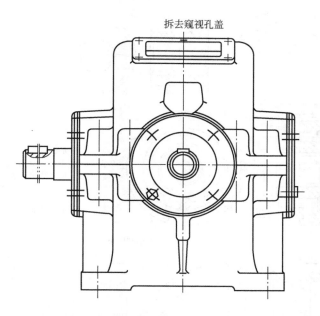

图 17.9　二级圆锥圆柱齿轮减速器装配图(续)

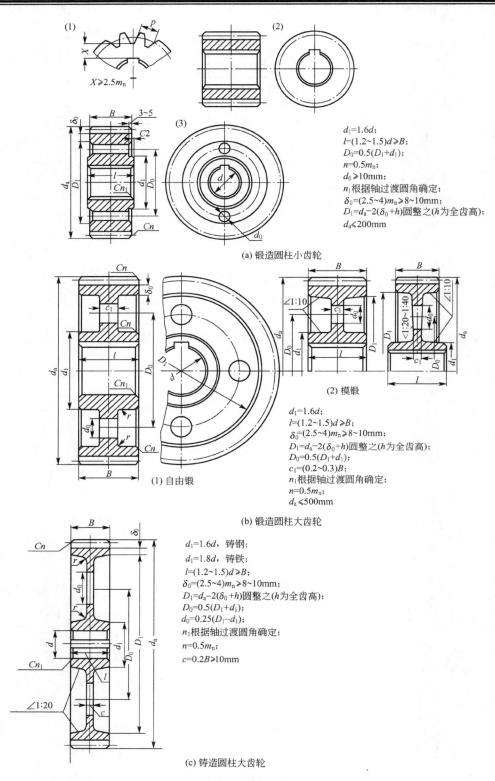

$d_1=1.6d$;

$l=(1.2\sim1.5)d\geqslant B$;

$D_0=0.5(D_1+d_1)$;

$n=0.5m_n$;

$d_0\geqslant10mm$;

n_1根据轴过渡圆角确定；

$\delta_0=(2.5\sim4)m_n\geqslant8\sim10mm$;

$D_1=d_a-2(\delta_0+h)$圆整之（h为全齿高）；

$d_a\leqslant200mm$

(a) 锻造圆柱小齿轮

(2) 模锻

$d_1=1.6d$;

$l=(1.2\sim1.5)d\geqslant B$;

$\delta_0=(2.5\sim4)m_n\geqslant8\sim10mm$;

$D_1=d_a-2(\delta_0+h)$圆整之（h为全齿高）；

$D_0=0.5(D_1+d_1)$;

$c_1=(0.2\sim0.3)B$;

n_1根据轴过渡圆角确定；

$n=0.5m_n$;

$d_a\leqslant500mm$

(1) 自由锻

(b) 锻造圆柱大齿轮

$d_1=1.6d$，铸钢；

$d_1=1.8d$，铸铁；

$l=(1.2\sim1.5)d\geqslant B$;

$\delta_0=(2.5\sim4)m_n\geqslant8\sim10mm$;

$D_1=d_a-2(\delta_0+h)$圆整之（h为全齿高）；

$D_0=0.5(D_1+d_1)$;

$d_0=0.25(D_1-d_1)$;

n_1根据轴过渡圆角确定；

$n=0.5m_n$;

$c=0.2B\geqslant10mm$

(c) 铸造圆柱大齿轮

图 17.10　圆柱齿轮结构

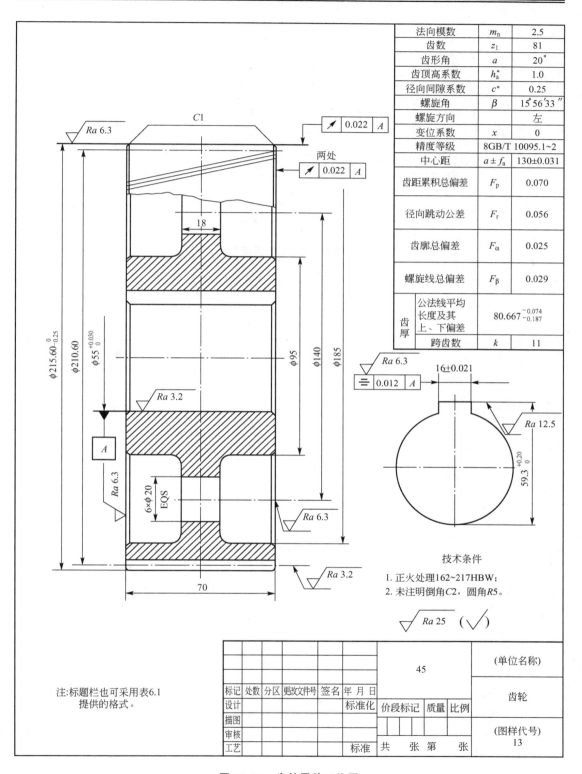

法向模数	m_n	2.5
齿数	z_1	81
齿形角	a	20°
齿顶高系数	h_a^*	1.0
径向间隙系数	c^*	0.25
螺旋角	β	15°56′33″
螺旋方向		左
变位系数	x	0
精度等级		8GB/T 10095.1~2
中心距	$a \pm f_a$	130±0.031
齿距累积总偏差	F_p	0.070
径向跳动公差	F_r	0.056
齿廓总偏差	F_α	0.025
螺旋线总偏差	F_β	0.029
齿厚	公法线平均长度及其上、下偏差	$80.667^{-0.074}_{-0.187}$
	跨齿数 k	11

技术条件

1. 正火处理162~217HBW；
2. 未注明倒角C2，圆角R5。

$\sqrt{Ra\,25}$ ($\sqrt{}$)

注:标题栏也可采用表6.1
提供的格式。

标记	处数	分区	更改文件号	签名	年 月 日		45	(单位名称)
设计				标准化		价段标记	质量	比例	齿轮
描图								
审核								(图样代号)
工艺			标准	共 张 第 张			13

图 17.11 齿轮零件工作图

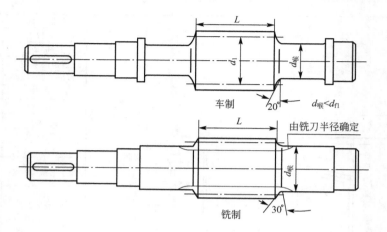

图 17.12 蜗杆轴结构

模数	m	4
头数	Z_1	1
齿形角	α	$20°$
齿顶高系数	h_a^*	1.0
径向间隙系数	c^*	0.2
螺旋线方向		右旋
导程角	γ	$5°42'38''$
分度圆直径	d_1	40
中心距及其偏差	$a\pm f_a$	80 ± 0.037
蜗杆类型		阿基米德
精度等级		7cGB10089-88
配对蜗轮	图号	
	齿数	Z_2 30
蜗杆齿距极限偏差	$\pm f_{px1}$	±0.014
轴向齿距累积公差	f_{pz}	0.024
齿形公差	f_{f1}	0.022
蜗杆齿厚	S_n	6.283
法面齿厚	S_n	$6.252_{-0.192}^{-0.136}$

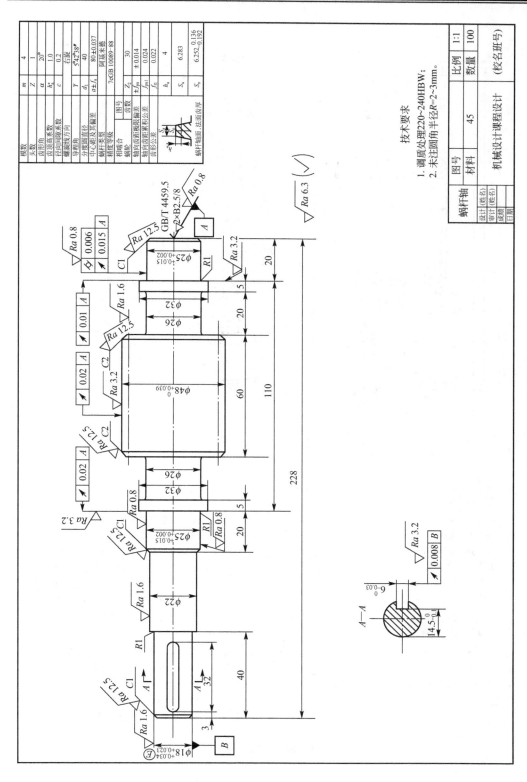

技术要求
1. 调质处理220~240HBW；
2. 未注圆角半径$R=2$~3mm。

蜗杆轴		机械设计课程设计	图号	
设计(姓名)			材料	45
审计(姓名)			比例	1:1
成绩			数量	100
日期		(校名班号)		

图 17.13　蜗杆轴零件工作图

·239·

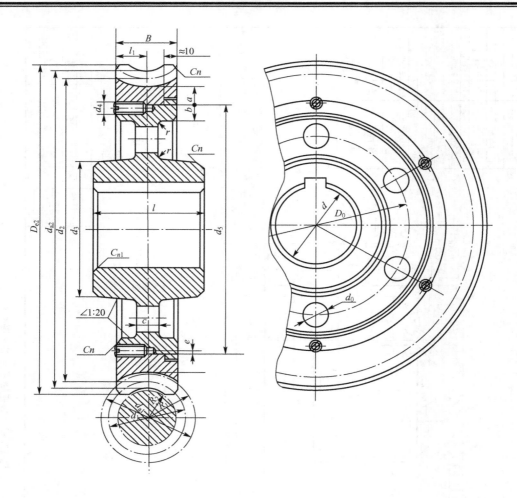

$$d_3 = (1.6 \sim 1.8)d;$$

$$l = (1.2 \sim 1.8)d;$$

$$c = 1.7m \geqslant 10\text{mm};$$

$$a = b = 2m \geqslant 10\text{mm};$$

$$R_1 = 0.5(d_1 + 2.4m);$$

$$R_2 = 0.5(d_1 - 2m);$$

$$d_2 = mz_2;$$

$$d_{a2} = d_2 + 2m;$$

$$d_4 = (1.2 \sim 1.5)m \geqslant 6\text{mm};$$

$$l_1 = (2 \sim 3)d_4;$$

$$e = 2 \sim 3\text{mm};$$

$$d_5 = d_2 - 2.4m - 2a;$$

$$D_0 = 0.5(d_5 - 2b + d_3);$$

$$n = 2 \sim 3\text{mm};$$

$$n_1 、 r 、 d_0 \text{由结构确定}$$

B 值：当 $Z_1 = 1 \sim 3$ 时，$B \leqslant 0.75 d_{a1}$；
　　当 $Z_1 = 4 \sim 6$ 时，$B \leqslant 0.67 d_{a1}$；
D_{e2} 值：当 $Z_1 = 1$ 时，
　　　$D_{e2} \leqslant d_{a2} + 2m$
　　当 $Z_1 = 2 \sim 3$ 时，
　　　$D_{e2} \leqslant d_{a2} + 1.5m$；
　　当 $Z_1 = 4 \sim 6$ 时，
　　　$D_{e2} \leqslant d_{a2} + m$

注：根据蜗轮尺寸及用途不同，蜗轮可做成整体式或装配式。本图为蜗轮轮缘与轮心用过盈配合连接成一体的结构，常用 H7/s6 或 H7/r6 配合，通过加热轮缘或加压装配，蜗轮上圆周力靠配合面上的摩擦力传递。对于尺寸较大或易于磨损需经常更换轮缘的蜗轮，可采用轮缘与轮心由螺栓连接在一体的结构，蜗轮上圆周力靠螺栓连接来传递，因此螺栓的尺寸和数目必须经过强度计算。

图 17.14　蜗轮结构

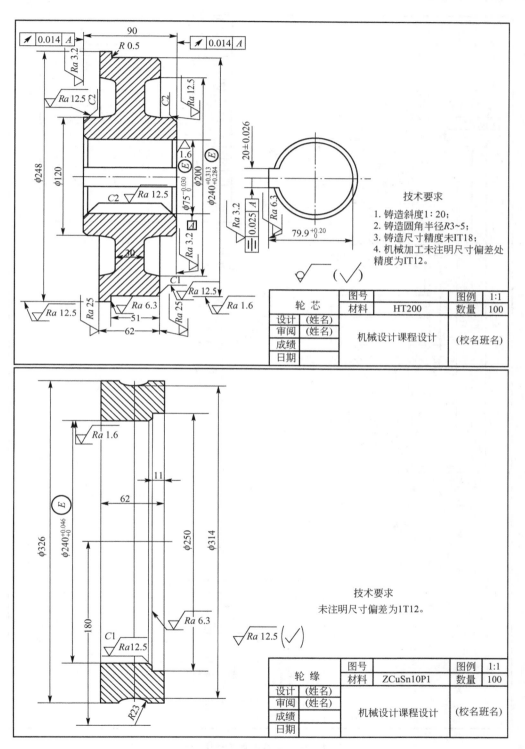

图 17.15　蜗轮零件工作图

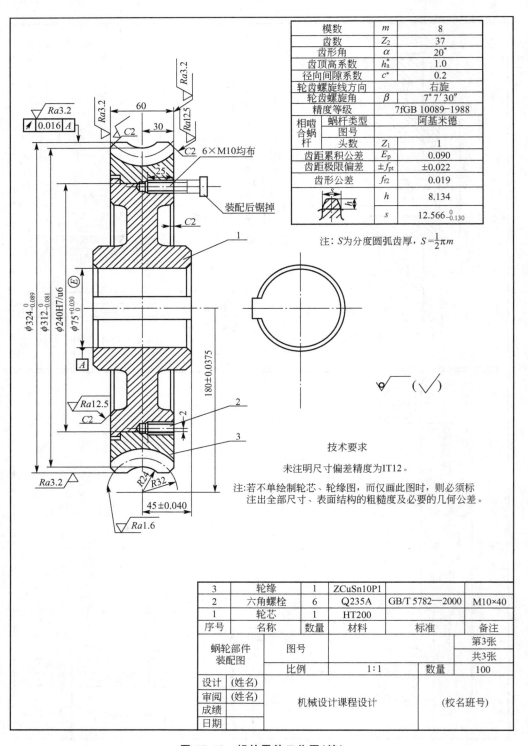

模数	m	8
齿数	Z_2	37
齿形角	α	$20°$
齿顶高系数	h_a^*	1.0
径向间隙系数	c^*	0.2
轮齿螺旋线方向		右旋
轮齿螺旋角	β	$7°7'30''$
精度等级		7fGB 10089—1988
相啮合蜗杆	蜗杆类型	阿基米德
	图号	
	头数 Z_1	1
齿距累积公差	E_p	0.090
齿距极限偏差	$\pm f_{pt}$	± 0.022
齿形公差	f_{f2}	0.019
	h	8.134
	s	$12.566_{-0.130}^{0}$

注：S为分度圆弧齿厚，$S = \frac{1}{2}\pi m$

技术要求

未注明尺寸偏差精度为IT12。

注：若不单绘制轮芯、轮缘图，而仅画此图时，则必须标
　　注出全部尺寸、表面结构的粗糙度及必要的几何公差。

3	轮缘	1	ZCuSn10P1		
2	六角螺栓	6	Q235A	GB/T 5782—2000	M10×40
1	轮芯	1	HT200		
序号	名称	数量	材料	标准	备注

蜗轮部件 装配图	图号				第3张
					共3张
	比例		1:1	数量	100
设计	(姓名)				
审阅	(姓名)	机械设计课程设计		(校名班号)	
成绩					
日期					

图 17.15　蜗轮零件工作图(续)

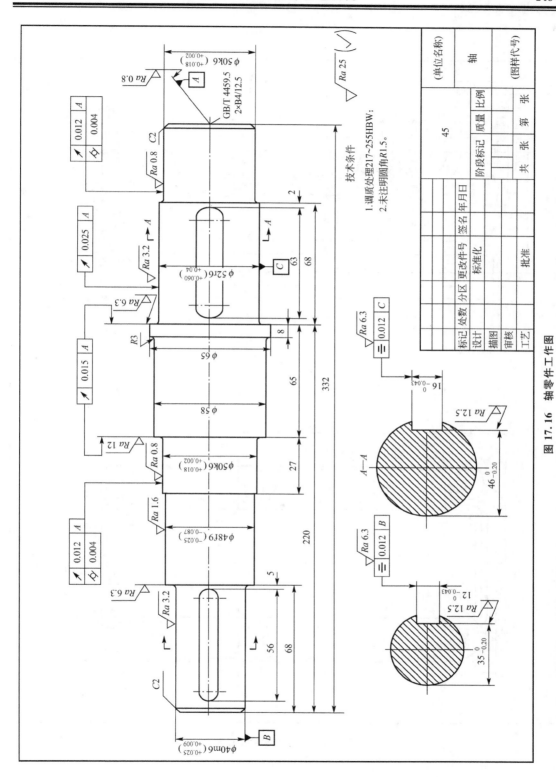

图 17.16　轴零件工作图

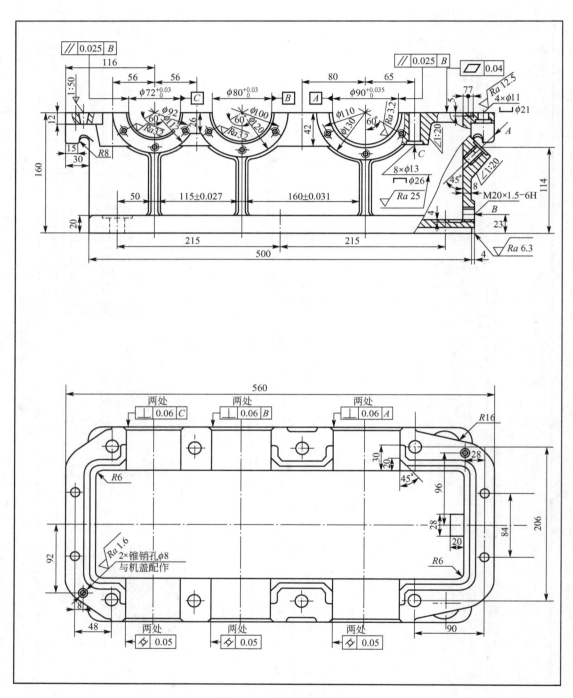

图 17.17　机座零件工作图

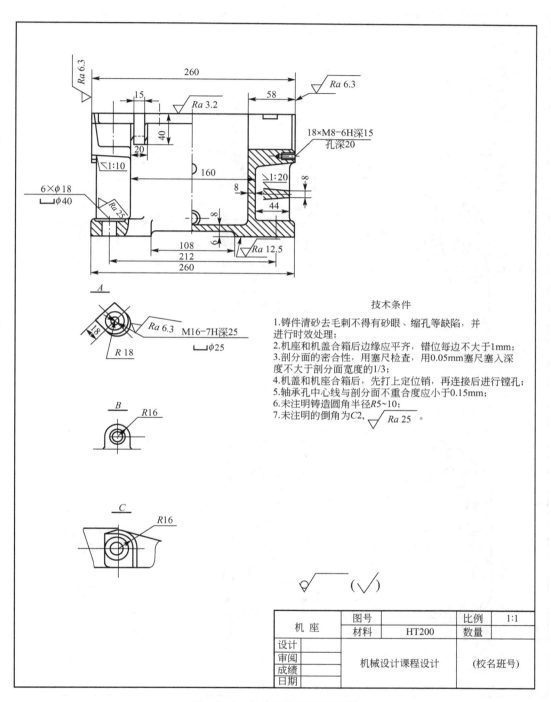

技术条件

1.铸件清砂去毛刺不得有砂眼、缩孔等缺陷，并
进行时效处理；
2.机座和机盖合箱后边缘应平齐，错位每边不大于1mm；
3.剖分面的密合性，用塞尺检查，用0.05mm塞尺塞入深
度不大于剖分面宽度的1/3；
4.机盖和机座合箱后，先打上定位销，再连接后进行镗孔；
5.轴承孔中心线与剖分面不重合度应小于0.15mm；
6.未注明铸造圆角半径R5~10；
7.未注明的倒角为C2，

机 座	图号		比例	1:1
	材料	HT200	数量	
设计		机械设计课程设计		(校名班号)
审阅				
成绩				
日期				

图 17.17 机座零件工作图(续)

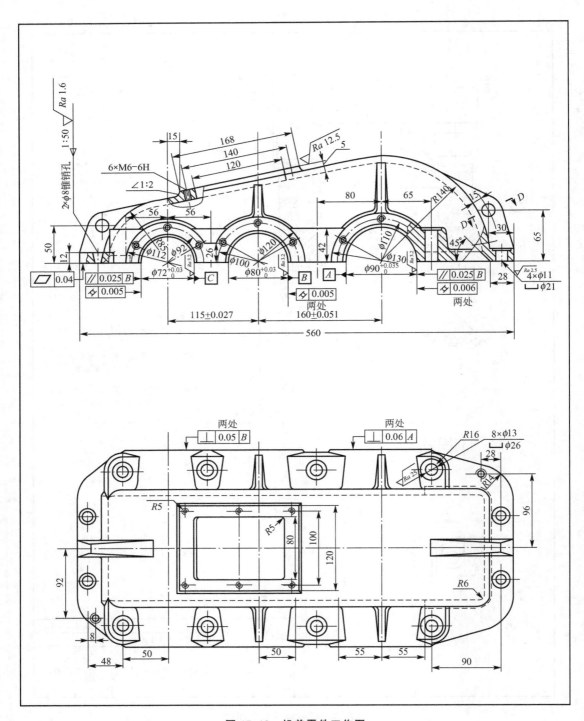

图 17.18　机盖零件工作图

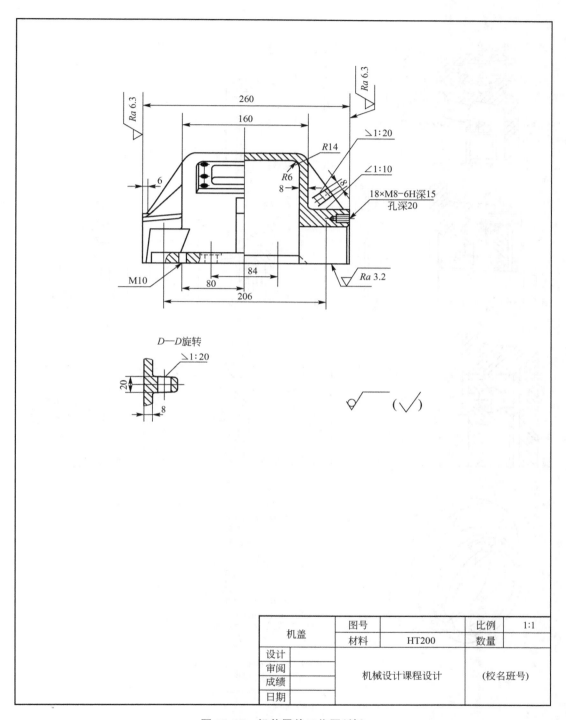

图 17.18　机盖零件工作图(续)

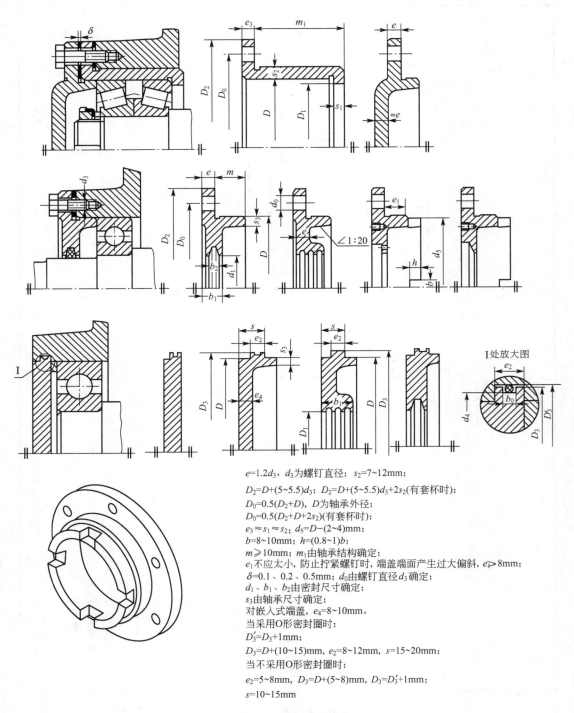

$e=1.2d_3$，d_3 为螺钉直径；$s_2=7\sim12mm$；

$D_2=D+(5\sim5.5)d_3$；$D_2=D+(5\sim5.5)d_3+2s_2$(有套杯时)；

$D_0=0.5(D_2+D)$，D 为轴承外径；

$D_0=0.5(D_2+D+2s_2)$(有套杯时)；

$e_3\approx s_1\approx s_2$；$d_5=D-(2\sim4)mm$；

$b=8\sim10mm$；$h=(0.8\sim1)b$；

$m\geqslant10mm$；m_1 由轴承结构确定；端盖端面产生过大偏斜，$e_1\geqslant8mm$；

e_1 不应太小，防止拧紧螺钉时，端盖端面产生过大偏斜，$e_1\geqslant8mm$；

$\delta=0.1$、0.2、0.5mm；d_0 由螺钉直径 d_3 确定；

d_1、b_1、b_2 由密封尺寸确定；

s_3 由轴承尺寸确定；

对嵌入式端盖，$e_4=8\sim10mm$。

当采用O形密封圈时；

$D_3'=D_3+1mm$；

$D_3=D+(10\sim15)mm$，$e_2=8\sim12mm$，$s=15\sim20mm$；

当不采用O形密封圈时；

$e_2=5\sim8mm$，$D_3=D+(5\sim8)mm$，$D_3=D_3'+1mm$；

$s=10\sim15mm$

图 17.19　轴承端盖结构

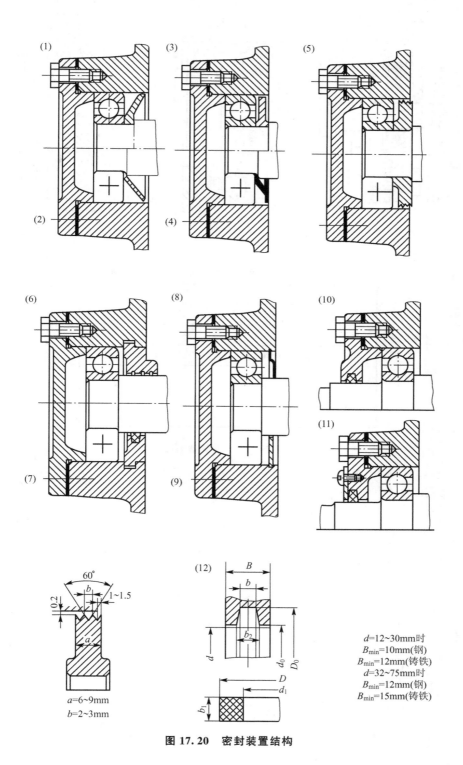

图 17.20　密封装置结构

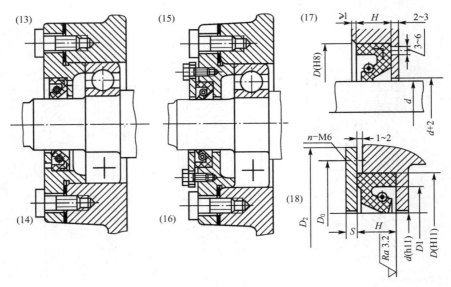

J 形无骨架橡胶油封　　　　　　（mm）

d	30～95 轴径按五进位	100～170 轴径按十进位
D	$d+25$	$d+30$
H	12	16
D_1	$d+16$	$d+20$
s	6～8	8～10
n	4	6
D_0	$D+15$	

图 17.20　密封装置结构（续）

参 考 文 献

[1] 陆玉，等. 机械设计课程设计 [M]. 北京：机械工业出版社，2007.
[2] 杨恩霞，等. 机械设计课程设计 [M]. 哈尔滨：哈尔滨工程大学出版社，2009.
[3] 王连明，等. 机械设计课程设计 [M]. 哈尔滨：哈尔滨工业大学出版社，2010.
[4] 王旭，等. 机械设计课程设计 [M]. 北京：机械工业出版社，2008.
[5] 巩云鹏，等. 机械设计课程设计 [M]. 北京：科学出版社，2008.
[6] 王之栎，等. 机械设计综合课程设计 [M]. 北京：机械工业出版社，2004.
[7] 王志伟，等. 机械设计基础课程设计 [M]. 北京：北京理工大学出版社，2008.
[8] 数字化手册编委会. 机械设计手册新编软件版 [M]. 北京：化学工业出版社，2008.
[9] 吴宗泽，等. 机械设计课程设计手册 [M]. 北京：高等教育出版社，1993.
[10] 宋宝玉. 机械设计课程设计指导书 [M]. 北京：高等教育出版社，2006.
[11] 吴宗泽. 机械设计课程设计手册 [M]. 北京：高等教育出版社，1999.
[12] 陆玉，等. 机械设计课程设计 [M]. 北京：机械工业出版社，1992.
[13] 陈立新. 机械设计(基础)课程设计 [M]. 北京：中国电力出版社，2001.
[14] 吕宏，王慧. 机械设计 [M]. 北京：北京大学出版社，2009.
[15] 王大康，等. 机械设计课程设计 [M]. 北京：北京工业大学出版社，1999.
[16] 濮良贵，等. 机械设计 [M]. 北京：高等教育出版社，2013.
[17] 杨可桢，等. 机械设计基础 [M]. 北京：高等教育出版社，1999.
[18] 邱宣怀，等. 机械设计 [M]. 北京：高等教育出版社，1997.
[19] 徐锦康. 机械设计 [M]. 北京：高等教育出版社，2004.
[20] 宋宝玉. 机械设计基础 [M]. 哈尔滨：哈尔滨工业大学出版社，2004.
[21] 陈铁鸣，等. 机械设计 [M]. 哈尔滨：哈尔滨工业大学出版社，2003.
[22] 程志红，等. 机械设计 [M]. 南京：南京东南大学出版社，2006.
[23] 杨明忠，等. 机械设计 [M]. 武汉：武汉理工大学，2001.
[24] 王为，等. 机械设计 [M]. 武汉：华中科技大学出版社，2006.
[25] 李秀珍. 机械设计基础 [M]. 北京：机械工业出版社，2006.
[26] 吴宗泽. 机械设计 [M]. 北京：高等教育出版社，2001.
[27] 李柱国. 机械设计与理论 [M]. 北京：科学出版社，2003.

北京大学出版社教材书目

❖ 欢迎访问教学服务网站 www.pup6.com，免费查阅已出版教材的电子书(PDF 版)、电子课件和相关教学资源。

❖ 欢迎征订投稿。联系方式：010-62750667，童编辑，13426433315@163.com，pup_6@163.com，欢迎联系。

序号	书　名	标准书号	主　编	定价	出版日期
1	机械设计	978-7-5038-4448-5	郑　江，许　瑛	33	2007.8
2	机械设计(第 2 版)	978-7-301-28560-2	吕　宏　王　慧	47	2018.8
3	机械设计	978-7-301-17599-6	门艳忠	40	2010.8
4	机械设计	978-7-301-21139-7	王贤民，霍仕武	49	2014.1
5	机械设计	978-7-301-21742-9	师素娟，张秀花	48	2012.12
6	机械原理	978-7-301-11488-9	常治斌，张京辉	29	2008.6
7	机械原理	978-7-301-15425-0	王跃进	26	2013.9
8	机械原理	978-7-301-19088-3	郭宏亮，孙志宏	36	2011.6
9	机械原理	978-7-301-19429-4	杨松华	34	2011.8
10	机械设计基础	978-7-5038-4444-2	曲玉峰，关晓平	27	2008.1
11	机械设计基础	978-7-301-22011-5	苗淑杰，刘喜平	49	2015.8
12	机械设计基础	978-7-301-22957-6	朱　玉	38	2014.12
13	机械设计课程设计	978-7-301-12357-7	许　瑛	35	2012.7
14	机械设计课程设计(第 2 版)	978-7-301-27844-4	王　慧，吕　宏	42	2016.12
15	机械设计辅导与习题解答	978-7-301-23291-0	王　慧，吕　宏	26	2013.12
16	机械原理、机械设计学习指导与综合强化	978-7-301-23195-1	张占国	63	2014.1
17	机电一体化课程设计指导书	978-7-301-19736-3	王金娥　罗生梅	35	2013.5
18	机械工程专业毕业设计指导书	978-7-301-18805-7	张黎骅，吕小荣	22	2015.4
19	机械创新设计	978-7-301-12403-1	丛晓霞	32	2012.8
20	机械系统设计	978-7-301-20847-2	孙月华	32	2012.7
21	机械设计基础实验及机构创新设计	978-7-301-20653-9	邹旻	28	2014.1
22	TRIZ 理论机械创新设计工程训练教程	978-7-301-18945-0	蒯苏苏，马履中	45	2011.6
23	TRIZ 理论及应用	978-7-301-19390-7	刘训涛，曹　贺等	35	2013.7
24	创新的方法——TRIZ 理论概述	978-7-301-19453-9	沈萌红	28	2011.9
25	机械工程基础	978-7-301-21853-2	潘玉良，周建军	34	2013.2
26	机械工程实训	978-7-301-26114-9	侯书林，张　炜等	52	2015.10
27	机械 CAD 基础	978-7-301-20023-0	徐云杰	34	2012.2
28	AutoCAD 工程制图	978-7-5038-4446-9	杨巧绒，张克义	20	2011.4
29	AutoCAD 工程制图	978-7-301-21419-0	刘善淑，胡爱萍	38	2015.2
30	工程制图	978-7-5038-4442-6	戴立玲，杨世平	27	2012.2
31	工程制图	978-7-301-19428-7	孙晓娟，徐丽娟	30	2012.5
32	工程制图习题集	978-7-5038-4443-4	杨世平，戴立玲	20	2008.1
33	机械制图(机类)	978-7-301-12171-9	张绍群，孙晓娟	32	2009.1
34	机械制图习题集(机类)	978-7-301-12172-6	张绍群，王慧敏	29	2007.8
35	机械制图(第 2 版)	978-7-301-19332-7	孙晓娟，王慧敏	38	2014.1
36	机械制图	978-7-301-21480-0	李凤云，张　凯等	36	2013.1
37	机械制图习题集(第 2 版)	978-7-301-19370-7	孙晓娟，王慧敏	22	2011.8
38	机械制图	978-7-301-21138-0	张　艳，杨晨升	37	2012.8
39	机械制图习题集	978-7-301-21339-1	张　艳，杨晨升	24	2012.10
40	机械制图	978-7-301-22896-8	臧福伦，杨晓冬等	60	2013.8
41	机械制图与 AutoCAD 基础教程	978-7-301-13122-0	张爱梅	35	2013.1
42	机械制图与 AutoCAD 基础教程习题集	978-7-301-13120-6	鲁　杰，张爱梅	22	2013.1
43	AutoCAD 2008 工程绘图	978-7-301-14478-7	赵润平，宗荣珍	35	2009.1
44	AutoCAD 实例绘图教程	978-7-301-20764-2	李庆华，刘晓杰	32	2012.6
45	工程制图案例教程	978-7-301-15369-7	宗荣珍	28	2009.6
46	工程制图案例教程习题集	978-7-301-15285-0	宗荣珍	24	2009.6
47	理论力学(第 2 版)	978-7-301-23125-8	盛冬发，刘　军	38	2013.9
48	理论力学	978-7-301-29087-3	刘　军，阎海鹏	45	2018.1
49	材料力学	978-7-301-14462-6	陈忠安，王　静	30	2013.4
50	工程力学(上册)	978-7-301-11487-2	毕勤胜，李纪刚	29	2008.6
51	工程力学(下册)	978-7-301-11565-7	毕勤胜，李纪刚	28	2008.6
52	液压传动(第 2 版)	978-7-301-19507-9	王守城，容一鸣	38	2013.7
53	液压与气压传动	978-7-301-13179-4	王守城，容一鸣	32	2013.7

序号	书　名	标准书号	主　编	定价	出版日期
54	液压与液力传动	978-7-301-17579-8	周长城等	34	2011.11
55	液压传动与控制实用技术	978-7-301-15647-6	刘　忠	36	2009.8
56	金工实习指导教程	978-7-301-21885-3	周哲波	30	2014.1
57	工程训练(第4版)	978-7-301-28272-4	郭永环，姜银方	42	2017.6
58	机械制造基础实习教程(第2版)	978-7-301-28946-4	邱　兵，杨明金	45	2017.12
59	公差与测量技术	978-7-301-15455-7	孔晓玲	25	2012.9
60	互换性与测量技术基础(第3版)	978-7-301-25770-8	王长春等	35	2015.6
61	互换性与技术测量	978-7-301-20848-9	周哲波	35	2012.6
62	机械制造技术基础	978-7-301-14474-9	张　鹏，孙有亮	28	2011.6
63	机械制造技术基础	978-7-301-16284-2	侯书林　张建国	32	2012.8
64	机械制造技术基础(第2版)	978-7-301-28420-9	李菊丽，郭华锋	49	2017.6
65	先进制造技术基础	978-7-301-15499-1	冯宪章	30	2011.11
66	先进制造技术	978-7-301-22283-6	朱　林，杨春杰	30	2013.4
67	先进制造技术	978-7-301-20914-1	刘　璇，冯　凭	28	2012.8
68	先进制造与工程仿真技术	978-7-301-22541-7	李　彬	35	2013.5
69	机械精度设计与测量技术	978-7-301-13580-8	于　峰	25	2013.7
70	机械制造工艺学	978-7-301-13758-1	郭艳玲，李彦蓉	30	2008.8
71	机械制造工艺学(第2版)	978-7-301-23726-7	陈红霞	45	2014.1
72	机械制造工艺学	978-7-301-19903-9	周哲波，姜志明	49	2012.1
73	机械制造基础(上)——工程材料及热加工工艺基础(第2版)	978-7-301-18474-5	侯书林，朱　海	40	2013.2
74	制造之用	978-7-301-23527-0	王中任	30	2013.12
75	机械制造基础(下)——机械加工工艺基础(第2版)	978-7-301-18638-1	侯书林，朱　海	32	2012.5
76	金属材料及工艺	978-7-301-19522-2	于文强	44	2013.2
77	金属工艺学	978-7-301-21082-6	侯书林，于文强	32	2012.8
78	工程材料及其成形技术基础(第2版)	978-7-301-22367-3	申荣华	58	2016.1
79	工程材料及其成形技术基础学习指导与习题详解(第2版)	978-7-301-26300-6	申荣华	28	2015.9
80	机械工程材料及成形基础	978-7-301-15433-5	侯俊英，王兴源	30	2012.5
81	机械工程材料(第2版)	978-7-301-22552-3	戈晓岚，招玉春	36	2013.6
82	机械工程材料	978-7-301-18522-3	张铁军	36	2012.5
83	工程材料与机械制造基础	978-7-301-15899-9	苏子林	32	2011.5
84	控制工程基础	978-7-301-12169-6	杨振中，韩致信	29	2007.8
85	机械制造装备设计	978-7-301-23869-1	宋士刚，黄　华	40	2014.12
86	机械工程控制基础	978-7-301-12354-6	韩致信	25	2008.1
87	机电工程专业英语(第2版)	978-7-301-16518-8	朱　林	24	2013.7
88	机械制造专业英语	978-7-301-21319-3	王中任	28	2014.12
89	机械工程专业英语	978-7-301-23173-9	余兴波，姜　波等	30	2013.9
90	机床电气控制技术	978-7-5038-4433-7	张万奎	26	2007.9
91	机床数控技术(第2版)	978-7-301-16519-5	杜国臣，王士军	35	2014.1
92	自动化制造系统	978-7-301-21026-0	辛宗生，魏国丰	37	2014.1
93	数控机床与编程	978-7-301-15900-2	张洪江，侯书林	25	2012.10
94	数控铣床编程与操作	978-7-301-21347-6	王志斌	35	2012.10
95	数控技术	978-7-301-21144-1	吴瑞明	28	2012.9
96	数控技术	978-7-301-22073-3	唐友亮　佘　勃	45	2014.1
97	数控技术(双语教学版)	978-7-301-27920-5	吴瑞明	36	2017.3
98	数控技术与编程	978-7-301-26028-9	程广振　卢建湘	36	2015.8
99	数控技术及应用	978-7-301-23262-0	刘　军	49	2013.10
100	数控加工技术	978-7-5038-4450-7	王　彪，张　兰	29	2011.7
101	数控加工与编程技术	978-7-301-18475-2	李体仁	34	2012.5
102	数控编程与加工实习教程	978-7-301-17387-9	张春雨，于　雷	37	2011.9
103	数控加工技术及实训	978-7-301-19508-6	姜永成，夏广岚	33	2011.9
104	数控编程与操作	978-7-301-20903-5	李英平	26	2012.8
105	数控技术及其应用	978-7-301-27034-9	贾伟杰	46	2016.4
106	数控原理及控制系统	978-7-301-28834-4	周庆贵，陈书法	36	2017.9
107	现代数控机床调试及维护	978-7-301-18033-4	邓三鹏等	32	2010.11
108	金属切削原理与刀具	978-7-5038-4447-7	陈锡渠，彭晓南	29	2012.5
109	金属切削机床(第2版)	978-7-301-25202-4	夏广岚，姜永成	42	2015.1
110	典型零件工艺设计	978-7-301-21013-0	白海清	34	2012.8
111	模具设计与制造(第2版)	978-7-301-24801-0	田光辉，林红旗	56	2016.1
112	工程机械检测与维修	978-7-301-21185-4	卢彦群	45	2012.9
113	工程机械电气与电子控制	978-7-301-26868-1	钱宏琦	54	2016.3

序号	书 名	标准书号	主 编	定价	出版日期
114	工程机械设计	978-7-301-27334-0	陈海虹，唐绪文	49	2016.8
115	特种加工(第 2 版)	978-7-301-27285-5	刘志东	54	2017.3
116	精密与特种加工技术	978-7-301-12167-2	袁根福，祝锡晶	29	2011.12
117	逆向建模技术与产品创新设计	978-7-301-15670-4	张学昌	28	2013.1
118	CAD/CAM 技术基础	978-7-301-17742-6	刘 军	28	2012.5
119	CAD/CAM 技术案例教程	978-7-301-17732-7	汤修映	42	2010.9
120	Pro/ENGINEER Wildfire 2.0 实用教程	978-7-5038-4437-X	黄卫东，任国栋	32	2007.7
121	Pro/ENGINEER Wildfire 3.0 实例教程	978-7-301-12359-1	张选民	45	2008.2
122	Pro/ENGINEER Wildfire 3.0 曲面设计实例教程	978-7-301-13182-4	张选民	45	2008.2
123	Pro/ENGINEER Wildfire 5.0 实用教程	978-7-301-16841-7	黄卫东，郝用兴	43	2014.1
124	Pro/ENGINEER Wildfire 5.0 实例教程	978-7-301-20133-6	张选民，徐超辉	52	2012.2
125	SolidWorks 三维建模及实例教程	978-7-301-15149-5	上官林建	30	2012.8
126	SolidWorks 2016 基础教程与上机指导	978-7-301-28291-1	刘萍华	54	2018.1
127	UG NX 9.0 计算机辅助设计与制造实用教程 (第 2 版)	978-7-301-26029-6	张黎骅，吕小荣	36	2015.8
128	CATIA 实例应用教程	978-7-301-23037-4	于志新	45	2013.8
129	Cimatron E9.0 产品设计与数控自动编程技术	978-7-301-17802-7	孙树峰	36	2010.9
130	Mastercam 数控加工案例教程	978-7-301-19315-0	刘 文，姜永梅	45	2011.8
131	应用创造学	978-7-301-17533-0	王成军，沈豫浙	26	2012.5
132	机电产品学	978-7-301-15579-0	张亮峰等	24	2015.4
133	品质工程学基础	978-7-301-16745-8	丁 燕	30	2011.5
134	设计心理学	978-7-301-11567-1	张成忠	48	2011.6
135	计算机辅助设计与制造	978-7-5038-4439-6	仲梁维，张国全	29	2007.9
136	产品造型计算机辅助设计	978-7-5038-4474-4	张慧姝，刘永翔	27	2006.8
137	产品设计原理	978-7-301-12355-3	刘美华	30	2008.2
138	产品设计表现技法	978-7-301-15434-2	张慧姝	42	2012.5
139	CorelDRAW X5 经典案例教程解析	978-7-301-21950-8	杜秋磊	40	2013.1
140	产品创意设计	978-7-301-17977-2	虞世鸣	38	2012.5
141	工业产品造型设计	978-7-301-18313-7	袁涛	39	2011.1
142	化工工艺学	978-7-301-15283-6	邓建强	42	2013.7
143	构成设计	978-7-301-21466-4	袁涛	58	2013.1
144	设计色彩	978-7-301-24246-9	姜晓微	52	2014.6
145	过程装备机械基础(第 2 版)	978-301-22627-8	于新奇	38	2013.7
146	过程装备测试技术	978-7-301-17290-2	王毅	45	2010.6
147	过程控制装置及系统设计	978-7-301-17635-1	张早校	30	2010.8
148	质量管理与工程	978-7-301-15643-8	陈宝江	34	2009.8
149	质量管理统计技术	978-7-301-16465-5	周友苏，杨 飒	30	2010.1
150	人因工程	978-7-301-19291-7	马如宏	39	2011.8
151	工程系统概论——系统论在工程技术中的应用	978-7-301-17142-4	黄志坚	32	2010.6
152	测试技术基础(第 2 版)	978-7-301-16530-0	江征风	30	2014.1
153	测试技术实验教程	978-7-301-13489-4	封士彩	22	2008.8
154	测控系统原理设计	978-7-301-24399-2	齐永奇	39	2014.7
155	测试技术学习指导与习题详解	978-7-301-14457-2	封士彩	34	2009.3
156	可编程控制器原理与应用(第 2 版)	978-7-301-16922-3	赵 燕，周新建	33	2011.11
157	工程光学(第 2 版)	978-7-301-28978-5	王红敏	41	2018.1
158	精密机械设计	978-7-301-16947-6	田 明，冯进良等	38	2011.9
159	传感器原理及应用	978-7-301-16503-4	赵 燕	35	2014.1
160	测控技术与仪器专业导论(第 2 版)	978-7-301-24223-0	陈毅静	36	2014.6
161	现代测试技术	978-7-301-19316-7	陈科山，王 燕	43	2011.8
162	风力发电原理	978-7-301-19631-1	吴双群，赵丹平	33	2011.10
163	风力机空气动力学	978-7-301-19555-0	吴双群	32	2011.10
164	风力机设计理论及方法	978-7-301-20006-3	赵丹平	32	2012.1
165	计算机辅助工程	978-7-301-22977-4	许承东	38	2013.8
166	现代船舶建造技术	978-7-301-23703-8	初冠南，孙清洁	33	2014.1
167	机床数控技术(第 3 版)	978-7-301-24452-4	杜国臣	43	2016.8
168	工业设计概论(双语)	978-7-301-27933-5	窦金花	35	2017.3
169	产品创新设计与制造教程	978-7-301-27921-2	赵 波	31	2017.3

如您需要免费纸质样书用于教学，欢迎登陆第六事业部门户网(www.pup6.com)填表申请，并欢迎在线登记选题以到北京大学出版社来出版您的大作，也可下载相关表格填写后发到我们的邮箱，我们将及时与您取得联系并做好全方位的服务。